U0155204

零基础学
Photoshop CC

TOP
视觉设计
著

天津出版传媒集团
天津科学技术出版社

图书在版编目（CIP）数据

零基础学Photoshop CC / TOP视觉设计著. -- 天津 : 天津科学技术出版社, 2020.3

ISBN 978-7-5576-7464-9

Ⅰ. ①零… Ⅱ. ①T… Ⅲ. ①图象处理软件 Ⅳ. ①TP391.413

中国版本图书馆CIP数据核字(2020)第042133号

零基础学Photoshop CC

LINGJICHU XUE PHOTOSHOP CC

责任编辑：胡艳杰

助理编辑：马妍吉

出　　版：天津出版传媒集团
天津科学技术出版社

地　　址：天津市西康路35号

邮　　编：300051

电　　话：（022）23332695

网　　址：www.tjkjcbs.com.cn

发　　行：新华书店经销

印　　刷：天宇万达印刷有限公司

开本 787×1092　1/16　印张 18.5　字数 450 000

2020年3月第1版第1次印刷

定价：108.00元

为什么要学习Photoshop CC

Photoshop CC是Adobe公司开发的一款强大的图像处理软件，它的应用范围非常广泛，如摄影后期、平面设计、网页设计等，几乎在所有设计方向中都有它的身影。事实上，很多岗位都会涉及并应用到Photoshop CC。

所以，如果你想从事相关行业，那么你一定要精通Photoshop CC；即便你所从事的工作与设计关系不大，学会Photoshop CC的基本操作也是一件好事。随着数字技术的普及，Photoshop CC也从专业的设计工具走向了普及化，越来越多的人知道它，并学着使用它。

智能手机的发展，让手机拍照成了人们的一种习惯，美图类APP更是层出不穷。这在一定程度上让更多的人知道了Photoshop CC，对于不满足于用手机P图的人来说，Photoshop CC成了必学软件。

可见，从专业的需求来说，学会Photoshop CC是谋生的工具；从业余爱好来说，学习Photoshop CC你会获得极大的快乐。如果你有这些需求，那么从现在开始就赶紧加入到Photoshop CC的学习队伍中来吧！

本书从Photoshop CC最基础的安装和启动开始，循序渐进地讲解了图像的基础知识、选区的编辑、绘画与图像的修饰、文字工具、矢量工具、滤镜、图层、通道与蒙版，以及调色技法等内容。

PSCC

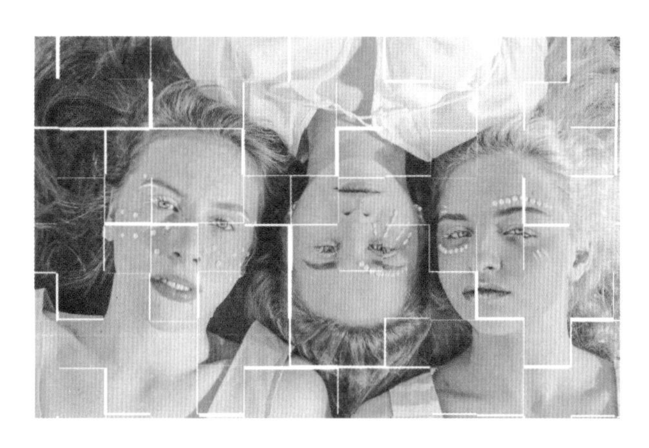

PREFACE

本书有五大特色。

1. 一本零基础学习Photoshop CC的必备手册。本书侧重于对Photoshop CC软件的各个工具、功能、命令进行讲解，通俗易懂，人人都学得会。

2. 内容全面，讲解透彻。本书内容几乎涵盖了Photoshop CC所有的工具和命令。把每一个概念都讲解得很透彻。

3. 分步骤呈现实例，让每一步操作都清晰明了。

4. 遴选大量精美的摄影图片，图文结合，给人美的感受。让你在学习Photoshop CC的同时，也培养美感，设计出更棒的作品。

5. 赠送大量素材，让你边学边练，快速掌握Photoshop CC的各种应用。

我们常说："工欲善其事，必先利其器。"Photoshop CC的学习并不难，千万不要被拿在手里沉甸甸的书本吓倒。这本书是一位带你入门的老师。只要你有兴趣，熟练操作Photoshop CC一点儿也不难。

不过，你也不要太骄傲，毕竟Photoshop CC只是一个工具，学会了使用工具只是第一步，能否做出好作品还得看你自己。希望本书可以帮助你成为真正的PS大师！

第1章 快速入门，初识Photoshop CC

第2章 认识图像菜单，了解图像的基础知识

第3章 编辑选区，选取工具的掌握与应用

第4章 绘画与图像修饰，打造精美图片效果

第5章 文字工具，字体编辑的艺术之路

第1章 快速入门，初识Photoshop CC

课程介绍

对于很多新手来说，提到Photoshop CC就觉得很高大上，学习起来更是激情满满。本章我们就来介绍Photoshop CC的基础知识，包括软件的安装与启动，界面的介绍，新建、打开、关闭文件或图像，以及打印等内容，让你更深入地了解Photoshop CC。

学习重点

- 学会安装Photoshop CC。
- 熟悉Photoshop CC的界面及其设置。
- 学会新建、打开、关闭、存储文件和图像。
- 了解打印相关知识。

1.1 安装与启动

Photoshop CC的应用非常广泛，无论是专业设计人员，还是业余爱好者，使用它的概率都很高。本节主要讲解Photoshop CC的安装与启动，一起来开启你的PS学习之旅吧！

1.1.1 安装Photoshop CC

在学习一个软件之前，我们总要花费一些时间来安装它，Photoshop CC同样如此。对于初学者来说，在安装软件时遇到的各种问题，令人苦不堪言。其实，安装Photoshop CC并不难，下面我们就来了解安装Photoshop CC的具体步骤。

步骤一 打开Adobe官方网站（www.adobe.com），此时页面会弹出一个“访问”窗口，选择“转到中国”，然后在打开的页面右上角点击“支持与下载”按钮，如图1-1所示。在弹出的页面中，点击“Photoshop”按钮，如图1-2所示。

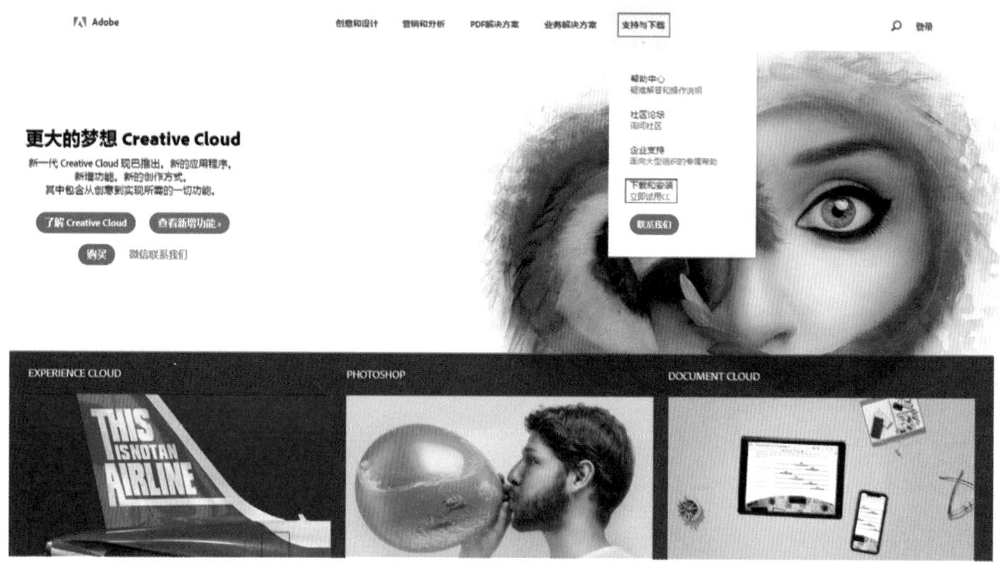

图 1-1

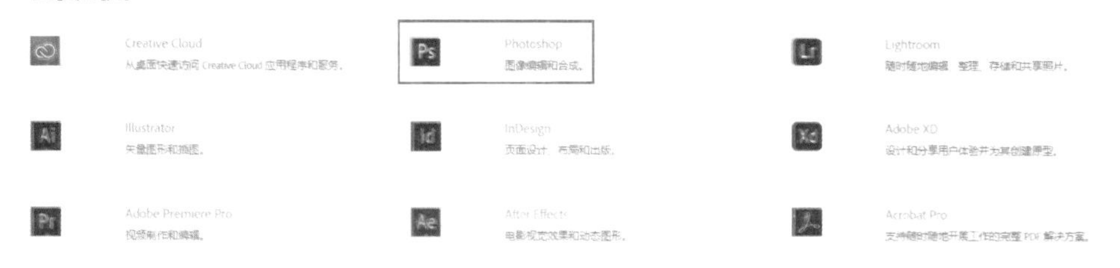

图1-2

步骤二 接着，在弹出的窗口中点击“开始免费试用”按钮，如图1-3所示。在弹出的创建与登录窗口中，如果已有Adobe账号，直接登录即可；没有Adobe账号，点击“创建账户”进行注册，如图1-4所示。在注册界面按照要求填写完整信息，最后点击“注册”按钮，如图1-5所示。

图 1-3　　图 1-4　　图 1-5

步骤三 注册之后，登录Adobe ID，在打开的窗口中填写基本信息后点击“继续”按钮，如图1-6所示。接下来Creative Cloud会自行下载并安装到计算机，打开Creative Cloud，在软件列表中找到Photoshop CC，点击“安装”按钮，如图1-7所示，即可完成安装。

图 1-6

图 1-7

提示 Creative Cloud是一种基于订阅的服务，简称“云功能”，所有Adobe的相关软件都需要通过它来下载。Photoshop CC下载安装后，一般只是试用版本，想要长期使用，需要购买。

1.1.2 启动Photoshop CC

当你费了一番周折，终于安装好了Photoshop CC之后，肯定迫不及待地想打开它试用一下。那么，如何来启动它呢？我们可以通过两个步骤来完成。

步骤一 找到软件图标。如果在桌面上找不到，可以点击桌面左下角的“开始”菜单，在“所有程序”中找到Photoshop CC，单击鼠标右键，在下拉菜单中找到“发送到”，选择“桌面快捷方式”，桌面上就会出现该软件的图标，如图1-8所示。

步骤二 打开方式。一是在“开始”菜单中直接用鼠标左键单击软件图标，即可打开；二是用鼠标左键双击桌面上的软件图标打开。

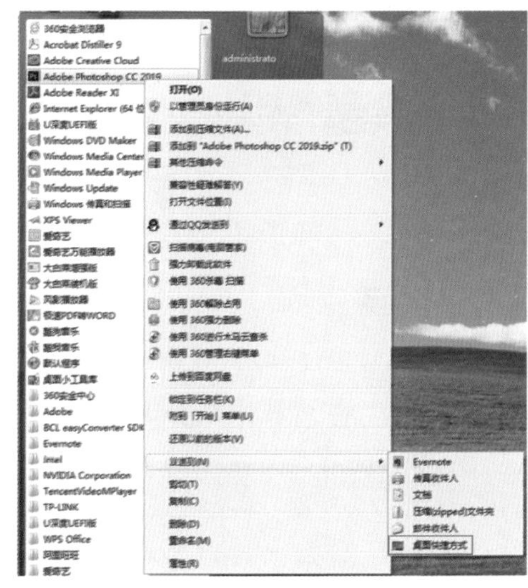

图 1-8

提示　如果想要卸载Photoshop CC，只需要点击“开始”菜单→控制面板→程序→程序和功能，找到Photoshop CC即可点击卸载。

大师指点：如何配置你的电脑硬件

Photoshop CC作为一款强大的图像处理软件，随其版本不断升级和更新，功能会越来越多。因此，对运行环境和电脑配置也有一定的要求。如果电脑配置过低，运行起来就会非常卡顿，影响使用体验和工作效率。

通常来说，想要稳定、流畅地运行Photoshop CC，你的电脑配置至少要达到以下要求，如表1-1所示。

表　1-1

	Windows	MAC OS
CPU	支持64位Intel Pentium4或AMD Athlon64以上处理器（2GHz或更快）	64位多核的Intel处理器
操作系统	Windows8.1或Windows10	Mac OS版本10.12、10.13、10.14
内存	2GB（推荐8GB或更大）	2GB（推荐8GB或更大）
显示器	分辨率1280×800以上，具 OpenGL2.0、16位色和512MB的显存（建议使用1GB）	分辨率1280×800以上，具 OpenGL2.0、16位色和512MB的显存（建议使用1GB）

提示　Photoshop CC虽然对电脑的配置要求并不是特别高，但是对显示器的要求却很高。因为做设计和处理图片，都需要高度的色彩还原，如果显示器色彩不正，图片导入其他载体或是印刷出来就会产生色差。因此，配备一台专业的显示器是非常有必要的。

1.2 工作界面概览

Adobe公司的所有软件，都有一个很类似的工作界面，只要学会了一个，其他软件就可以触类旁通。随着Photoshop CC的工作界面不断升级，不仅越来越有格调，还给人一种专业范的感觉。

1.2.1 “开始”工作区

在低版本的Photoshop中，打开软件就能直接进入工作界面，而Photoshop CC会显示“开始”工作界面，如图1–9所示。“开始”工作界面是一项非常实用的功能，它可以显示最近打开过的文件、创建空白文件，或是处理Lightroom图片等。

图 1–9

“开始”工作区页面不仅提供了快速处理文件和图片的入口，还有一项重要的功能——学习。单击“学习”标签，就可以切换到学习模式。页面提供了“动手教程”和“网上教程”，点击“动手教程”中的案例，会自动进入Photoshop CC界面，按照提示去做，就可以一步步完成演示；点击“网上教程”中的案例，会自动跳转至相关网页链接，可以在网页上观看演示。如图1–10所示。

图 1-10

提示 对于不习惯“开始”工作区的人来说，也可以按“Esc”键将其关闭，回到低版本的简单开启方式。如果想重新显示，只需要执行“窗口→工作区→起点”命令即可。

1.2.2 进入工作界面

要想跳过“开始”工作区，只需新建一个文档，或是打开一张图片，就正式进入了工作界面。Photoshop CC的工作界面默认为黑色，这有利于增强图像的辨识度，带来更好的视觉享受。工作界面主要由菜单栏、工具面板、标题栏、状态栏、面板等组成，如图1-11所示。

图 1-11

菜单栏：Photoshop CC中的菜单栏包含文件、编辑、图像、图层、文字、选择、滤镜、3D、视图、窗口、帮助多个菜单项，单击每个菜单项，即可打开多个下拉菜单，每个下拉菜单又包含多个命令，有的命令中还包含子命令。

工具面板：也就是工具箱，它集合了图像处理过程中使用的各种工具，是Photoshop CC非常重要的功能。执行“窗口→工具”命令，可以隐藏或显示工具箱；单击工具箱上方的»按钮，可以双排显示工具箱，再按一下«按钮，变回单行显示状态。

标题栏：显示文件名称、文件格式、缩放比例、颜色模式等信息。

选项卡：当打开足够多的图像时，只显示当前图像的具体信息，其他图像最小化到选项卡中，点击其他图像可以切换为当前图像。

状态栏：位于窗口的下方，主要显示文档大小、文档尺寸、当前工具和测量比例等信息，点击右边的›按钮，可以设置显示的内容。

文档窗口：显示和编辑文件或图像的区域。

工具选项栏：用来设置工具的各种选项，显示内容随着不同的工具而变化。

面板：控制面板位于整个工作界面的右边，主要用来配合图像的编辑、控制操作、设置参数等。单击面板名即可切换到对应的面板，用鼠标左键按住面板名可进行拖曳和移动。

提示 Photoshop CC工作界面的各个组成部分，将在后面的内容中具体展开讲述。如果在学习操作本节的过程中，工作界面被弄乱了，可以通过执行“窗口→工作区→复位基本功能”命令，恢复到默认状态。

1.2.3 选择不同的工作区

我们知道，Photoshop CC的应用比较广泛，比如做设计、摄影后期、绘画等，不同制图需求可能需要预设不同的工作区。而这一点你根本不必担心，因为Photoshop CC已经充分考虑到了，你只需打开“窗口→工作区”命令，在弹出的菜单中就可以切换各种预设工作区，如图1-12所示。

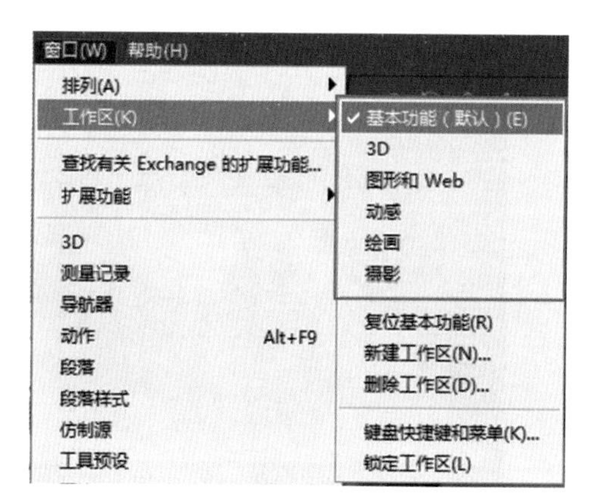

图 1-12

不同预设工作区的主要差别就在于“面板”。

比如，3D工作区显示“3D”面板和“属性”面板，如图1-13所示。

摄影工作区则侧重于显示直方图、导航器等信息，如图1-14所示。

图 1-13

图 1-14

提示 除了选择预设工作区，我们还可以自定义工作区，点击“窗口→工作区→新建工作区”即可自定义工作区。

大师指点：如何选择界面显示模式

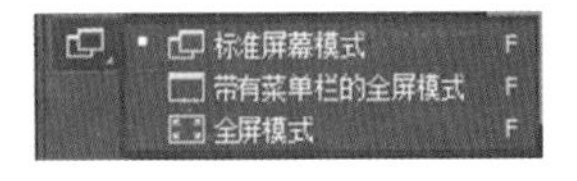

图 1-15

在设计作品或是处理图像中，有时候我们需要全屏预览，以便更好地查看细节和效果。如果想要进行这样的操作，我们可以点击工具箱中最后一项“更改屏幕模式”，单击鼠标右键，会弹出三个选项，如图1-15所示。

一般来说，标准屏幕模式是Photoshop CC的默认模式，初学者建议使用此模式。带有菜单栏的全屏模式和全屏模式可以获得更大的画面观察空间。如果想要退出全屏模式，按Esc键即可，按F键则可以来回切换三种模式。

1.3 文件的基本操作

熟悉了Photoshop的界面，接下来就要正式学习它的各种功能了。不过，在打开的界面中，你会发现很多功能都没法用，因为没有可供操作的文件。这个时候你就要新建文件或是打开图像文件，处理完后要保存并关闭文件。本节内容我们就来了解文件的基本操作。

1.3.1 新建文件

在Photoshop CC中新建文件有两个方法：一是直接点击菜单栏中的“文件→新建”命令，如图1-16所示；二是直接按“Ctrl+N”快捷键打开新建对话框，如图1-17所示。这时，你就要思考自己想要新建一个怎样的文件了，比如尺寸、分辨率、颜色模式等，通常根据你的设计需要来设置就好。

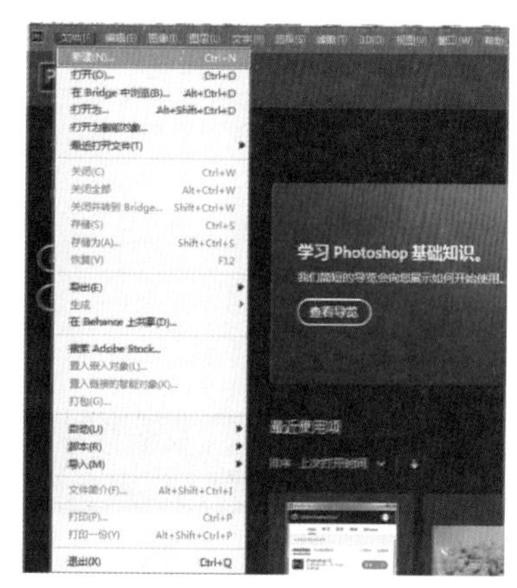

图 1-16

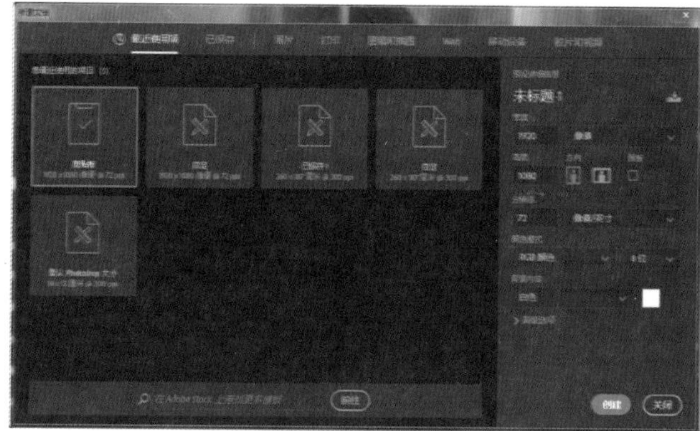

图 1-17

“新建文档”窗口大致由三部分组成，顶端的预设尺寸选项卡，左侧的最近使用的项目，以及右侧的自定义选项设置。新建文件我们主要对自定义选项进行设置。

预设详细信息：即文件名称，默认的文件名为“未标题-1”，点击可以自定义名称，输入名称后，点击右边向下的箭头图标可以保存预设。

宽度/高度：设置文件的高度和宽度，其单位有像素、英寸、厘米、毫米、点、派卡。可以通过点击右边“方向”下的两个小人图标来切换宽度与高度的数值。

分辨率：设置文件的分辨率大小，单位有像素/英寸和像素/厘米两种。一般多媒体显示图像分辨率设置为72dpi即可，如果需要印刷出来，分辨率应设置在300dpi或以上。

颜色模式：设置颜色的模式及相应的颜色深度。颜色模式我们将在第2章中详细讲解，颜色深度有8/16/32位，数值越大说明色彩细节越丰富。

背景内容：设置文件的背景颜色，有“白色”“黑色”“背景色”三种选项。

高级选项：点击展开选项，可进行“颜色配置文件”和“像素长宽比”设置。

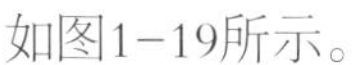

Photoshop预设了各种尺寸，在顶端的预设尺寸选项卡中，预设有照片常用尺寸、打印不同文件的尺寸、网页尺寸、不同品牌手机尺寸等，可以快速新建相应的文件。

1.3.2 打开图像文件

如果想要进行图像处理或是继续完成之前的设计文件，就必须先打开它。在Photoshop CC中，打开图像文件同样有两种方式：一是点击菜单栏中的“文件→打开”命令，如图1-18所示；二是按“Ctrl+O”快捷键，在弹出的选项框中单击选中想要打开的图片，点击“打开”按钮或按Enter键，或者用鼠标左键双击图片即可打开，如图1-19所示。

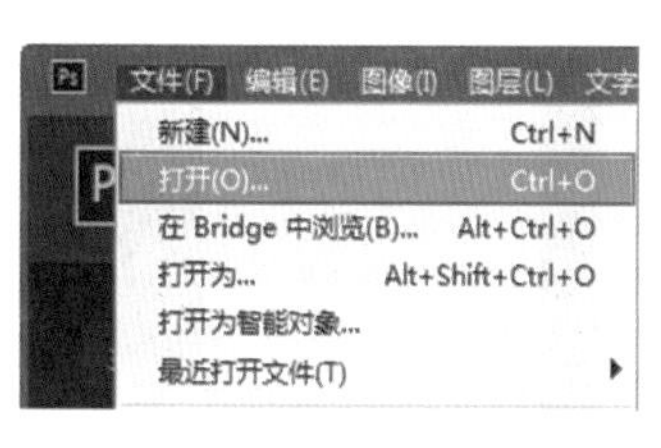

图 1-18

图 1-19

如果想要打开多个图像文件，可以在“打开”选项框中按住Ctrl键，用鼠标左键依次点击想要打开的图片，然后单击“打开”即可。

提示 在“打开”选项框中，格式默认为“所有格式”，这样就可以显示出任何文件。但是如果文件较多，则可以点击“所有格式”，在下拉选项中选择自己要打开文件的格式，便于快速地查找到文件。

1.3.3 打开扩展名不匹配的文件

有时候，我们会遇到一些特殊格式的文件。比如，扩展名与实际格式不匹配，或是没有扩展名的文件等。要想在Photoshop CC中打开这样的文件，就需要用“打开为”方式打开，具体操作是执行“文件→打开为”，如图1-20所示。在弹出的对话框中，选择文件并在文件格式下拉选项中选择正确的格式，如图1-21示。

图 1-20

图 1-21

提示 如果文件用“打开为”方式也打不开，则可能是因为你没有选对正确的格式，或者是文件已经损坏。

1.3.4 导入/导出文件

在使用Photoshop CC时，有时需要将其他类型的文件导入，或是将做好的文件导出到其他程序或设备中。因此，导入/导出的功能也需要了解和学习，虽然它的使用频率不高。

导入文件：执行“文件→导入”命令，可以将视频帧、注释、WIA支持等不同格式的文件导入到Photoshop CC中，如图1-22所示。有些摄影师为了及时查看照片

图 1-22

的细节，在拍摄时直接把数码相机连接到电脑上，这个时候就可以执行“文件→导入→WIA支持”，将拍摄的照片快速导入到Photoshop CC中。

导出文件：执行“文件→导出”命令，如图1-23所示，可以把图层、画板等导出为图像资源，或是导出到Illustrator、视频设备中。在打开的“导出为”对话框中，可以设置文件导出的格式、图像大小、画布大小、元数据和色彩空间等，如图1-24所示。

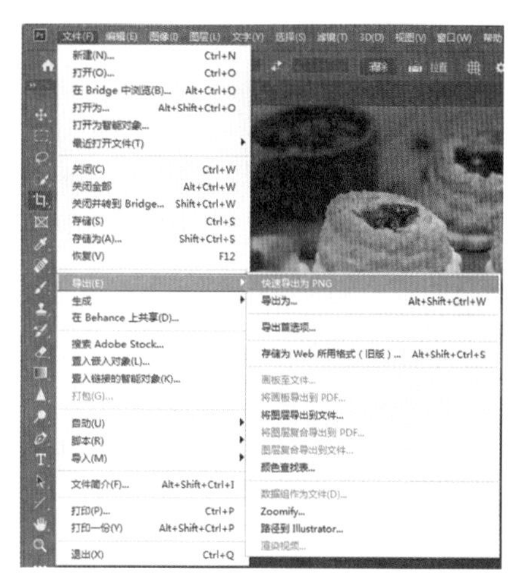

图 1-23

图 1-24

1.3.5 存储文件

当完成设计作品或是需要暂时关闭软件时，存储文件就成了一件重要的事。在Photoshop CC中，我们可以通过执行“文件→存储”命令，或是按“Ctrl+S”快捷键来保存文件。如果保存时不出现对话框，说明文件存储在原始位置；如果是第一次保存文件，则会弹出“另存为”对话框，如图1-25所示。

文件名：保存文件的名称，输入相应的文字即可。

保存类型：保存文件的格式，常用的格式有JPG、PSD、PDF、PNG等。

作为副本：钩选该选项时，可以另外保持一个副本文件。

注释/Alpha通道/专色/图层：可以选择是否存储为注释、Alpha通道、专色和图层。

使用校样设置：当文件保存为EPS、PDF格式时才可用，钩选该选项框，可以保存打印用的校样设置。

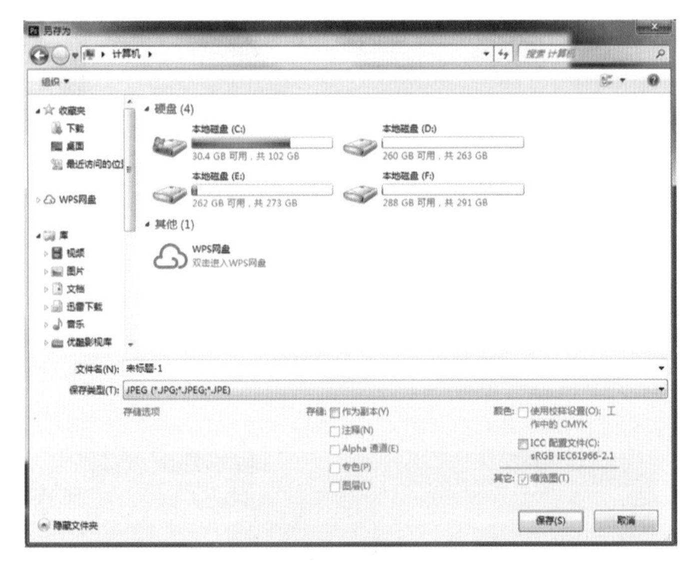

图 1-25

ICC配置文件：可以保存嵌入在文档中的ICC配置文件。

缩览图：为图像创建并显示缩览图。

提示 在所有的文件格式中，PSD文件能够保存图层、通道、路径、文字等信息，并可以随时进行修改。如果在编辑的过程中遇到未完成的文件，可以保存为PSD格式，下次打开可以继续编辑。

1.3.6 关闭文件

在保存完编辑的文件之后，随之就可以将其关闭。执行“文件→关闭”命令，或是按“Ctrl+W”快捷键，或是直接单击标题栏中右边的“关闭”按钮，即可将文件关闭，如图1-26所示。

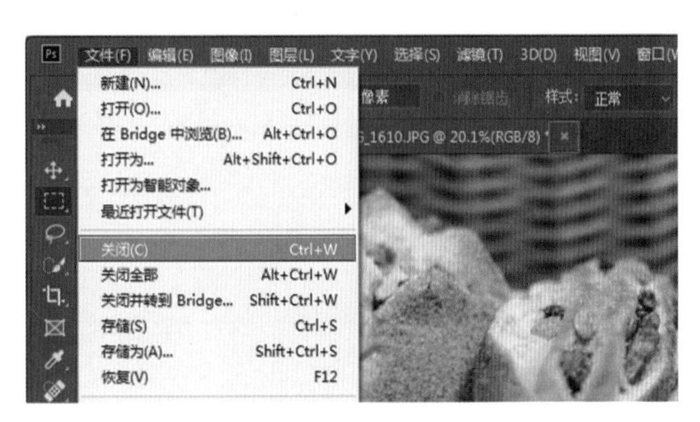

图 1-26

提示　如果打开很多个文件，在保存或不需要保存的前提下，想要快速关闭，可执行“文件→关闭全部”命令，或是按“Alt+Ctrl+W”快捷键即可关闭。

大师指点：如何在Bridge中浏览文件

Bridge是Adobe Creative Cloud附带的一个组件，利用它可以很好地进行文件浏览和管理程序。在Bridge中不仅可以查看、搜索、排序、管理和处理图像文件，还可以用来创建新文件夹，对文件进行重命名、移动和删除操作，编辑元数据，旋转图像，运行批处理命令，以及查看有关从数码相机导入的文件和数据的信息。

在Photoshop CC中，我们可以通过执行“文件→在Bridge中浏览”命令，打开Bridge，如图1-27所示。双击一个图像文件，即可在Photoshop CC中将其打开。

图 1-27

提示　Bridge的功能非常强大，除了浏览照片外，还可以对照片添加标签、评级，尤其是对照片进行批量处理。所以Bridge对于摄影爱好者来说，是一项非常实用的功能。

1.4　打印图像文件

无论是平面设计师，还是摄影师，处理完作品后，有时候会涉及打印业务。尤其是学习后会从事相关职业的人，必须掌握打印的一些基本知识。本节我们就来学习一些打印的相关设置，以便获得一个完美的打印效果。

1.4.1　打印机设置

执行“文件→打印”命令，或是按“Ctrl+P”快捷键即可打开打印对话框，如图1-28所示。在对话框的面板中可以进行打印机、份数、打印设置、版面等设置。

图 1-28

打印机：在下拉列表中选择打印机。

份数：选择打印的份数。

打印设置：单击该按钮，会弹出一个属性对话框，如图1-29所示，可以设置纸张的尺寸、类型，适合页面，是否双面打印，每张打印的页数，打印方向等。

版面：设置打印时纸张的横向和纵向。单击左边的按钮为纵向，单击右边的按钮为横向。

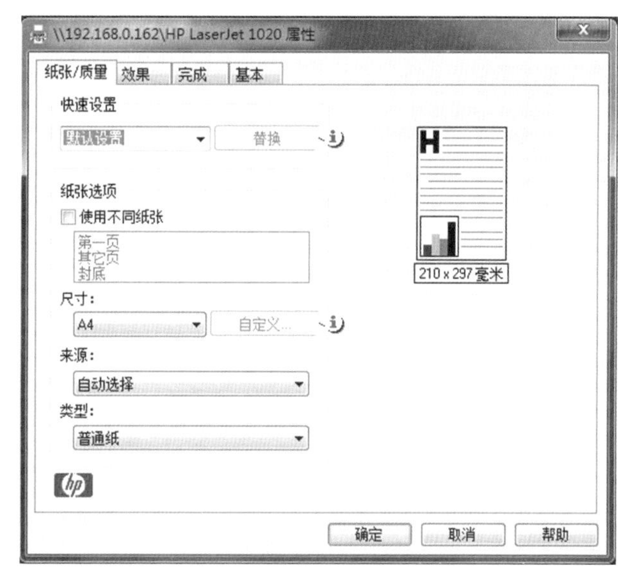

图 1-29

1.4.2 色彩管理

在打印输出图像文件的时候，颜色之间的差异非常重要，这涉及印刷品的色差问题。因此，凡是与颜色有关的设置，我们都必须掌握。在Photoshop CC打印设置中，我们还可以对色彩进行设置，在色彩管理对话框中主要包含图1-30中一些选项的设置。

图 1-30

颜色处理：设置是否使用色彩管理，如果使用，则需要设置将其应用到程序或打印设备中。

打印机配置文件：选择适用于打印机和将要使用的纸张类型的配置文件。

渲染方法：指定颜色从图像色彩空间转换到打印机色彩空间的方式，有可感知、饱和度、相对比色和绝对比色这四种。

提示 可感知渲染将尝试保留颜色之间的视觉关系，色域外颜色转变为可重现颜色时，色域内的颜色可能发生变化。因此，当图像色域外的颜色较多时，最佳的选择就是可感知渲染；而当色域外的颜色较少时，就选择相对比色渲染，因为它能够保留较多的原始颜色。

1.4.3 位置和大小

在“Photoshop打印设置”对话框中，“位置和大小”也是一个重要的设置项，通过这个选项框可以设置打印内容的位置和尺寸，如图1-31所示。

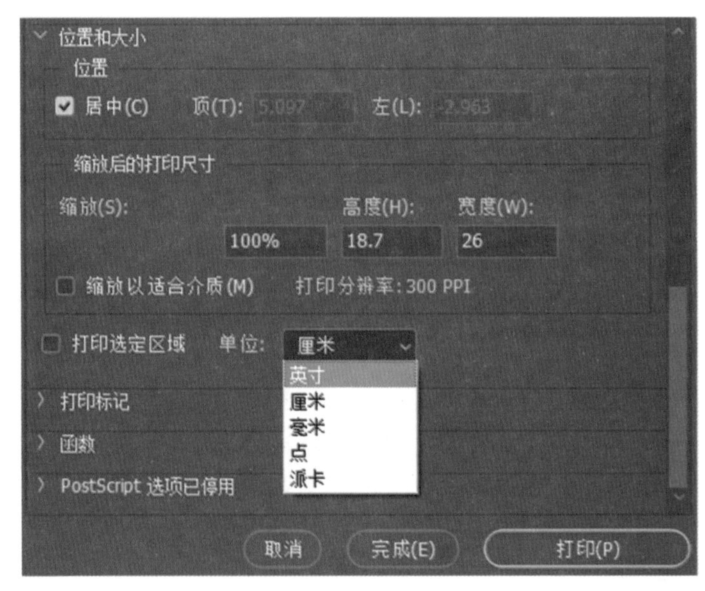

图 1-31

位置：钩选“居中”，可以将图像定位于可打印区域的中心，不钩选时，则可以在“顶”和“左”输入数值来定位图像，也可以在预览区自由调整图像大小或移动图像来选择要打印的区域。

缩放后的打印尺寸：将图像缩放后打印。钩选“缩放以适合介质”，图像会自动缩放到适合纸张的可打印区域，打印最大的图片。如果不钩选，则可以自定义“缩放”“高度”和“宽度”的数值。

打印选定区域：钩选后可以启用对话框中的裁剪控制功能，通过调整定界框来移动或缩放图像。

1.4.4 打印标记与函数

完成以上设置后，我们还需要了解“打印标记”和“函数”的相关设置，前者可以指定页面标记和输出内容，后者用以控制打印图像外观的其他选项，如图1-32所示。

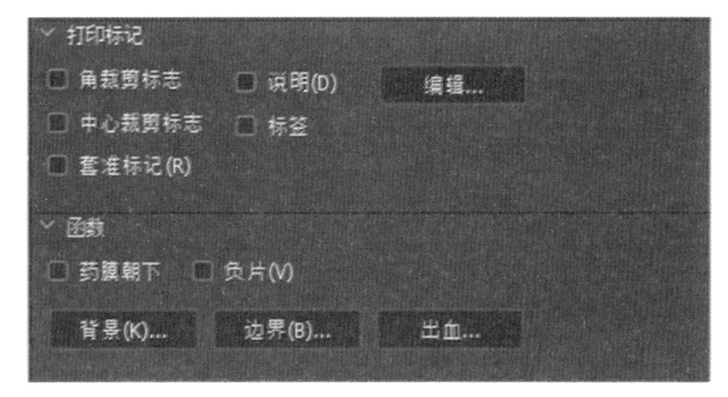

图 1-32

角裁剪标志：在要裁剪的页面位置打印裁剪标记，可以在角上打印裁剪标记。在PostScript打印机上，钩选该复选项框也将打印星形色靶。

说明：打印在“文件简介”对话框中输入的任何说明文本。

中心裁剪标志：在要裁剪的页面位置打印裁剪标记，可以在每条边的中心打印裁剪标记。

标签：在图像上方打印文件名。如果打印分色，则将分色名称作为标签的一部分进行打印。

套准标记：在图像上打印套准标记，比如靶心、星形靶等，主要用于对齐PostScript打印机上的分色。

药膜朝下：使文字在药膜朝下（即胶片或相纸上的感光层背对）时可读。正常情况下，打印在纸上的图像是药膜朝上时打印的，感光层正对文字时可读；而打印在胶片上的图像通常是药膜朝下时打印的。

负片：打印整个输出（包括所有蒙版和背景色）的反向版本。

提示 打印标记和函数的内容，初学者对这些名词可能难以理解，这些都属于印制方面的知识，只需要了解或记住概念就好，不必深入钻研。

大师指点：如何输出符合要求的图像

在Photoshop CC的应用中，制作户外广告、处理艺术相片是非常重要的两项业务。在制作或处理的过程中，就需要考虑印刷的问题，如果尺寸、分辨率等设置不合理，印刷时就容易出现各种问题，影响印刷效果。

户外广告通常通过喷绘来输出，输出的画面很大，需要大型的印刷机，介质采用广告布，使用油性墨水印刷。为了让广告颜色更持久，印刷出来的成品要比显示器中的颜色深一些，印刷的分辨率一般在30～45点/英寸。

艺术相片一般都挂在室内，输出尺寸要小得多，通常以PP纸、灯片为介质，用水性墨水印刷，打印后还需要进行覆膜、裱板等工序，分辨率要求高许多，通常在300～1200点/英寸。

因此，针对不同领域的设计，有着不同的输出要求，这些内容会在从事相关行业后逐渐了解和掌握。

第2章 认识图像菜单，了解图像的基础知识

课程介绍

Photoshop CC是一个强大的图像合成软件，了解图像的相关知识是学好它的基本要求。本章主要讲解图像的查看与裁切，图像和画布大小的调整，选择图像的颜色模式，以及图像的移动和变换等内容。

学习重点

- 学会缩放图像，以及裁切工具的使用。
- 调整图像和画布的大小。
- 了解不同颜色模式的含义。
- 掌握图像的移动、变换等操作。

2.1 图像的查看与裁剪

在编辑图像时，我们通常需要通过放大图像来处理或是查看细节，也需要通过缩小图像来查看整体效果。Photoshop CC提供了多种查看方式，比如缩放工具、抓手工具等，可以快速地查看图像。此外，在处理图像，尤其是照片时，我们需要重新构图，就要用到裁剪工具。

2.1.1 缩放工具

通常设计作品或是处理图片，由于显示的限制，在处理细节的过程中需要将图像放大来操作，这时我们可以用“缩放工具”来完成。单击工具箱中的“缩放工具”，将光标移到画面中，会出现一个放大镜一样的图标，单击按钮可放大图像，如图2-1所示，单击按钮可缩小图像，如图2-2所示。

图 2-1

图 2-2

我们可以在工具选项栏中进行相关设置，如图2-3所示。

图 2-3

调整窗口大小以满屏显示：钩选该选项，在缩放窗口的同时自动调整窗口的大小。

缩放所有窗口：选择该项，能够对打开的所有文档进行缩放。

细微缩放：选择该项，在画面中按住鼠标左键向左拖动缩小图像，向右拖动放大图像。

100%：单击该按钮，图像将以实际的像素比例显示。

适合屏幕：单击该按钮，图像以最大化完整地显示在窗口中。

填充屏幕：单击该按钮，图像以填满窗口的方式显示。

提示 要想快速缩放图像，可以按住Alt键，向下滚动鼠标滑轮缩小图像，向上滚动鼠标滑轮放大图像。

2.1.2 抓手工具

当图像被放大时，界面无法显示全部内容，此时就需要通过平移图像来继续编辑。在Photoshop CC中，我们可以通过工具箱中的“抓手工具”来实现这一功能。点击工具箱中的按钮，然后用鼠标左键按住画面向左拖动，如图2-4所示，随之会显示被遮挡的右半部分图像，如图2-5所示。

图 2-4

图 2-5

提示 要想快速切换为抓手工具，只要按住空格键，鼠标就会自动变为抓手光标，再按住鼠标左键就可以随意拖动图像了。

2.1.3 旋转视图工具

先在工具箱中找到“抓手工具”，点击选择“旋转视图工具”，接着将鼠标移到画面中，会出现光标。点击鼠标左键按住图像往下拉，图像顺时针旋转，如图2-6所示；往上拉则逆时针旋转。我们也可以在工具选项栏中设置旋转的数值，以达到想要的旋转效果。

图 2-6

提示 旋转视图只是旋转图像的角度，而不是对图像自身进行旋转。所以，一些地平线不平的照片是不能通过它来得到矫正的。

2.1.4 裁剪工具

在使用Photoshop CC处理图片时，进行二次构图是非常有必要的。使用“裁剪工具”可以将多余的画面剪掉，重新定义图像的大小。

打开一张图片，点击工具箱中的“裁剪工具”，画面会出现一个裁切框。将鼠标放在裁切框的边上，按住鼠标左键拖动可以缩放一边的大小；将鼠标放在裁切框的对角上，按住鼠标左键拖动则可以同时缩放两边的大小，如图2-7所示。选择好要保留的部分，双击鼠标左键，或是按Enter键即可完成裁切，如图2-8所示。

图 2-7

图 2-8

在工具选项栏中，我们还可以对裁切进行更多的设置，比如裁切的约束比例、旋转、拉直、视图显示等内容，如图2-9所示。

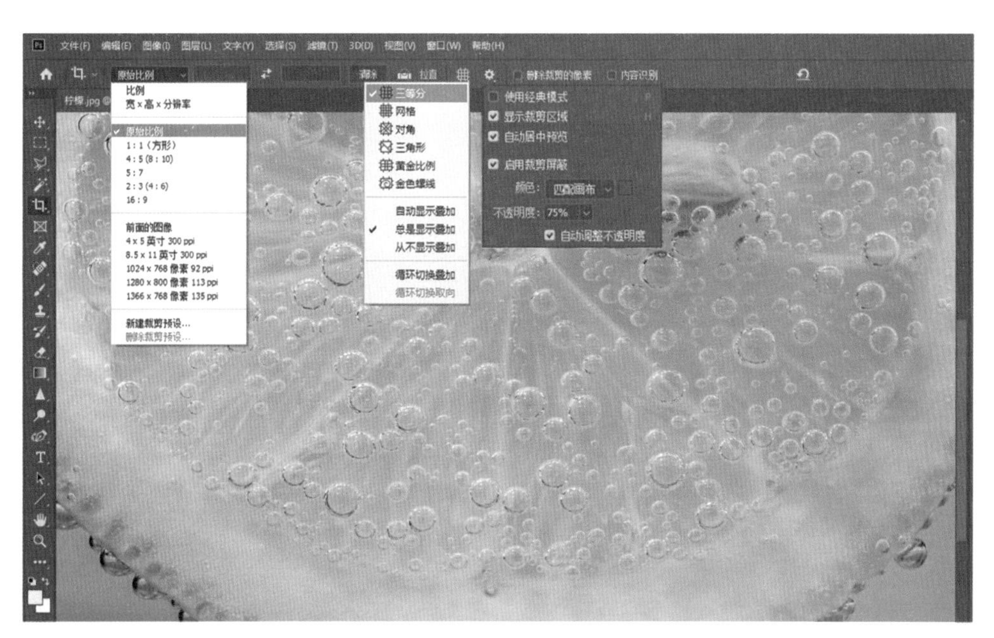

图 2-9

比例：在下拉菜单中可以选择多种裁切比例，比如常用的1:1、4:5、5:7、3:2、16:9。

约束比例：在中可以输入自定义的比例数值，按中间的双向箭头可以切换前后的数字。

清除：用来清除长宽的比值。

拉直：点击按钮，在图像上画一条线可以拉直图像。

视图：点击按钮，可以选择裁切时参考线的视图效果，比如三等分、网格、对角、三角形、黄金比例、金色螺线，也可以显示参考线的叠加方式。

设置其他裁切选项：可以选择裁切区域显示、裁切屏蔽的颜色和不透明度的设置。

删除裁剪的像素：钩选该选项，裁剪后会彻底删除裁切框外的像素数据；不钩选进行裁切，多余的区域会处于隐藏状态。如果想要还原裁切之前的画面，只需要再次选择“裁切工具”即可。

提示　按住“Caps Lock+Alt”组合键，将鼠标移到裁切框的任意对角上，按住鼠标左键拖动可以同比例缩放裁切框。

2.1.5　透视裁剪工具

在设计或处理图像时，我们会遇到一些具有透视效果的作品或图片，如果我们想要得到正视的角度，就可以通过“透视裁剪工具”来获得。

打开一张图片，点击工具箱中的“透视裁剪工具”，图片上会出现一个裁剪框，可用鼠标左键按住任意一个对角点拖动进行调整，如图2-10所示，然后双击鼠标或按Enter键进行裁切，得到平面的图像，如图2-11所示。

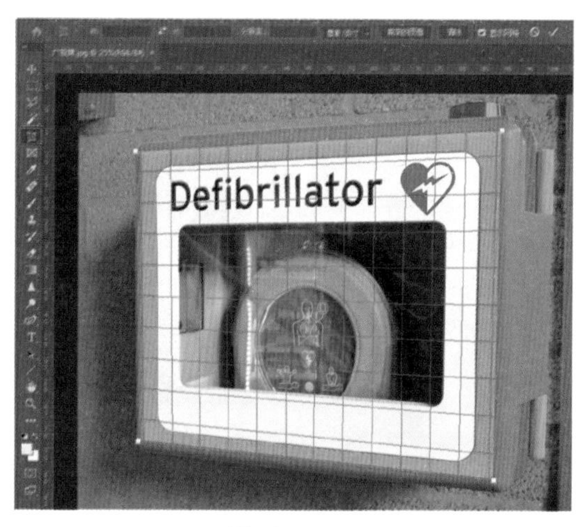

图 2-10

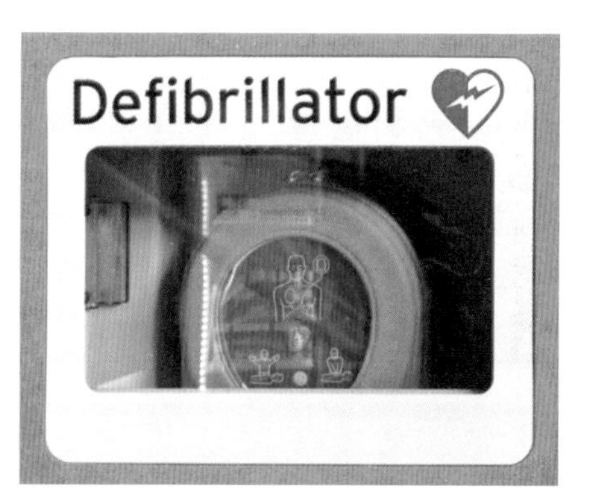

图 2-11

提示　透视裁剪工具不仅可以使透视图像获得平面效果，还可以使平面图像获得透视效果。透视裁剪框的四个对角点都可以向任意方向移动，这正是它能够调整透视的原因。

大师指点：如何使用标尺和参考线

Photoshop CC界面中提供了标尺和参考线工具，这在设计过程中给予了极大的方便，操作者可以更加精确地进行操作。标尺和参考线的使用其实非常简单。

执行“视图→标尺”命令，或者按快捷键“Ctrl+R”可以打开标尺，然后将光标放在标尺上，按住鼠标左键向右或向下拖曳到画面中，释放鼠标即可绘制参考线，如图2-12所示。

如果想要移动参考线，可以将鼠标放在参考线上，此时光标变为↔，如图2-13所示，按住鼠标左键拖曳移动参考线，移到标尺处即可删除参考线。

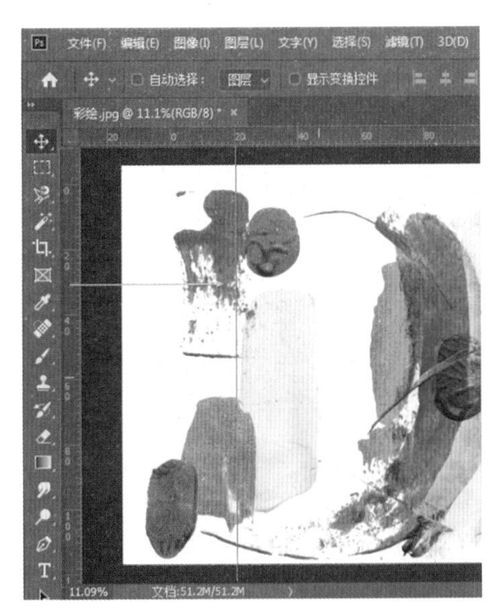

图 2-12

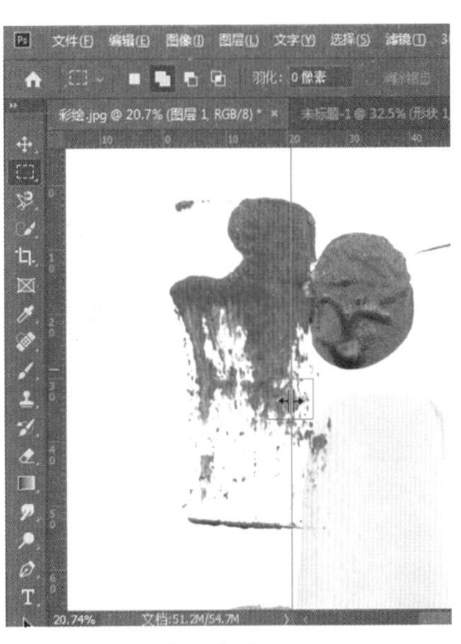

图 2-13

提示 如果想要快速清除界面中的所有参考线，可以执行“视图→清除参考线”命令。

2.2　图像与画布大小的调整

在实际应用中，有些图像需要改变尺寸大小，比如将证件照上传到网上，一般都会有尺寸、大小的规定。另外，在编辑图像时，如果画布不够大，也需要进行调整。Photoshop CC提供了调整图像尺寸和画布大小的功能，可以轻松应对这些要求。

2.2.1　调整图像的尺寸

调整一张图像的尺寸和大小，我们可以通过执行“图像→图像大小”命令，或是按快捷键“Alt+Ctrl+I”来实现，在弹出的“画布大小”对话框中设置相关数值即可，如图2-14所示。下面，我们一一来介绍各项内容。

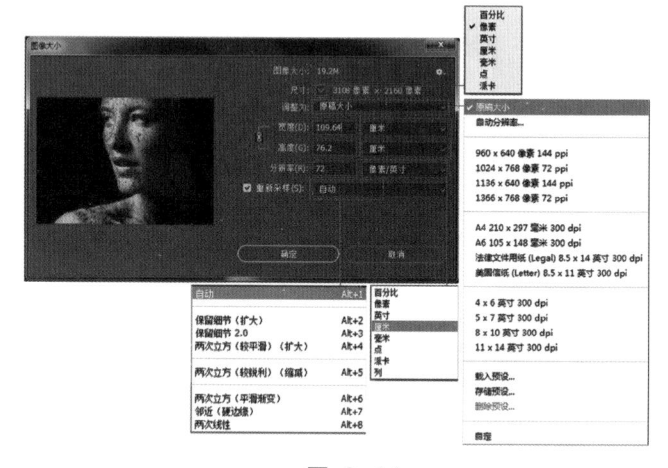

图 2-14

尺寸：显示当前图像的尺寸，单位有百分比、像素、英寸、厘米、毫米、点、派卡。

调整为：点击后可在下拉列表中选择多种常用的图像预设尺寸。

宽度、高度：输入数值可调整图像的尺寸，点击数值后面的方框可进行单位选择。

“约束长宽比”按钮：点击后宽和高的比值将固定，改变其中任何一个数值，另一个数值都会按原来的比例缩放。

分辨率：设置图像分辨率的大小，后面的方框可进行单位选择。

重新采样：钩选该选项，可以在后面的下拉列表中选择重新采样的方式。

提示 在调整图像尺寸时，如果是位图图像，一般会导致画质损耗，因为位图与分辨率有关；而矢量图像则不会有损耗。

2.2.2 修改画布的大小

我们在编辑图像文件时，有时候需要改变画布的大小，以获得更好的显示效果。这时可以执行“图像→画布大小”命令，在弹出的“画布大小”对话框中设置相关的数值，即可缩放画布，如图2-15所示。

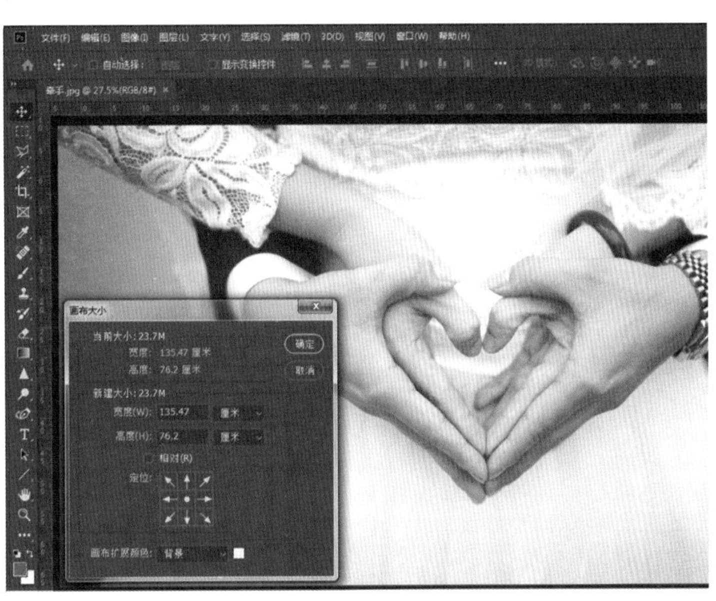

图 2-15

增大宽/高的数值可放大画布，减小宽/高的数值则可缩小画布。图2-16是画布的宽度、高度都增大10cm后的效果；图2-16是画布宽度、高度都减小10cm后的效果，此时由于画布的尺寸小于图片的尺寸，所以会对图片进行一些裁切，点击“继续”按钮即可。

图 2-16

相对：钩选该按

钮，宽度、高度值会变为0，输入正数值增大相应的画布大小，输入负数值减小相应的画布大小。

定位：用来设置当前图像在新画布中的位置。

画布扩展颜色：当新建画布尺寸超过原有图像时，可设置扩展区域的颜色。图2-17中白色的框就是扩展画布的颜色，如果点击“前景”选项可填充为红色，前景和背景颜色可自由选择。此外，还有白色、黑色、灰色等选项。

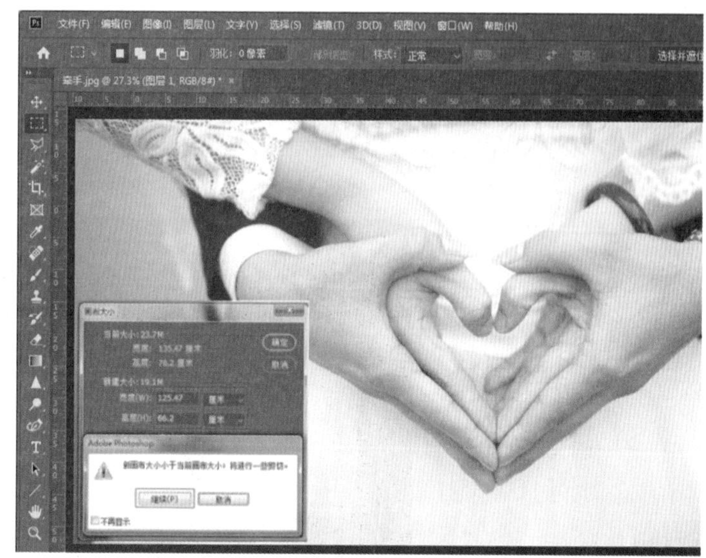

图 2-17

提示　很多人对“图像大小”与“画布大小”的区别难以理解，这里用一个很形象的比喻来说明：“图像”像一张相片，“画布”就像相框，将图像放在画布上相当于将相片放进相框里，这样就很容易理解了。

2.2.3　旋转画布

在拍摄时，我们通常会拍摄各种角度的图片。当把图片导入Photoshop CC处理时，为了获得更理想的效果，我们需要对图片进行角度的调整，这个时候就用到了“旋转画布”命令。点击“图像→图像旋转”，如图2-18所示。在弹出的下拉菜单中提供了多种旋转命令，比如“180度”“顺时针90度”“逆时针90度”“水平翻转画布”“垂直翻转画布”，效果如图2-19所示。

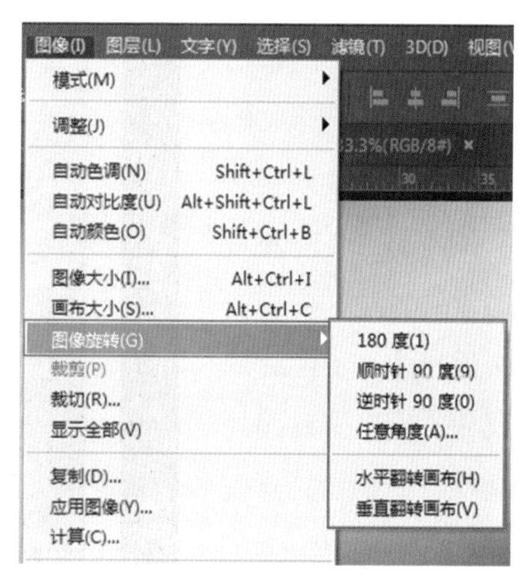

图 2-18

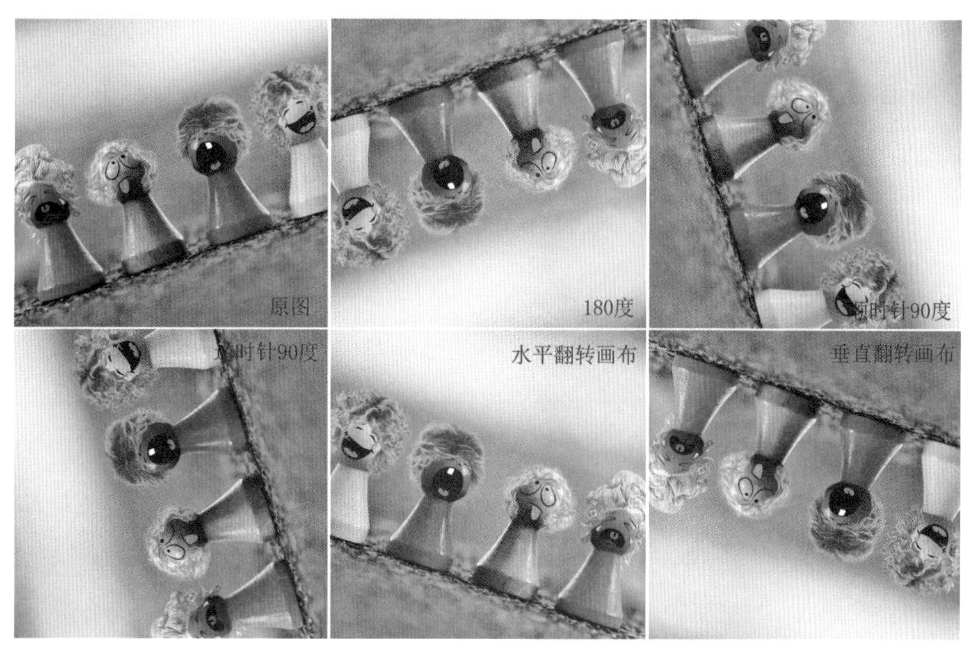

图 2-19

此外，我们还可以通过“任意角度”命令来旋转图像。点击“任意角度”在弹出的对话框中，输入角度数值，选择顺时针或逆时针，再按“确定”按钮即可，如图2-20所示。

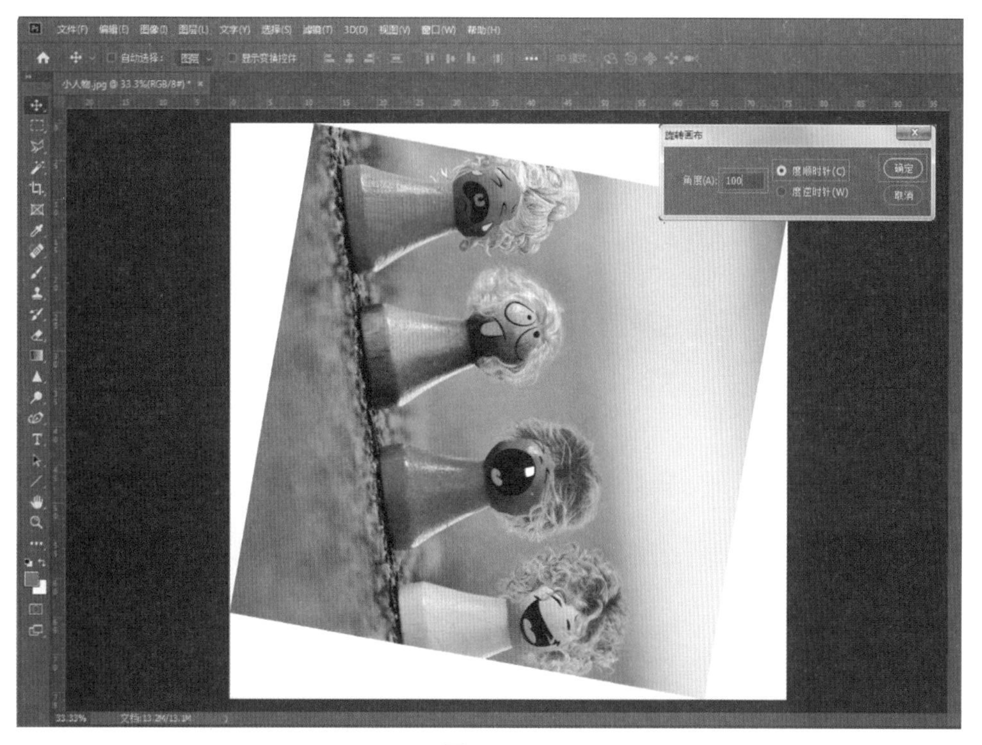

图 2-20

大师指点：如何理解像素和分辨率

像素：像素是位图的基本单位，在Photoshop CC中图像是基于位图格式的，因此在编辑图像时必然会涉及像素和分辨率，这两者决定了图像的清晰度和图像的质量。

一般来说，位图像素的大小（分辨率）是指在一定宽度和高度内像素数目的多少。比如把一张图片放大，我们会看到许多小方块，一个小方块就代表一个像素，在同样的宽度和高度内，小方块越多代表像素越高，图像越细腻，色彩也越丰富。

分辨率：关于分辨率，我们还需要理解图像分辨率、显示器分辨率等的区别。

图像分辨率，是指图像中每个单位长度所包含的像素数目，单位是“像素/英寸（ppi）”。比如，图像分辨率为96ppi，表示每英寸有96个像素点。分辨率越高，图像占用的空间越大，越细腻。

显示器分辨率，是指显示器上每个单位长度显示的点的数目，单位是“点/英寸（dpi）”。比如，显示器分辨率为72dpi，即表示显示器上每英寸有72个像素点。通常的PC显示器分辨率约为96dpi，MAC显示器的分辨率约为72dpi。

图像分辨率和尺寸（宽高）共同决定文件的大小和质量。如果只是在显示载体上查看，分辨率设置为72dpi或96dpi即可；如果要打印出来，分辨率就必须设置在300dpi或以上。

2.3 图像颜色模式的选择

颜色模式是将某种颜色表现为数字形式的模型，或者说是电子图像以什么样的方式在计算机中显示或打印输出。颜色模式不同，会影响图像的颜色数量、通道数量和文件大小。一般常用的颜色模式有七种，本节我们将一一介绍。

2.3.1 位图模式

位图模式，是用黑、白两种颜色来表示图像中的像素，所以也叫作黑白图像。彩色图像要想转换成位图模式，必须先转换成灰度或双色调模式，然后执行“图像→模式→位图”命令，在弹出的“位图”对话框中设置相关选项，如图2-21所示。

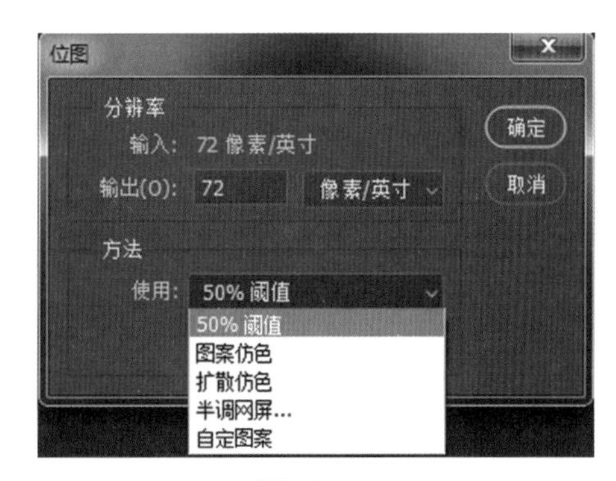

图 2-21

除了设置分辨率外，还可以在“使用”选项中选择一种转换的方法，包括50%阈值、图案仿色、扩散仿色、半调网屏、自定图案，效果如图2-22所示。

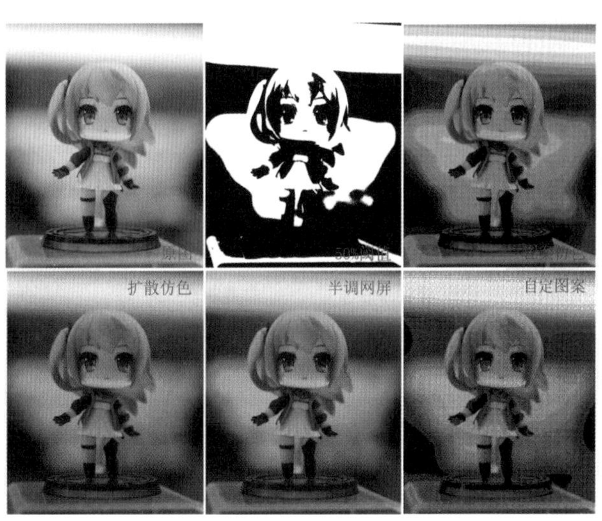

图 2-22

由于位图模式只用黑白色来表示图像的像素，所以在将图像转换为位图模式时会丢失大量细节，色相和饱和度信息都会被删除，只保留明度信息。此外，在宽度、高度和分辨率相同的情况下，位图模式的图像尺寸最小，约为灰度模式的1/7和RGB模式的1/22以下。

2.3.2 灰度模式

图 2-23

灰度模式，是以单一色调来表现图像，是RGB模式图像转换为位图模式和双色调模式时的中间模式。我们可以通过执行“图像→模式→灰度”命令获得，如图2-23所示。灰度图像的每个像素有一个0（黑色）到255（白色）之间的亮度值。灰度值也可以用黑色油墨覆盖的百分比来表示，即0%是白色，100%是黑色。

运用灰度模式可以获得黑白图片，但是效果不是很理想，如果想把彩色图片转变为黑白，还是通过“黑白”命令进行，可以调整更多细节。此外，彩色图像转变为灰度模式后，会删除所有颜色信息，如果再转换成彩色图片，很多丢失的颜色就无法恢复了。

2.3.3 双色调模式

双色调模式，也就是用一种灰色油墨或彩色油墨来渲染一个灰度图像。通过执行“图像→模式→双色调”命令，在弹出的对话框中进行相关设置即可转换为双色调模式，如图2-24所示。“类型”下拉菜单中包含“单色调”“双色调”“三色调”“四色调”。单击“油墨”旁的方框可打开“双色调曲线”对话框，调整可改变油墨的百分比；单击油墨颜色块可打开“拾色器”设置油墨颜色。

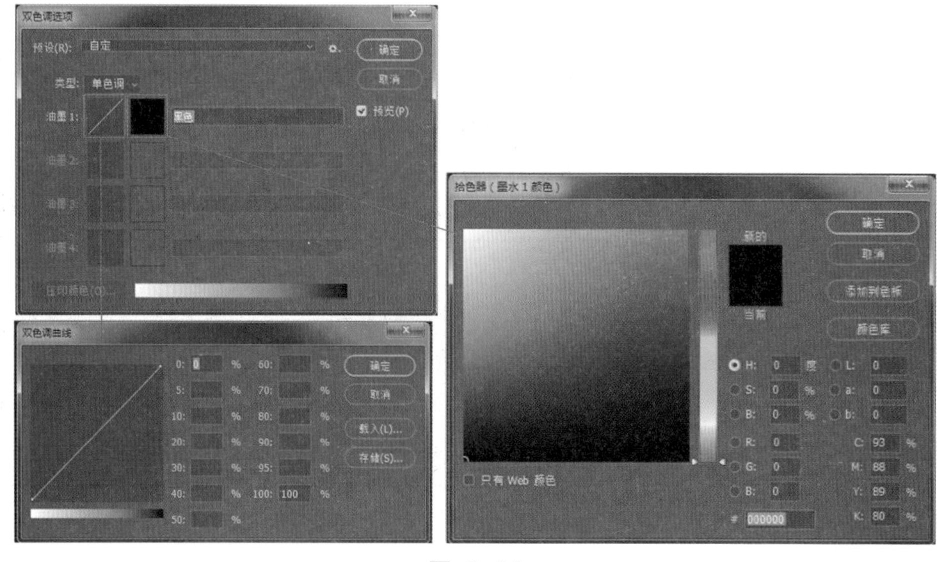

图 2-24

通常灰度模式的图像才能转为双色调模式，因此双色调模式其实就相当于用1~4种油墨为黑白图片上色。以下分别是单色调、双色调、三色调、四色调上色后的效果，如图2-25、图2-26、图2-27、图2-28所示。

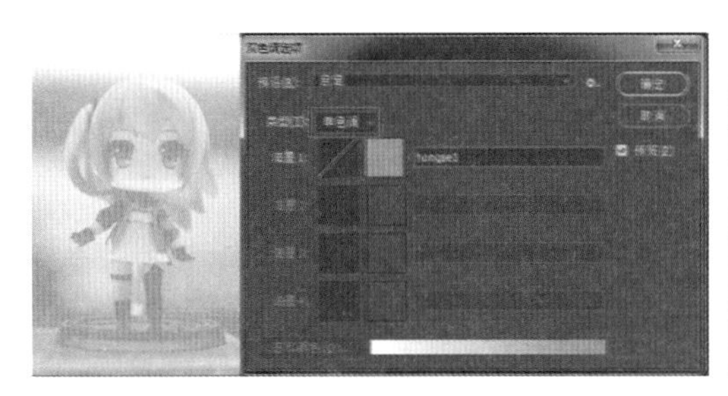

图 2-25

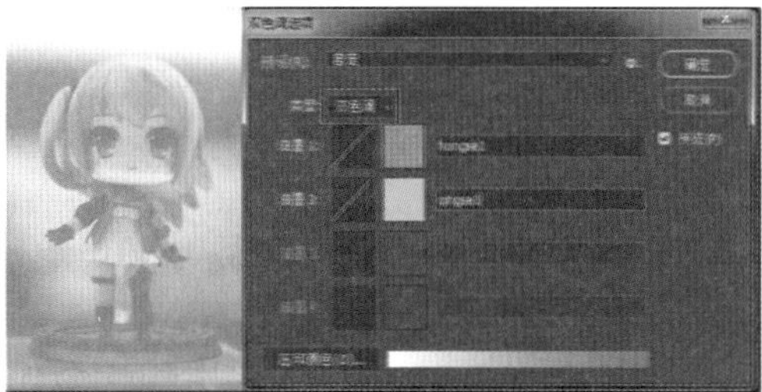

图 2-26

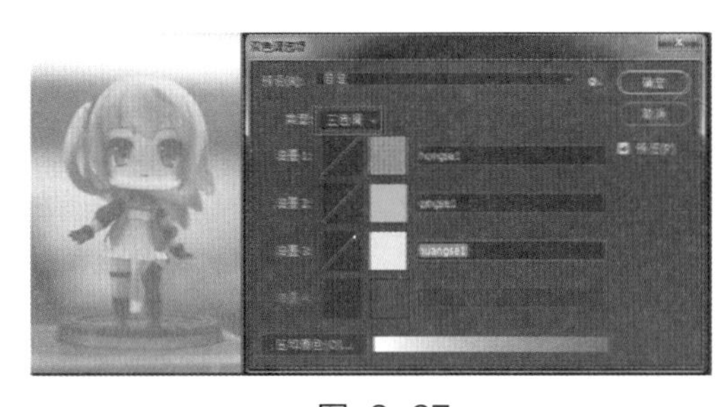

图 2-27

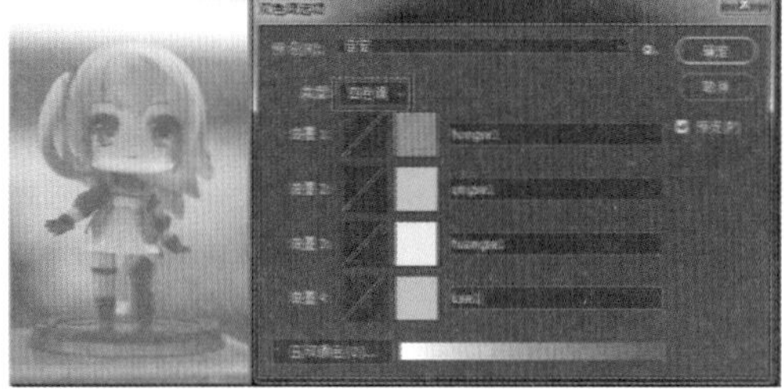

图 2-28

双色调模式可以用尽量少的颜色表现出尽可能多的颜色层次，在印刷中能减少成本。一般在双色调套印时，用较深的黑色油墨和较浅的灰色油墨进行印刷，前者表现阴影，后者表现中间色调和高光。也有的情况下会用一种黑色油墨和一种彩色油墨配合，用彩色来表现高光，给灰度图像轻微上色。

2.3.4 索引模式

索引颜色模式，是Web和动画中常用的图像模式，它只支持单通道的8位图像文件，只能生成256种颜色。如果原图像中颜色不能用256种颜色表现，则Photoshop CC会从可使用的颜色中选出最相近的颜色来模拟这些颜色。这样不仅可以减小图像文件的尺寸，同时还可以保持视觉上的品质不变。

通过执行“图像→模式→索引模式”命令，打开对话框进行索引模式的相关设置，如图2-29所示。

图 2-29

调版：选择转换为索引颜色后的调版类型，有Web、平均、局部几种类型。

颜色：当“调版”选项选择平均、局部时，可输入颜色值来指定要显示的颜色数量，最多为256种。

强制：将某些颜色强制包括在颜色表中，比如黑白色、三原色和Web颜色。

仿色：选择是否使用仿色，有扩散、图案、杂色三种效果。

数量：输入仿色的百分比值，数值越大，仿色越多。

提示 索引模式的图片在Photoshop CC中有时无法正常编辑，比如，无法将别的图片拖入索引模式的图片中，这时需要先将图片的模式改为RGB，再进行编辑。

2.3.5 RGB颜色

RGB颜色模式，又称三原色，是通过对红（R）、绿（G）、蓝（B）三种颜色通道的变化以及它们相互之间的叠加来得到各式各样的颜色。更简单地说，就是通过红、绿、蓝三种颜色的组合可以得到其他任何一种颜色。比如，R、G、B数值都设为0就是黑色，如图2-30所示；R、G、B数值都设为255就是白色，如图2-31所示。

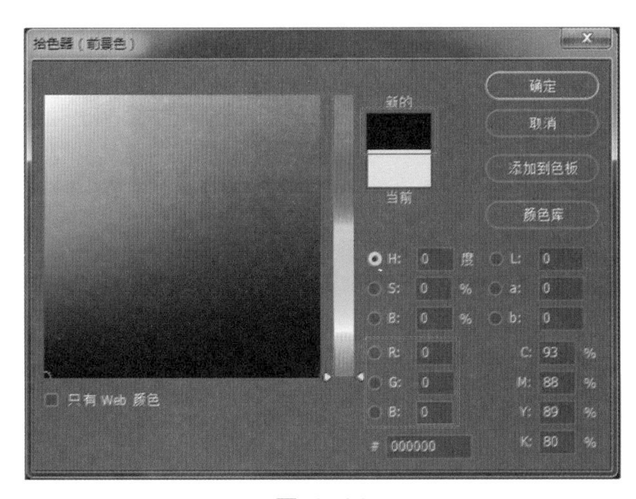

图 2-30

图 2-31

RGB颜色模式一般应用于计算机显示器、电视机、投影仪等电子屏幕。在Photoshop CC中，一般默认为RGB颜色，RGB图像使用三种颜色或是三个通道在屏幕上重现的颜色，这三个通道将每个像素转换为24位（8位×3通道）色信息，可以获得1670万种颜色，位数越高，重现的颜色就越多。

2.3.6 CMYK颜色

CMYK颜色，也称为印刷色，C代表青色（Cyan），M代表品红色（Magenta），Y代表黄色（Yellow），K代表黑色（Black）。它是一种依靠反光的色彩模式，比如，我们在阅读纸质书籍时，之所以能够看清字，是因为阳光或灯光照射到文字上，再反射到我们的眼球中。也就是说，凡是印刷品的颜色，都是CMYK模式。

一般来说，青色、品红、黄色三种颜色理论上可以混合出黑色，但是由于现实中技术的限制，不能完全获得纯正的黑色，所以加入了黑色。此外，黑色和其他颜色混合还能调节颜色的纯度和明度。

在Photoshop CC中，由于默认为RGB颜色。因此，在准备打印图像文件时，首先应该将颜色模式改为CMYK模式，因为以RGB模式输出的图片属于直接打印，印刷出来的实际颜色与预览颜色会有较大差异。

2.3.7 Lab颜色

Lab颜色模型由三个要素组成，一个要素是亮度（L），a和b是两个颜色通道。L用于表示像素的亮度，取值范围是0～100，表示从纯黑到纯白；a表示从红色到绿色的范围，b表示从黄色到蓝色的范围。

Lab是一种不常用的色彩空间，也是一种基于生理特征的颜色系统，它与设备无关，无论是用什么设备创建或输出图像，都能生成一致的颜色。Lab模式所定义的色彩最多，它在转换成CMYK模式后色彩不会丢失或被替换。因此，应用Lab模式编辑图像，再转换为CMYK模式打印输出，是比较好的选择。

2.4 图像的移动与变换

在Photoshop CC实际应用中，对图像进行移动、变换等操作是非常频繁的，这也是初学者应该掌握的基本技能。下面，我们就来熟悉这些工具和命令。

2.4.1 移动工具

移动工具是最常用的工具之一，位于工具箱的最顶端，可以用来移动文件中的图层、选区内的图像或是将图像拖入别的文件中。

打开一个图层，选中图层，点击工具箱中的“移动工具”，用鼠标左键按住图像即可移动，如图2−32所示。

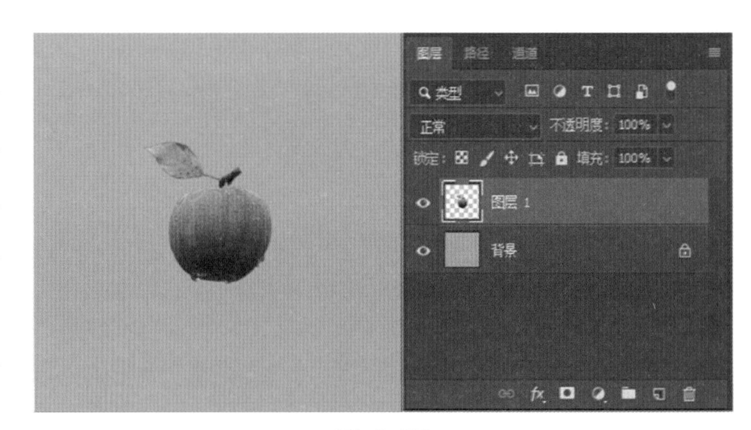

图 2−32

在点击移动工具后，我们还可以在工具选项栏中设置相关参数，如图2−33所示。

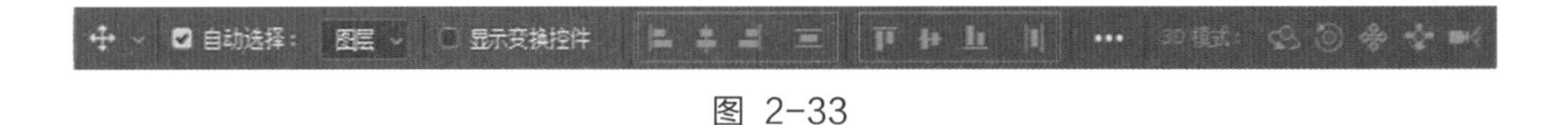

图 2−33

自动选择：当文档包含了多个图层或图层组，钩选该选项可以在后面的方框中选择要移动的对象（组或图层）。

显示变换控件：钩选该选项，图层四周会出现定界框，可以对图层进行变换操作。

对齐图层（左框）：在选择了两个或多个图层时，点击相应的按钮可以将图层对齐。

分布图层（右框）：在选择三个或以上的图层时，点击相应的按钮可以将图层按一定规则均匀分布。

3D模式：针对3D模式和相机进行移动、缩放操作。

提示 在移动图像时，选中该图层，按住键盘的方向键“↑、↓、←、→”也可以移动图像。如果先按住Shift键，再按一下方向键可移动十个像素的距离；如果按住Alt键，移动的同时可复制图像。同时打开两个文档，可以将一个文档的图像拖入另一个文档中。

2.4.2 自由变换

Photoshop CC提供了强大的“变换”和“自由变换”功能，它可以对图层、路径、矢量图形以及选区进行变换操作，比如旋转、斜切、扭曲、透视、变形、翻转等。执行“编辑→自由变换”命令或按快捷键“Ctrl+T”即可对图像进行变换，如图2-34所示。单击鼠标右键，会弹出自由变换子命令，该命令与执行“编辑→自由变换”命令是一样的。

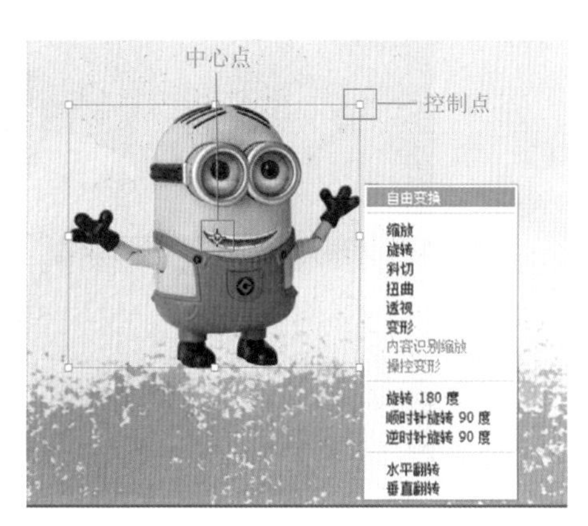

图 2-34

其中，中心点用于定义对象的变换中心，默认状态下位于图像的中心，拖曳到其他地方则改变变换的基准点。控制点可以向四周拖曳，鼠标放在对角的控制点上，可拖曳图像的两条边，鼠标放在对角的控制点外侧，可旋转图像。

当使用自由变换命令后，还可以在工具选项栏中设置精确的变换参数，如图2-35所示。

X: 1320.82 像　Y: 1218.12 像　W: 106.91%　H: 106.91%　-3.03 度　H: 0.00 度　V: 0.00 度

图 2-35

参考点位置：单击按钮上面的灰色小方框，可以选择变换中心的位置。

X/Y值：设置参考点的水平和垂直位置。单击按钮，可以对当前参考点位置重新定位新参考点。

W/H值：设置图像变换的百分比。单击按钮，输入数值时，可等比例缩放。

角度：代表角度，可以设置旋转的角度。

H/V：可以设置水平/垂直斜切。

2.4.3 操控变形

执行“操控变形”命令，能够对图像添加密布的网格，进而对局部进行扭曲，只需要在该区域单击鼠标放上图钉，即可对局部进行拉伸改变人物的动作、发型等。

（1）打开一张图片，将要变形的图片用套索工具抠取出来，复制到新建图层中，如图2-36所示。

图 2-36

（2）执行“编辑→操控变形”命令，给图像添加网格，然后在要变换的区域单击鼠标左键添加控制点，即图钉。拉动控制点即可进行变形，效果如图2-37所示。在图中放置其他五个图钉是为了固定整个图像，以免其他区域受到影响。

图 2-37

当执行“操控变形”命令时，可以在工具选项栏中进行相关设置。如图2-38所示。

模式：正常 浓度：正常 扩展：2像素 显示网格 图钉深度：

图 2-38

模式：有“刚性”“正常”“扭曲”三种。“刚性”模式变形比较精确，但过度不柔和；“正常”模式比较准确，效果柔和；“扭曲”变形时可产生透视效果。

浓度：指网格的密度，有“较少点”“正常”“较多点”三个选项。

扩展：可以设置变形效果的缩减范围。数值越大变形后的边缘越平滑，数值越小边缘越生硬。

显示网格：钩选后显示变形网格，不钩选则不显示。

图钉深度：单击该按钮，可以让图钉向上层或向下层移动一个堆叠顺序。

提示 想要删除图钉，只需用鼠标左键单击后按Delete键删除；或是按住Alt键，用鼠标左键单击图钉即可删除。

实战练习：利用变形给杯子贴图

“变形”是Photoshop CC“变换”功能中的一种，它可以对图像的局部进行调整。执行“编辑→变换→变形”命令，图像会显示网格和锚点，拖曳锚点即可进行变换。下面我们利用“变形”命令给杯子贴上精美的图案。

（1）打开两张图片，如图2-39和图2-40所示。

图 2-39

图 2-40

（2）使用“移动工具”将绘画图像拖到水杯文档中。按“Ctrl+T”快捷键调出定界框，在图像上单击右键，选择弹出菜单中的“变形”命令，如图2-41所示。

（3）将四个角上的锚点拖到杯体边缘，使之与边缘对齐，继续拖动其他锚点使之完全与杯体重叠在一起，如图2-42所示。

图 2-41

图 2-42

（4）按回车确认变形操作，打开“图层”面板，将“图层1”混合模式设置为“柔光”，接着按快捷键“Ctrl+J”复制图层1，将图层不透明度调整为50%，如图2-43所示，最终效果如图2-44所示。

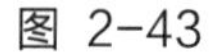

图 2-43

图 2-44

第3章 编辑选区，选取工具的掌握与应用

课程介绍

无论是摄影后期，还是平面设计，都会涉及创建选区的操作。本章主要讲解Photoshop CC中创建选区的工具及其使用方法，创建选区后的基本操作，比如反选选区、隐藏选区、移动选区、变换选区等。熟练掌握这些内容，有利于对图像的局部进行调整。

学习重点

- 了解选框工具的使用。
- 熟练使用套索工具、快速选择工具和魔棒工具。
- 掌握选区的基本操作。
- 掌握移动选区、变换选区等操作。

3.1 创建选区的选取工具

选区可以限定操作的范围，是Photoshop CC中常用的重要工具之一。我们可以使用多种工具来创建选区，比如选框工具、套索工具、魔术棒工具等。

3.1.1 矩形选框工具

矩形选框工具可以创建矩形选区和正方形选区。用鼠标右键单击工具箱中的“选框工具”，在弹出的子命令中，选中第一个“矩形选框工具”。然后，在页面中按住鼠标左键向右下角拖动，即可绘制选区，如图3-1所示；如果按住Shift键下拉，则可以绘制正方形选区，如图3-2所示。

图 3-1

图 3-2

在工具选项栏中，可以对选区进行设置，主要包括以下选项。

羽化：设置选区边缘的虚化程度，羽化值越大虚化范围越大，反之越小，适当羽化可以使选区过渡更加平滑。

消除锯齿：矩形选框工具一般不存在锯齿，此设置只能用于椭圆选框工具。

样式：设置选区的样式，选择“正常”可以创建任意大小的选区；选择“固定比例”，可以固定选区宽度与高度的比例；选择“固定大小”，可以固定选区宽度与高度的像素。

3.1.2 椭圆形选框工具

椭圆形选框工具可以创建椭圆形和正圆形。选择工具箱中的“椭圆形选框工具”，绘制方法同“矩形选框工具”，椭圆形效果如图3-3所示，正圆形效果如图3-4所示。

图 3-3

图 3-4

3.1.3 单行、单列选框工具

单行、单列选框工具主要用来制作网格。单击工具箱中的“单行选框工具”，然后将光标移到画面中，在想要绘制网格的地方单击即可，如图3-5所示；同样，选择“单列选框工具”，将光标移到画面中单击也可以绘制纵向网格，如图3-6所示。

图 3-5

图 3-6

提示 单行、单列选框工具创建的选区粗细都是1个像素。

3.1.4 套索工具

使用“套索工具”可以绘制不规则形状的选区。比如，处理图片时需要对局部进行调整或是绘制不规则图形，都可以用“套索工具”创建选区，然后进行调整。

单击工具箱中的“套索工具”按钮，然后在画面中按住鼠标左键，可以圈选所要选择的图像区域，如图3-7所示。当终点与起点闭合时，即可创建选区，如图3-8所示。

图 3-7

提示 在绘制的过程中，如果中途释放鼠标，Photoshop CC会自动用一条直线连接起点和终点，并形成封闭选区。

图 3-8

3.1.5 多边形套索工具

使用“多边形套索工具”，可以很方便地对一些转角明显的对象创建选区。比如，形状各异的建筑物，书籍等。

单击工具箱中的“多边形套索工具”按钮，在画面中单击确定起点，沿着对象边缘单击第二个点，如图3-9所示。依次框选对象，最后终点与起点相连，形成封闭的选区，如图3-10所示。

图 3-9

提示 在使用“多边形套索工具”创建选区时，按住Shift键，可以水平、垂直或倾斜45度绘制直线；按下Delete键可以删除最近绘制的直线。

图 3-10

3.1.6 磁性套索工具

磁性套索工具通常可以用来创建边缘分明的选取对象的选区，或是对选区精度要求不严格的选取对象的选区。

单击工具箱中的“磁性套索工具”，在画面中单击确定起点，然后沿着边缘移动鼠标就可以自动选取，最终创建选区，如图3-11所示。

图 3-11

提示　在使用“磁性套索工具”时，按住Alt键，单击可切换成“多边形套索工具”，释放Alt键，单击后变回“磁性套索工具”。

3.1.7 快速选择工具

快速选择工具是创建选区最快捷的方法之一，只需要在待选取的图像上多次单击鼠标，或是按住鼠标拖曳，该工具就会自动查找颜色接近的区域，并创建这部分的选区。

操作方法很简单，首先在工具箱中选择“快速选择工具”，然后将光标放在图像上，单击鼠标或拖曳鼠标，即可创建选区，如图3-12所示。

图 3-12

添加/删减选区按钮：点击按钮，可以增加选区，通常用此按钮来创建选区。如果在操作过程中，不小心使选区超出了所选范围，我们可以点击按钮，在选区多余区域单击进行删减。

设置画笔大小：点击按钮，会弹出如图3-12中的对话框，可以设置画笔的大小、硬度、间距、角度、圆度等数值。

自动增强：钩选该选项，选区边缘与对象边缘更贴近，也就是创建的选区更精准。

对所有图层取样：钩选该选项，会针对所有图层显示效果建立选取范围。如果只是单个图层，则不必钩选。

3.1.8 魔棒工具

魔棒工具可以很快速地获取与取样点颜色相似的部分选区。单击画面时，光标所在的区域就是取样点，通常适合用来选取被完全不同颜色包围的颜色相似的区域。

在工具面板中选择“魔棒工具”，设置好“容差”数值，选择绘制模式，单击画面即可完成取样，如图3-13所示。如果想获得更多的选区，则需要在工具选项栏中切换到“添加选区”按钮，然后依次单击需要取样的区域，获得最终效果，如图3-14所示。

图 3-13

取样大小：用来设置取样的范围，一般默认为“取样点”，即对光标所在的位置进行取样。其他还有“3×3平均”“5×5平均”等，数字表示的是多少个像素。

图 3-14

容差：指所选取图像的颜色接近度，数值在0~255之间。容差数值越大，图像颜色的接近度就越小，选择的区域越广；容差数值越小，图像颜色的接近度就越大，选择的区域越窄。

消除锯齿：钩选后，可以使选区的边缘更平滑。

连续：钩选后，只能选择一个区域当中的颜色，不能跨区域选择。比如一个图像中有几个不相交且颜色相同的圆，单击一个圆只能选取一个圆的区域。如果不钩选该项，则可以选择所有颜色相同的圆。

对所有图层取样：钩选这个选项，整个图层当中颜色相同的区域都会被选中，不钩选则只会选中单个图层的颜色。

实战练习：通过羽化选区制作暗角效果

暗角是摄影中比较常用的一种效果，它可以将视线引入画面中心，使主体更加突出。要想获得这一效果，我们可以用Photoshop CC中的“羽化”命令来实现。

图 3-15

（1）打开一张图片，选择“椭圆选框工具”，在画面中心位置绘制大小合适的椭圆选区，羽化值设置为300像素，按“Shift+Ctrl+I”快捷键反选选区，如图3-15所示。

（2）再按“Ctrl+M”快捷键调出曲线命令，将曲线下拉，降低图片四周的亮度，如图3-16所示。调到合适的效果后，按“确定”按钮即可获得最终的暗角效果，对比效果如图3-17所示。

图 3-16

图 3-17

3.2 选区的基本操作

认识了各种创建选区的工具后。接下来，学习一些选区的基本操作是必须掌握的技能。比如反选选区、隐藏选区、存储选区等。

3.2.1 全选与反选

在Photoshop CC中，全选是指对整个画面创建选区，执行“选择→全部”命令，或按“Ctrl+A”快捷键，即可快速选取整个画面，如图3−18所示。反选则是对已框选的选区进行反向选择，执行“选择→反选”命令，或按“Shift+Ctrl+I”快捷键即可反选选区，如图3−19所示。利用反向选区可以快速更换、删除背景。

图 3−18

图 3−19

3.2.2 取消选择与重新选择

在创建选区后，想要取消选区可执行“选择→取消选择”命令，或按“Ctrl+D”快捷键即可取消选区。有时候会因操作不当而丢失选区，此时可以执行“选择→重新选择”命令，或按快捷键“Shift+Ctrl+D”恢复最后一次创建的选区。

3.2.3 显示与隐藏选区

在Photoshop CC中，选区的蚁行线默认为显示状态，如果想要隐藏选区，可以执行“视图→显示→选区边缘”命令，去掉“选区边缘”前的钩，或是按“Ctrl+H”快捷键即可隐藏选区。如果想要再次显示选区，再按“Ctrl+H”即可。

3.2.4 存储与载入选区

选区是一种“虚拟对象”，一旦消失就不存在了，通常是无法直接被保存的。如果在制图的时候，需要多次使用一个选区，可以借助通道将它存储起来。

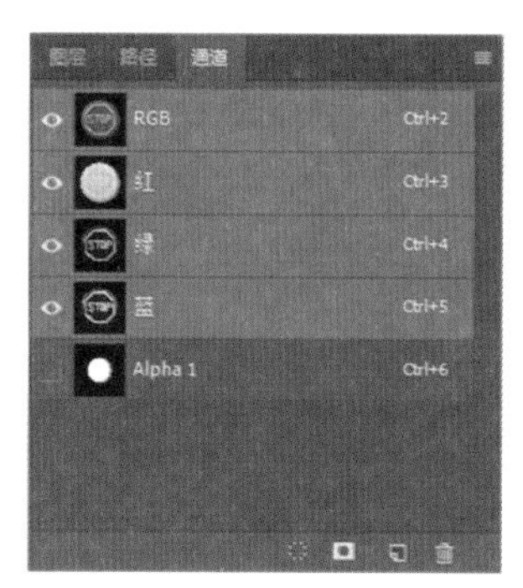

图 3-20

图 3-21

点击“面板”中的“通道”，在“通道”面板中点击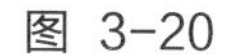按钮，可以把选区存储为“Alpha通道”，如图3-20所示。

选区存储后，如果想要再次打开，可以在“通道”面板中按住Ctrl键的同时用鼠标左键单击“Alpha通道”，即可重新载入选区，如图3-21所示。

实战练习：运用选区运算抠图

什么是选区运算？在解释这个概念之前，我们先来了解布尔运算。布尔运算简单说就是通过两个或多个对象进行联合、相交或相减运算，生成一个新的对象。选区运算其实也是一种布尔运算，即图像在已有选区的情况下，再创建选区或是载入选区时，两者如何运算以及会形成怎样的新选区。

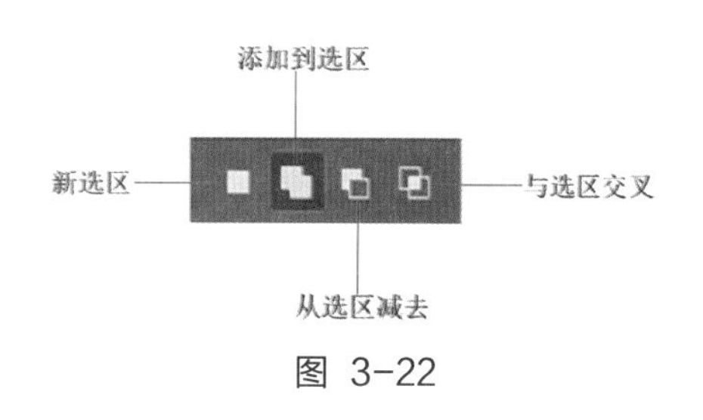

图 3-22

选区运算按钮一般包括新选区、添加到选区、从选区减去、与选区交叉四种。如图3-22所示。

新选区：单击该按钮，可以在画面中创建一个选区。

添加到选区：单击该按钮，可以在原有选区的基础上创建新选区，并扩大选区。

从选区减去：单击该按钮，可以删除原有选区与现有选区交叠的部分，使原有选区变小。

与选区交叉：单击该按钮，只保留原有选区和新选区相交的部分。

了解了选区运算的模式，我们可以运用它来抠图。很多时候，所需对象无法一次性选取，这个时候就可以通过布尔运算来对选区进行增减和完善。下面主要介绍通过“添加到选区”模式来选取画面中的气球。

（1）打开一张图像，如图3-23所示。选择“魔棒工具”，因为气球的颜色不一，无法一次性选择所有的气球，所以这里需要选择“添加到选区”运算模式。

图 3-23

（2）在气球上单击取样，只能选取部分区域，如图3-24所示。继续单击其他区域，最终完成所有气球的选取，如图3-25所示。

图 3-24

图 3-25

（3）按“Shift+Ctrl+I”反向选择选区，按Delete键删除背景，即可抠取气球，如图3-26所示。

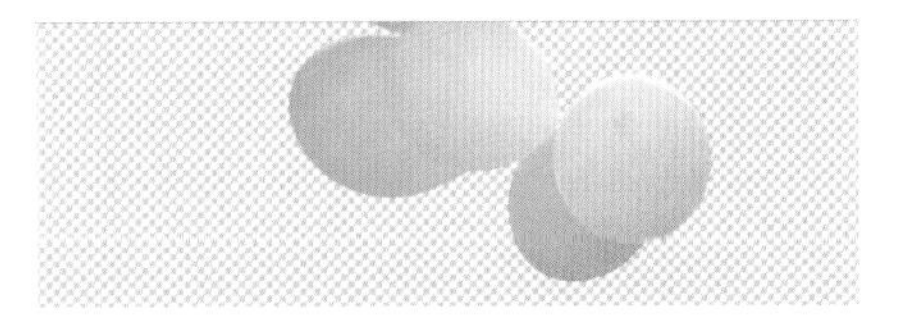

图 3-26

提示 在选取的过程中，如果容差值设置得过大或是边缘颜色太相近，选区就容易溢出，这时可以切换“从选区减去”模式，并减小容差值，将溢出的选区删除。

3.3 调整选区：变换与缩放

等选区创建后，我们可以对它进行编辑。比如移动选区、对选区进行缩放、平滑选区、羽化选区、对选区进行描边等。掌握这些技能对快速选取对象非常有用。

3.3.1 移动选区

在创建选区的过程中，比如运用“椭圆形选框工具”创建选区时，通常很难一次性选中要选取的对象。这时我们可以先创建选区，再通过移动选区来框选我们需要选择的对象。

选择“椭圆选框工具”，在画面中按住鼠标左键斜向下拉，绘制圆形选区。此时选区不能很好地与盘子重合，我们需要移动选区，将光标放在选区内任意位置，按住鼠标左键拖曳，即可移动选区，如图3-27和图3-28所示。

图 3-27

图 3-28

提示　除了通过鼠标拖曳来移动选区，我们还可以按键盘上的←、→、↑、↓键来移动，每按一下移动一个像素。

3.3.2 变换选区

选区虽然是一种“虚拟对象”，但它也可以像图像那样进行变换，只是选区的变换不能用“自由变换”命令来执行，而必须用“变换选区”命令。

（1）绘制一个选区，执行“选择→变换选区”命令，如图3-29所示。调出定界框后，按住鼠标左键随意拖曳即可变换选区，如图3-30所示。

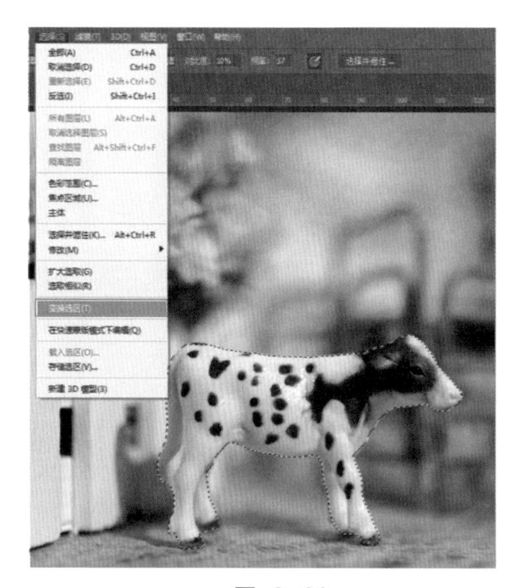

图 3-29

图 3-30

（2）光标移到定界框上，单击鼠标右键还可弹出“变换对话框”，可以选择子命令中的变换方式，如图3-31所示。

图 3-31

提示 选区的变换之所以不能用“自由变换”命令，是因为这种方式不是对选区的变换，而是对选区中图像的变换。

3.3.3 使用“选择并遮住”命令

创建一个选区后，执行“选择并遮住”命令，在打开的新界面中，可以对选区进一步进行编辑，也可以重新创建选区。比如，进行边缘检测、平滑、羽化、移动边缘等操作，如图3-32所示。它可以智能地细化选区，在抠取头发、动物、细密的植物时非常实用。

图 3-32

快速选择工具：按住鼠标左键拖曳、涂抹，可以自动查找、跟随边缘创建选区。

调整边缘画笔工具：精确调整边缘边界选区。

画笔工具：按住鼠标左键涂抹，可以增加或删减选区。

套索工具组：包括“套索工具”和“多边形套索工具”，用来绘制选区。

视图模式：可以进行显示方式设置，包括洋葱皮、闪烁虚线、叠加、黑底、白底、黑白、图层共七种模式，如图3-33所示。钩选“显示边缘”，显示以半径定义的调整区

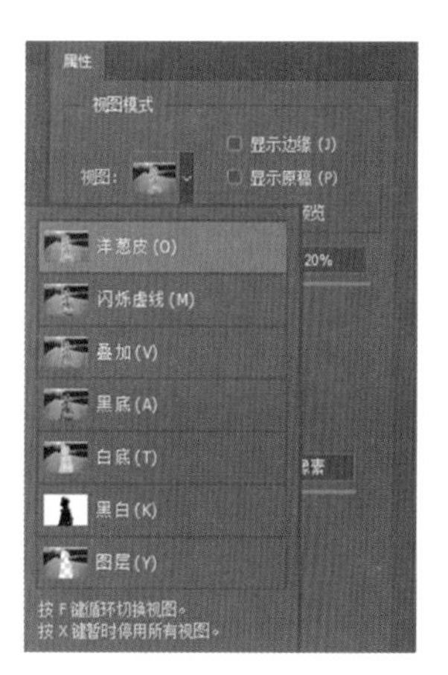

图 3-33

域；钩选“显示原稿”，可以查看原始选区；钩选“高品质预览”，能以最佳的效果预览选区。

透明度：调节选区的透明度。

边缘检测：设置“半径”的数值，可以调整边缘选区边界的大小。钩选“智能半径”，可以自动调整边界区域中发现的硬边缘和柔化边缘的半径。

全局调整：主要对选区进行羽化、平滑等的设置。其中调节“对比度”可以锐化选区边缘并消除模糊的不协调感；“移动边缘”设置为负值时向内收缩选区，为正值时向外扩展选区。

输出设置：钩选“净化颜色”，可以调节彩色杂边替换为附近选中的像素颜色的强度；“输出到”可以设置相应的输出方式；钩选“记住设置”，下次操作时会默认使用本次使用的参数。

3.3.4 使用“修改”命令调整选区

在使用选区的时候，为了获得更加精准的范围或是效果，我们必须对选区进行修改。比如，平滑选区、扩展选区、收缩选区、羽化选区等。下面我们一一来介绍调整选区的多种“修改”命令，如图3-34所示。

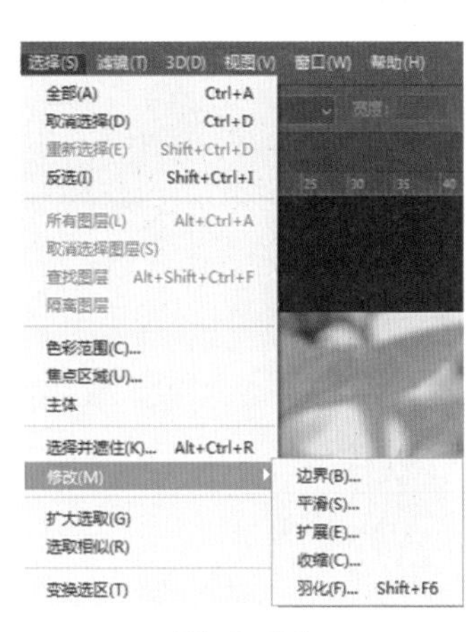

图 3-34

1. 边界选区

执行“选择修改→边界”命令，可以使当前选区的边缘产生一个虚线边框。在弹出的“边界对话框”中，设置宽度数值可以决定虚线边框的大小，如图3-35所示。

图 3-35

图 3-36

设置好宽度数值后，就可以对选区边框进行编辑了。比如，设置前景色为白色，按“Alt+Delete”快捷键，即可填充颜色，如图3-36所示。

2. 平滑选区

利用选区进行抠图，抠出来之后边缘会有锯齿，平滑选区能够很好地解决这个问题。打开一张花卉图片，创建一个选区，执行“选择→修改→平滑”命令，如图3-37所示。

在弹出的“平滑选区”对话框中，设置取样半径为30像素，点击“确定”按钮，选区边缘就会变得平滑。按“Ctrl+Shift+I”快捷键反选选区，按Delete键删除，即可抠取平滑的花卉图像，如图3-38所示。

图 3-37

图 3-38

3. 扩展选区

通过“扩展”命令，可以将已有的选区扩大。打开一张图片，创建一个圆形选区，如图3-39所示。

执行“选择→修改→扩展”命令，在弹出的“扩展选区”对话框中，设置扩展量为150像素，单击“确定”按钮，即可扩大选区的范围，如图3-40所示。

图 3-39

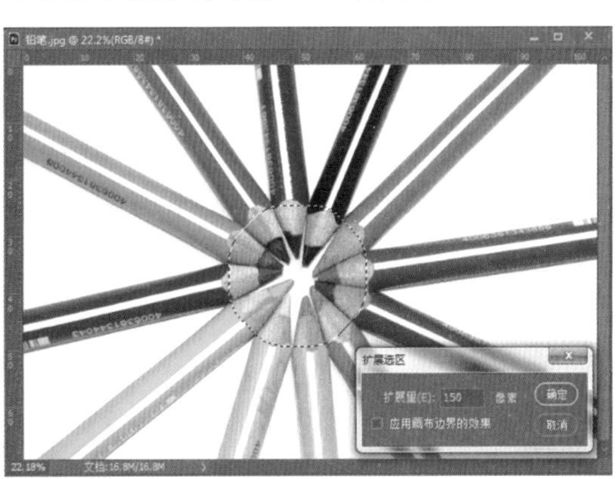

图 3-40

4. 收缩选区

如果在创建选区的时候，选区范围大了，我们可以通过“收缩”命令来减小选区。具体操作为：执行“选择→修改→收缩”命令，在弹出的“收缩选区”对话框中，设置收缩量为250像素，如图3-41所示，单击“确定”按钮，即可缩小选区，如图3-42所示。

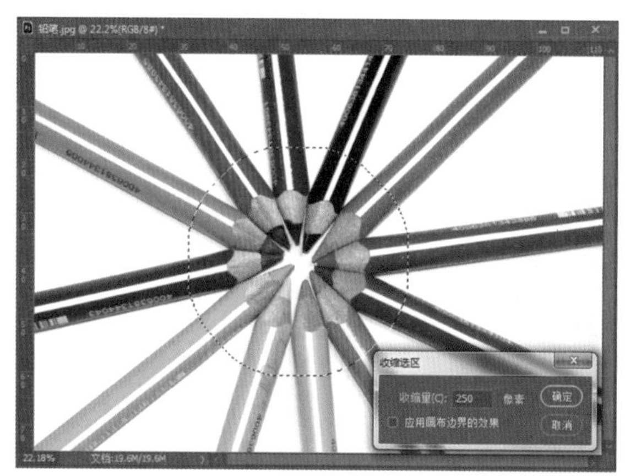

图 3-41

图 3-42

5. 羽化选区

羽化可以使生硬的选区边缘变得柔和，羽化半径越大，边缘越柔和。打开一张图片，用“椭圆选框工具”创建一个选区，执行“选择→修改→羽化”命令，将羽化值设置为100像素，如图3-43所示。

单击“确定”按钮，按“Shift+Ctrl+I”快捷键反选选区，如图3-44所示。再选择“编辑→清除”命令，按“Ctrl+D”取消选区，羽化效果如图3-45所示。

图 3-43

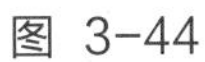
图 3-44

图 3-45

实战练习：通过“选择并遮住”命令抠取人物

抠图是处理照片时比较常用的技能，对于一些背景复杂，比如头发凌乱的人物，想要精准地将其抠取出来是有一定难度的。下面我们就用“选择并遮住”命令来练习头发凌乱人物的抠取。

（1）按“Ctrl+O”快捷键。打开一张素材图片。按住Alt键的同时，用鼠标双击图层，将背景图层变为普通图层。单击工具箱中的“快速选择工具”，按住鼠标左键拖曳，绘制出人物的大致选区，如图3-46所示。

图 3-46

（2）执行“选择→选择并遮住”，为了便于观看效果，视图模式设置为“黑底”，这样选区外的部分就会被黑色遮挡，如图3-47所示。

图 3-47

（3）单击界面左侧的按钮，按住鼠标左键在人物头发及边缘部分涂抹，然后单击右下角的“确定”按钮得到选区，再按“Shift+Ctrl+I”快捷键反选选区，按Delete键删除背景，按“Ctrl+D”快捷键取消选区，即可抠取人物，如图3-48所示。

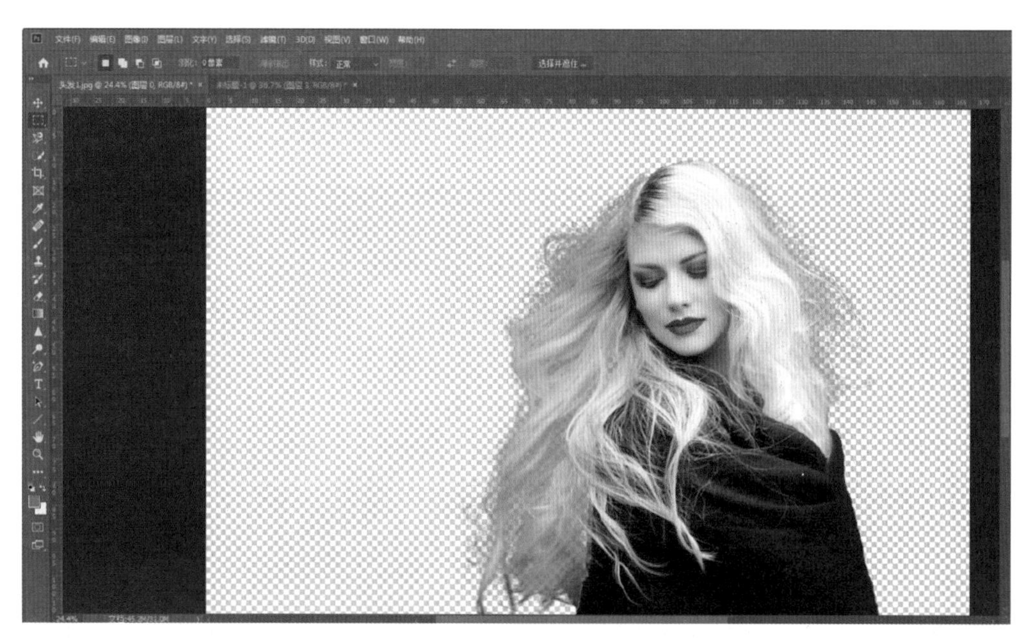

图 3-48

第4章 绘画与图像修饰，打造精美图片效果

课程介绍

Photoshop CC不仅可以用来处理图像，还拥有强大的绘画功能。本章主要介绍Photoshop CC中绘画工具的操作与应用，比如画笔工具、渐变工具、油漆桶工具等的操作，及修复画笔工具、图章工具、锐化工具等图像修复工具的应用。

学习重点

- 掌握前景色/背景色的设置。
- 熟练使用画笔工具、橡皮擦工具。
- 认识画笔面板属性及其设置。
- 掌握填充与描边命令。
- 熟练掌握修复画笔工具、图章工具等的操作。

4.1 颜色设置

在设计或处理图像时，对色彩的把握和驾驭能力影响着作品的优劣，所以颜色设置是我们必须掌握的一项技能。Photoshop CC提供了强大的色彩设置功能，下面我们来了解这些功能具体如何设置。

4.1.1 设置前景色与背景色

在Photoshop CC的工具箱中，有一组前景色/背景色设置按钮，如图4-1所示。前景色是绘图（笔刷或是填充）用色，背景色是橡皮擦涂抹后露出的颜色。也就是说，背景色是指定图层的底色，前景色是加在指定图层上的颜色。

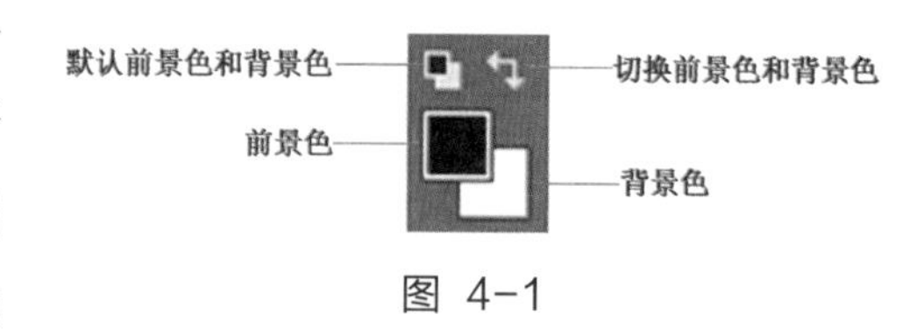

图 4-1

默认前景色为黑色，背景色为白色。点击“前景色”或“背景色”会弹出“拾色器”窗口，用鼠标左键按住色条上的三角形指针拖动可以选择不同颜色，也可以直接在色条上单击，然后在左边的颜色方框中单击选取颜色，如图4-2所示。

图 4-2

提示 按快捷键X可切换前景色和背景色，按快捷键D可恢复默认前景色和背景色，按“Alt+Delete”快捷键填充为前景色，按“Ctrl+Delete”快捷键填充为背景色。

4.1.2 吸管工具

吸管工具可以在图像的任何位置采集颜色作为前景色和背景色，它的作用就如同做化学实验时用到的吸管一样。点击工具箱中的吸管工具，然后将光标移到画面中单击，即可吸取该颜色为前景色，如图4-3所示。按住Alt键单击则吸取该颜色为背景色。

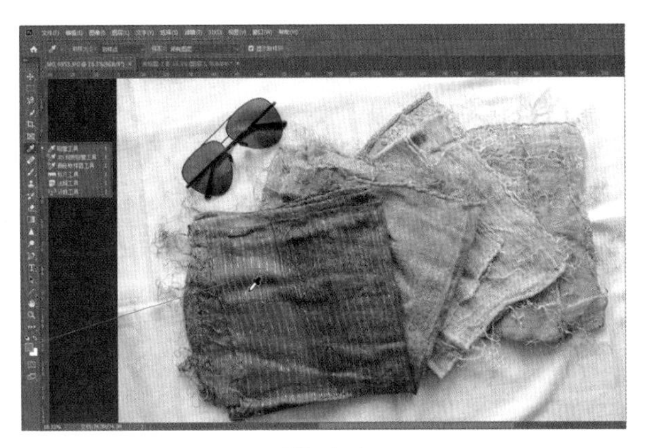

图 4-3

在吸取颜色时，还可以在工具选项栏中对吸管工具进行相关设置。其中“取样大小”可以设置吸管的取样范围，比如“3×3平均”表示像素区域内的颜色；“样本”可从当前图层或所有图层采集颜色；“显示取样环”钩选后，取样时显示取样环。

图 4-4

在吸管工具组中，还包括以下工具，也是我们需要了解和学习的。

3D材质吸管工具：与吸管工具有异曲同工之意，吸管工具吸取的是颜色信息值，而3D材质吸管工具吸取的则是该3D模型中区域使用的贴膜材质信息。

颜色取样器工具：它不是将颜色信息吸取后直接使用，而是像打探针一样，选中某个区域，该区域的颜色信息变化将第一时间以数值的方式进行展现，如图4-4所示。

标尺工具：测量图像中某个图形的尺寸信息，比如长宽及角度信息。

注释工具：商业设计中很重要的一个工具，该工具能将图像中需要注意的一些信息以注释的方式贴在图像中而不会被打印出来。

计数工具：进行计数，比如一张合影，想要知道照片中有多少人，利用计数工具可以快速知道。

4.1.3 “颜色”面板

“颜色”面板显示当前设置的前景色和背景色的颜色值，通过它可以更改前景色和背景色的颜色。执行“窗口→颜色”命令或按快捷键F6，即可打开“颜色”面板。

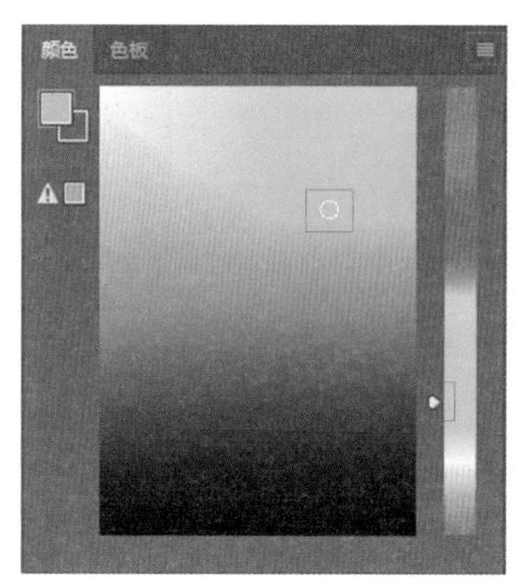

图 4-5

图 4-6

拉动色条上的三角形图标可变换颜色，然后单击左边的颜色方框可选择具体的颜色，如图4-5所示。此时设置的是前景色，要想设置背景色，可以先用鼠标点击背景色图标进行切换，然后再进行颜色设置。

点击右上角的■按钮，在下拉菜单中，可以看到多种“颜色”面板显示模式和色谱，如图4-6所示，一般默认为“色相立方体”。

大师指点：什么是“色板”面板

“色板”面板可以存储用户常用的颜色，也可以增加新的面板颜色或删除已有的面板颜色。执行“窗口→色板”命令，即可打开“色板”面板，第一栏小色块为最近常用的颜色，如图4-7所示。单击颜色块即可设置为前景色，按住Ctrl单击则可设置为背景色。

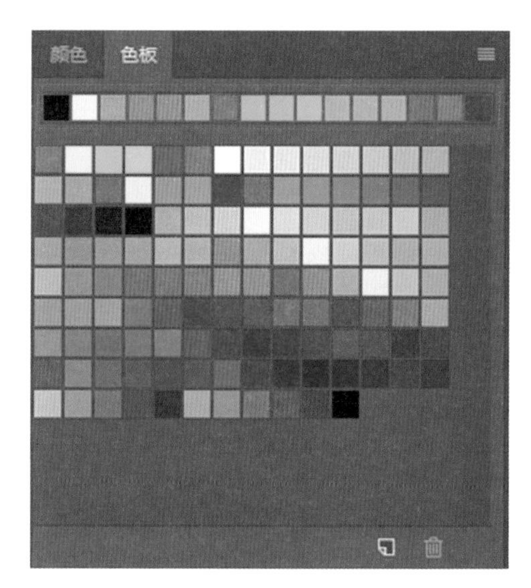

图 4-7

设置一个前景色，然后单击右下角的新建按钮，弹出“色板名称”对话框，命名后按“确定”按钮完成新建，如图4-8所示；想要删除某个颜色块，用鼠标左键将其拖动到右下角的“删除”按钮处松开鼠标即可删除色块，如图4-9所示。

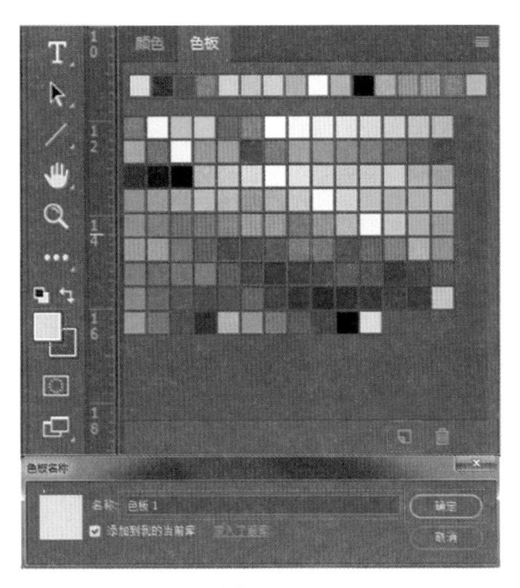

图 4-8

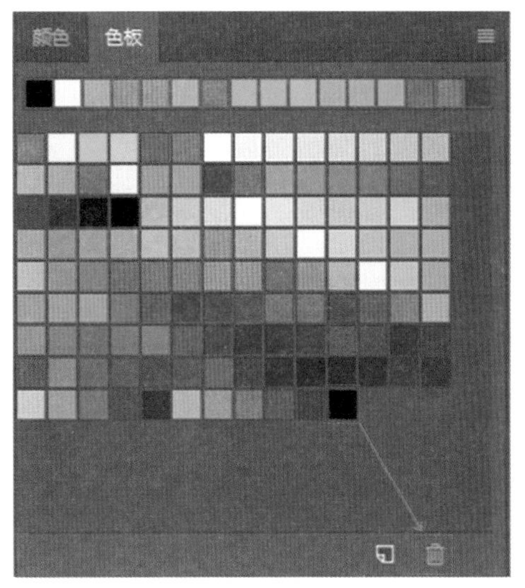

图 4-9

单击“色板”面板右上角的■按钮，在打开的下拉菜单中有缩略图设置、色板基本操作和色板库，如图4-10所示。单击色板库中的任何一种命令，会弹出一个提示对话框，如图4-11所示，点击“确定”按钮，可载入此色板。

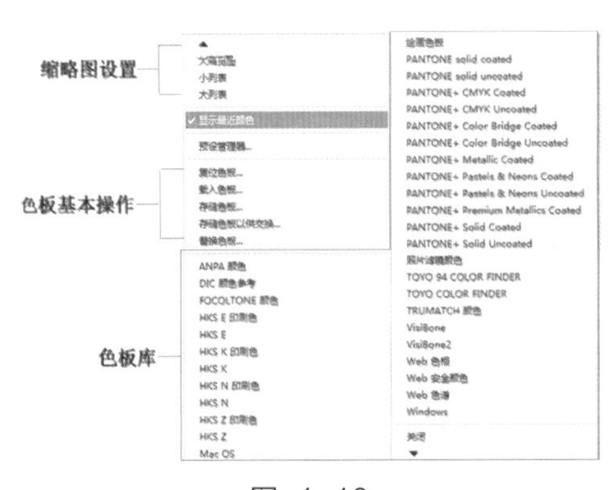

图 4-10

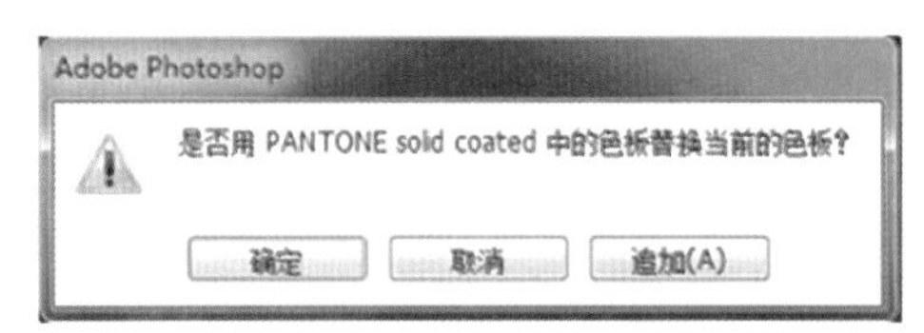

图 4-11

4.2 常用的绘画工具

Photoshop CC不但有着强大的图片处理功能，而且绘画功能也同样出色。一般来说，在Photoshop CC中进行绘画，我们需要用到这些工具：画笔工具组、历史记录画笔工具组、橡皮擦工具组等。

4.2.1 画笔工具组

右键单击工具箱中的按钮，可弹出画笔工具组子菜单，其中包括画笔工具、铅笔工具、颜色替换工具和混合器画笔工具，如图4-12所示。

图 4-12

1. 画笔工具

画笔工具是以前景色作为“颜色”在画面中进行绘制的，因此，在使用“画笔工具”绘画之前，我们需要先设置前景色，然后按住鼠标左键拖动即可进行绘制，如图4-13所示。单击按钮，可以对画笔进行相关设置，如图4-14所示。

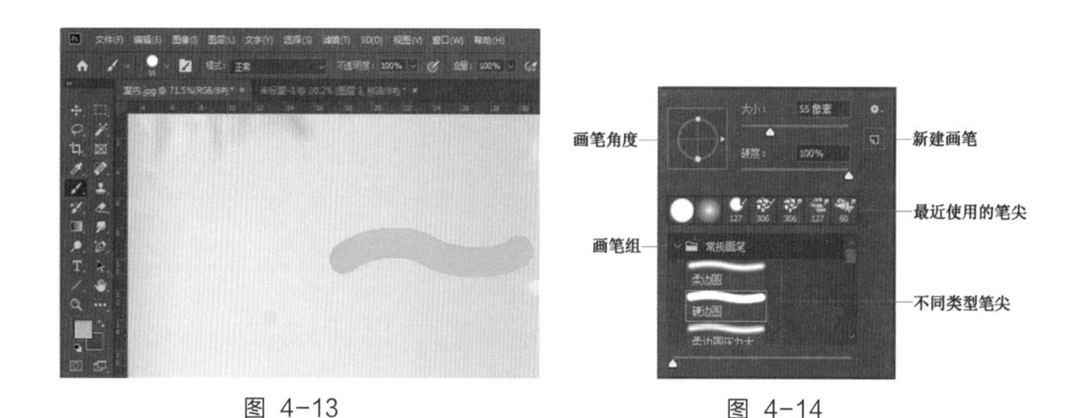

图 4-13　　图 4-14

大小：移动指针或输入数值，可以设置画笔的大小。

硬度：设置画笔边缘的羽化程度，数值越大，边缘越清晰，反之越模糊。

模式：设置绘画颜色与下面现有像素的混合方式。

不透明度：设置画笔绘制出来的颜色的不透明度。数值越大，笔迹的不透明度越高；数值越小，笔迹的不透明度越低。

流量：绘画时光标所在区域应用颜色的速率，即如果一直按住鼠标左键，颜色量将根据流动速率增大，直至达到“不透明度”设置。

平滑：设置画笔的平滑程度，数值越大，线条越平滑。

提示 在绘画时，如果不小心按了Caps Lock键，画笔光标会变成“十字星”，如果想调回去，只需再次按Caps Lock键即可。

2. 铅笔工具

铅笔工具主要用来绘制硬边的线条，如制作像素画、像素风格图标等，日常用得比较少。它的使用与画笔工具非常相似，同样通过“画笔设置”来设置相关参数，如图4-15所示。

图 4-15

钩选“自动涂抹”选项后，将光标中心放在包含前景色的区域中，可将该区域涂抹成背景色；如果将光标放在不包含前景色的区域中，则可将该区域涂抹成前景色。

3. 颜色替换工具

图 4-16

选择“颜色替换工具”，可以通过涂抹来改变画面的部分颜色。首先单击工具箱中的“颜色替换工具”，设置合适的画笔大小、模式、取样等数值，再设置前景色为目标颜色，如图4-16所示。这里我们将中间的红苹果涂抹成青色，如图4-17所示。

图 4-17

模式：选择替换颜色的模式，有“色相”“饱和度”“颜色”“明度”四个选项。选择“颜色”时，可同时替换“色相”“饱和度”“明度”。

取样：选择颜色的取样方式。单击按钮，即选择“取样：连续”，在画面中涂抹可以随意对颜色进行取样，也就是光标移到哪就可以更改与光标“十字星”处颜色接近的区域；单击按钮，即选择“取样：一次”，在画面涂抹时只替换包含第一次单击颜色区域中的目标颜色；单击按钮，即选择“取样：背景色板”，在画面涂抹只替换包含当前背景色的区域。

限制：选择“不连续”，只替换光标下的样本颜色；选择“连续”，可替换与光标指针挨着的且与光标指针下方颜色相近的其他颜色；选择“查找边缘”，替换包含样本颜色的连接区域，并保留形状边缘的锐化程度。

容差：控制可替换区域的大小，数值越大，对颜色相似度的要求就越低，可替换的颜色范围也越广。

消除锯齿：钩选后，可以消除替换颜色边缘的锯齿。

4. 混合器画笔工具

“混合器画笔工具”有点儿类似于“涂抹工具”，它不仅可以轻松模拟真实的绘画效果，还可以混合画布颜色和使用不同的绘画湿度。打开一张图片，如图4-18所示。选择工具箱中的“混合器画笔工具”，设置相关的笔尖大小、模式、混合的颜色等，然后在画面中进行涂抹，即可将画面的颜色与设置的颜色混合，如图4-19所示。

图 4-18

每次描边后载入画笔：单击按钮，可以使每一次涂抹都使用储槽里的颜色。

每次描边后清理画笔：单击按钮，可以使每涂抹一次后都自动清空储槽。

潮湿：控制画笔从画布拾取的油彩量，数值越大，产生的绘画条痕越长。

图 4-19

载入：用来指定储槽中载入的油彩量，载入速度较低时，绘画描边干燥的速度会更快。

混合：控制画布油彩量与储槽油彩量的比例。数值为100%时，所有油彩将从画布中拾取，数值为0%时，所有油彩都来自储槽。

流量：控制混合画笔的流量大小，即绘画时应用颜色的速率。

喷枪：单击按钮，在画面中鼠标每单击一次，可增大颜色量。也就是每单击一次鼠标，就会喷一次颜色。

设置描边平滑度：单击按钮，较高的数值可以减少描边时的抖动。

对所有图层取样：拾取所有可见图层中的画布颜色。

提示　如果想把下载的画笔载入Photoshop中，可以执行“编辑→预设→预设管理器”命令，在打开的“预设管理器”面板中，单击“载入”按钮，即可把下载的画笔载入。

4.2.2 历史记录画笔工具组

历史记录画笔工具组，是以“历史记录”操作作为“源”对画面的局部进行还原或艺术处理，主要包括“历史记录画笔工具”“历史记录艺术画笔工具”，如图4-20所示。前者真实地还原历史效果，后者在还原历史效果的同时进行一些“艺术化”。

图 4-20

1. 历史记录画笔工具

历史记录画笔工具相当于以“历史记录”作为颜料，对画面进行绘画，被操作的区域会回到历史操作的状态下。

（1）打开一张图片，如图4-21所示。执行“滤镜→模糊→高斯模糊”命令，如图4-22所示。如果想让图片某一局部恢复到之前的效果，运用“历史记录画笔工具”涂抹即可。

图 4-21

图 4-22

（2）选择“历史记录画笔工具”，执行“窗口→历史记录”命令，打开“历史记录”面板，可以看到对图片的每一步操作。单击前面的小方块会标示图标，表示恢复到这一步骤和之前的操作，然后在画面中涂抹即可。如图4-23所示，对两颗枣进行涂抹，使其恢复到“高斯模糊”之前的历史操作。

图 4-23

2. 历史记录艺术画笔工具

历史记录艺术画笔可以为图像创建不同的颜色和艺术风格。打开一张图片，如图4-24所示，在工具箱中选择“历史记录艺术画笔”，设置相关的参数后，在画面中涂抹，即可创造出不同颜色和艺术风格的效果，如图4-25所示。

图 4-24

图 4-25

样式：选择一个选项来控制绘画描边的形状，包括“绷紧”“松散”“轻涂”“绷紧卷曲”“松散卷曲”等效果。

区域：设置绘画描边的区域，数值越大，覆盖的区域越大，描边的数量就越多。

容差：设置限定可应用绘画描边的区域，容差数值低，可在图像中任何地方绘制无数条描边。高数值容差将绘画描边限定在与源状态或快照中的颜色明显不同的区域。

4.2.3 橡皮擦工具组

在Photoshop CC中，不仅有绘画的画笔工具，还提供了用于擦除的橡皮擦工具。右键单击工具箱中的“橡皮擦工具组”按钮，可弹出子命令，如图4-26所示。

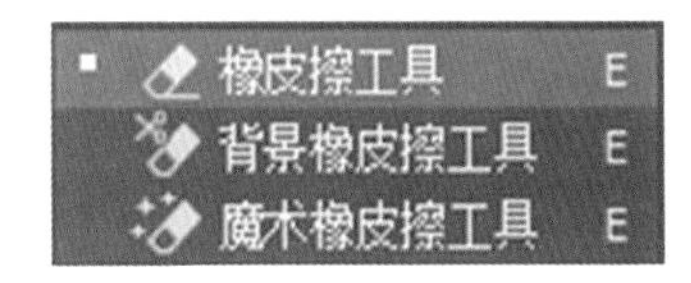

图 4-26

1. 橡皮擦工具

“橡皮擦工具”可以把光标经过的地方的像素擦除掉。打开一张图片，将其解锁为普通图层，选择工具箱中的“橡皮擦工具”，将光标移到画面中，按住鼠标左键拖曳进行擦除，如图4-27所示。如果是背景图层，擦除的像素就会变成背景色，如图4-28所示。

模式：选择“画笔”可获得柔边擦除效果，选择“铅笔”可获得硬边擦除效果，选择“块”则擦除的效果为块状。

图 4-27

图 4-28

不透明度：设置橡皮擦的擦除强度，数值为100%时，可一次性涂抹掉画面像素，数值越小涂抹的次数越多。

流量：设置橡皮擦的涂抹速度。

抹到历史记录：钩选后，涂抹效果相当于“历史记录画笔工具”。

2. 背景橡皮擦工具

使用“背景橡皮擦工具”中擦除的对象是鼠标中心点所触及的颜色，常用于边缘分明的抠图。打开一张图片，选择“背景橡皮擦工具”，然后将光标移到主体与背景的边缘进行擦除，即可将背景色擦除，把主体保留，如图4-29所示。最终抠取效果如图4-30所示。

图 4-29

图 4-30

取样：设置取样方式。选择按钮，按住鼠标不放的情况下鼠标中心点所接触的颜色都会被擦除掉；选择按钮，按住鼠标不放的情况下只有第一次接触到的颜色才会被擦掉；选择按钮，擦掉的仅仅是背景色及设定的颜色。

限制：设置图像擦除时的限制模式。选择“不连续”，擦除光标下任何位置的样本颜色；选择“连续”，只擦除包含样本颜色并且相互连接的区域；选择“查找边缘”，可以擦除包含样本颜色的连接区域，同时保留形状边缘的锐化程度。

容差：设置鼠标擦除范围，数值越高擦除的范围就越大。

保护前景色：钩选后，可防止擦除与前景色匹配的区域。

3. 魔术橡皮擦工具

“魔术橡皮擦工具”类似于魔棒工具，不同点在于它是对相近颜色的区域进行擦除，常用于抠图。打开一张图片，在工具箱中单击“魔术橡皮擦工具”按钮，然后将光标移到画面中，点击背景擦除像素，如图4-31所示。继续点击背景区域，最后将主体抠取出来，如图4-32所示。

图 4-31

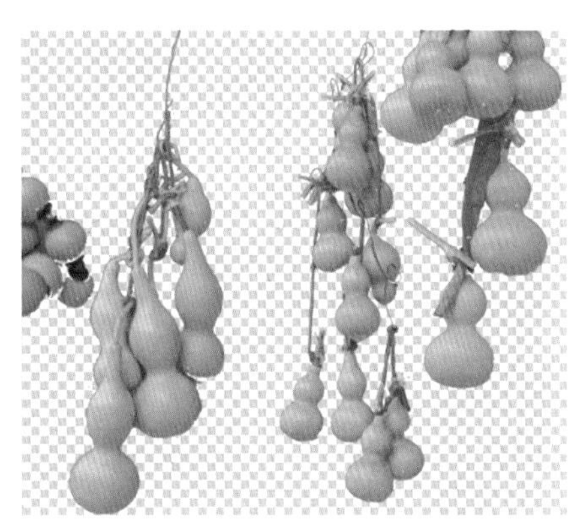

图 4-32

容差：设置擦除区域的颜色范围，数值越大，擦除范围越大，反之，范围越小。

消除锯齿：钩选后，可以使擦除边缘变得平滑。

对所有图层取样：钩选后，对所有可见图层的组合数据进行采集擦除色样。

不透明度：设置擦除的强度。

实战练习：使用颜色替换变换唇色

图 4-33

颜色替换对于初学者来说，是一个非常好用的命令，它可以快速更换图像局部的颜色。下面我们来应用“颜色替换工具”改变唇色。

（1）打开一张人像图片，如图4-33所示。按快捷键“Ctrl+J”复制一层。

（2）设置前景色为红色，然后在工具箱中选择“颜色替换工具”，设置适当的画笔“大小”，“硬度”为0，“模式”为颜色，“限制”为“连续”，“容差”为30%，如图4-34所示。

（3）给人物嘴唇涂抹，涂抹的时候尽可能地放大图像，在涂抹边缘处时，可适当缩小画笔，最终效果如图4-35所示。

图 4-34

图 4-35

4.3　画笔面板属性设置

上一小节，我们介绍了常用的绘画工具，在使用这些工具时，对“画笔预设”面板进行相关的设置是必须掌握熟练的技巧。这一节，我们就对“画笔预设”面板属性进行详细的学习。

4.3.1　画笔预设面板

“画笔预设”面板主要控制各种笔尖属性的设置，它并不只是针对画笔工具，而是针对大部分以画笔模式进行工作的工具，如画笔工具、铅笔工具、仿制图章工具、历史记录画笔工具、橡皮擦工具、加深与模糊工具，等等。

执行“窗口→画笔预设”命令，或按快捷键F5，即可打开“画笔预设”面板，如图4-36所示。我们可以通过设置面板中的参数来得到想要的绘画效果。

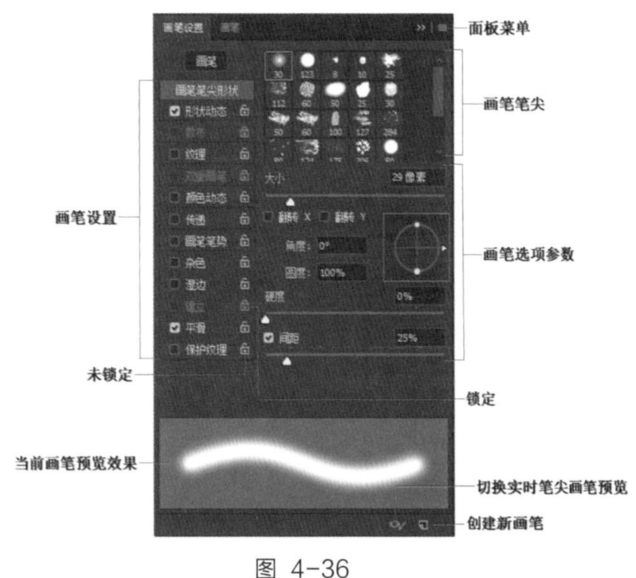

图 4-36

提示　如果打开“画笔预设”面板，呈现灰色不可用，是因为没有选择绘画工具。此时应在工具箱中单击选择可以绘画的工具。

4.3.2　画笔笔尖形状

Photoshop CC为绘画工具提供了丰富的笔尖形状，它可以在“画笔预设”面板中进行形状、大小、硬度等参数设置，如图4-36所示。

大小：拖动下面的指针可改变画笔的大小，也可在右边方框中直接输入数字。

翻转X/Y：表示画笔笔尖在X轴或Y轴上进行翻转。

圆度：表示画笔短轴和长轴的比率，数值调至100%时画笔为圆形，数值调至0%时画笔为线形，数值介于0%~100%时画笔为椭圆形。

间距：表示两个画笔笔迹之间的距离。数值越大，笔迹之间的间距越大，如图4-37所示。

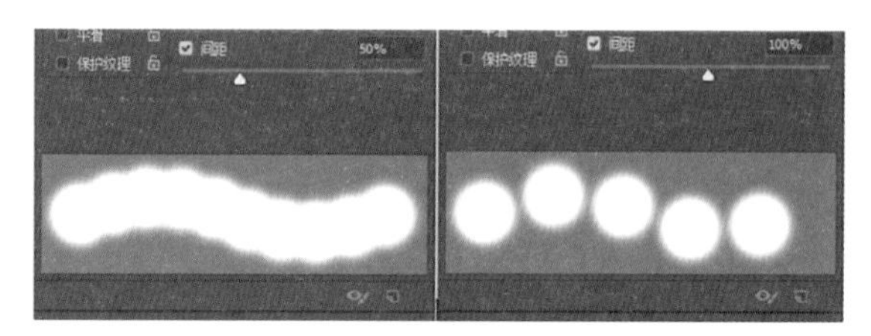

图 4-37

4.3.3 形状动态

“形状动态”可以改变所选笔尖的形状，比如，笔触的大小、角度、圆度等。钩选“形状动态”前面的方框，然后单击“形状动态”即可打开界面，如图4-38所示。

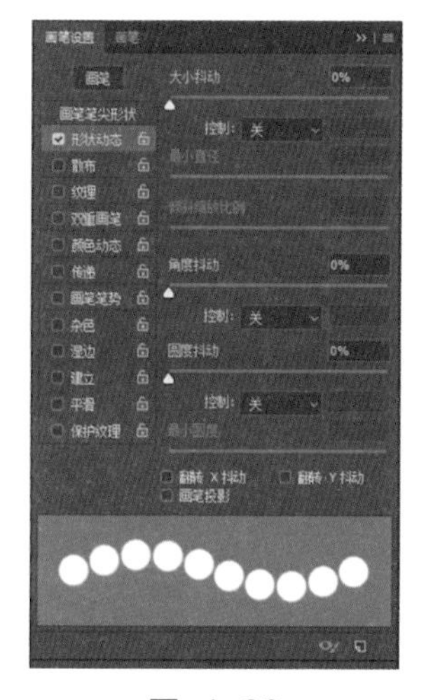

图 4-38

大小抖动：设置画笔笔迹大小的改变方式。数值越大，画笔的轮廓越不规则。

控制：设置“大小抖动”的方式，“关”表示“大小抖动”无法改变；“渐隐”可以使笔迹获得淡出的效果；如果计算机配有绘图板，选择“钢笔压力”“钢笔斜度”“光笔轮”可通过钢笔的压力、斜度、位置或旋转角度来改变初始直径和最小直径之间的画笔大小。

最小直径：启动“大小抖动”选项后，用来设置画笔笔迹缩放的最小缩放百分比，数值越大，笔尖直径变化越小。

倾斜缩放比例：“大小抖动”设置为“钢笔斜度”时，用来设置在旋转前应用于画笔高度的比例因子。

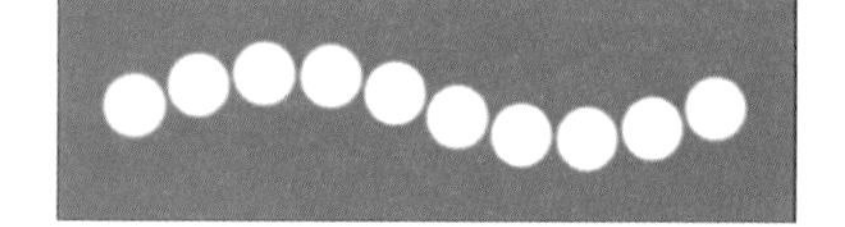
图 4-39

角度抖动：设置画笔笔尖的角度。

圆度抖动/最小圆度：设置画笔笔尖的圆度，“最小圆度”可以调整圆度的变化范围。图4-39为圆度抖动0%的效果，图4-40为圆度抖动50%的

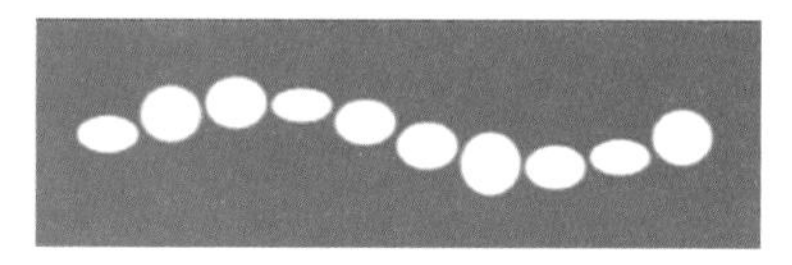
图 4-40

效果。

翻转X/Y抖动：设置画笔笔尖在X轴和Y轴上的翻转。

4.3.4 散布

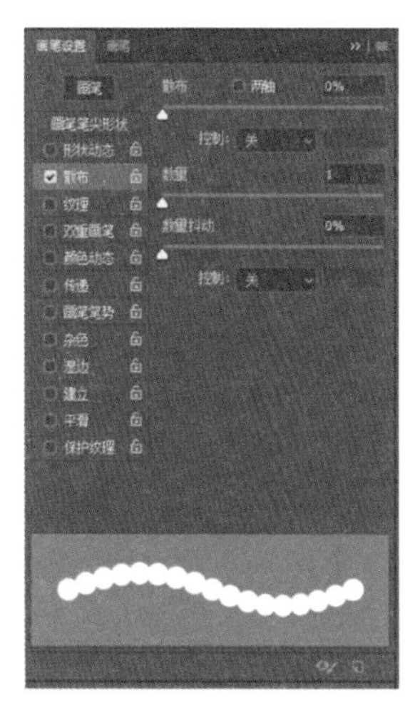
图 4-41

“散布”可以使画笔笔迹沿鼠标运行轨迹周围散布。在“散布”页面中，可以对散布的方式、数量等进行调整，如图4-41所示。

散布/两轴：设置画笔笔迹的分散程度。钩选“两轴”，画笔笔迹以中心点为基准，向两侧分散。图4-42为散布0%的效果，图4-43为散布300%的效果。

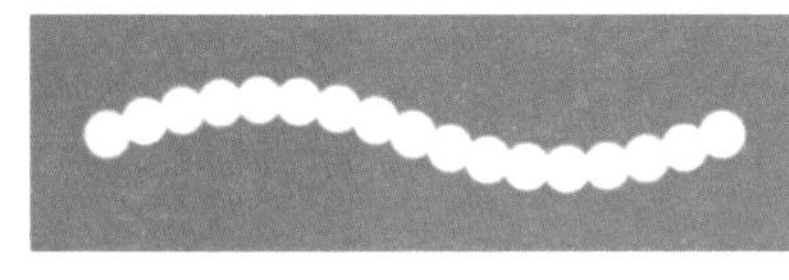
图 4-42

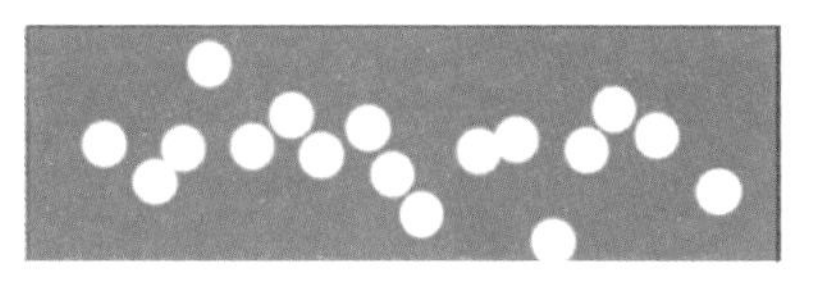
图 4-43

数量：指定在每个间距间隔应用的画笔笔迹数量。数值越大，笔迹重复越多。

数量抖动/控制：设置指定画笔笔迹的数量如何针对各种间距间隔产生变化。“控制”用来设置“数量抖动”的方式。

4.3.5 纹理

图 4-44

“纹理”用于设置画笔笔触的纹理，从而绘制出带有纹理笔触的效果。“纹理”页面如图4-44所示。我们可以对纹理的大小、亮度、对比度、深度等进行设置。

设置纹理/反相：单击图案预览图右侧的按钮，可以在打开的面板中选择图案设为纹理。钩选“反相”可以基于图案中的色调反转纹理中的亮点和暗点。

缩放：用来调整纹理图案的大小。

亮度/对比度：调整纹理的亮度和对比度。

为每个笔尖设置纹理：钩选该选项，可以使每种笔迹都出现变化。如图4-45所示。

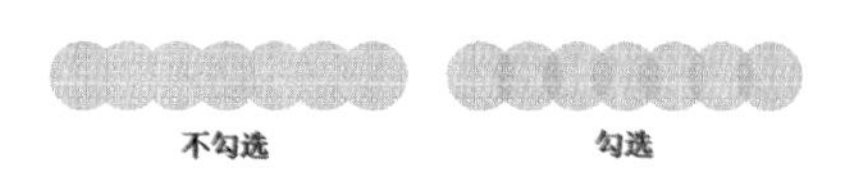

图 4-45

模式：用于设置组合画笔与图案的混合模式。

深度：用于设置油彩渗入纹理的深度。数值越大，渗入的深度就越大。

最小深度：当“深度抖动”下面的“控制”选项设置为开启任意模式，并选择了“为每个笔尖设置纹理”后，“最小深度”用于设置油彩可渗入纹理的最小深度。

深度抖动/控制：钩选“为每个笔尖设置纹理”时，用于设置纹理抖动的最大百分比。在“控制”的下拉列表中可选择控制画笔笔迹的深度变化的模式。

4.3.6 双重画笔

“双重画笔”可以设置绘画的线条呈现出两种画笔混合的效果。在对“双重画笔”设置前，需要先设置“画笔笔尖形状”主画笔的参数属性，再启用“双重画笔”选项，如图4-46所示。普通画笔效果和双重画笔效果如图4-47所示。

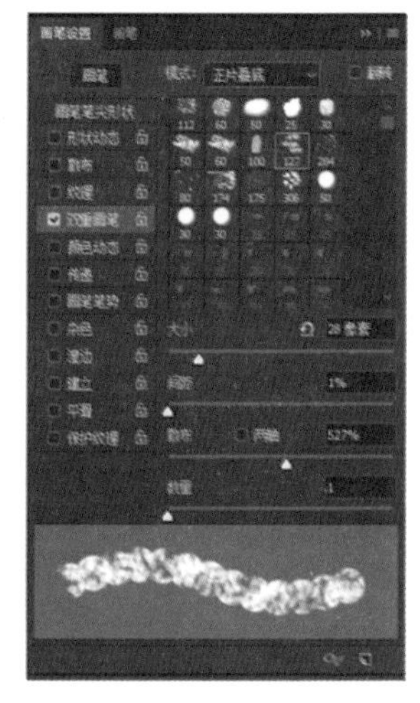

图 4-46

其中，在“模式”选项下拉列表中，可以选择两种画笔笔尖在组合时使用的混合模式。大小、间距、散布、数量与其他选项中的参数设置大体相同。

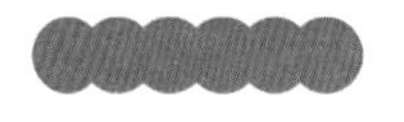

图 4-47

4.3.7 颜色动态

“颜色动态”可以使绘制出的线条的颜色、饱和度和明度产生变化。在设置颜色动态之前，需要设置合适的前景色和背景色，然后在“颜色动态”页面中设置相关参数，如图4-48所示。图4-49所示是设置笔尖为“颜色动态”后的绘制效果。

应用每笔尖：钩选该选项后，每一种笔迹都会出现颜色变化；不钩选则每画一次就出现一次颜色变化。

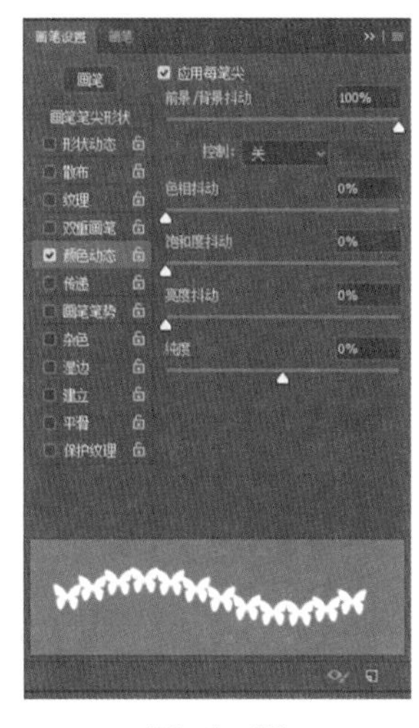

图 4-48

图 4-49

前景/背景抖动：设置前景色和背景色的油彩变化方式。数值越小，颜色越接近前景色；数值越大，颜色越接近背景色。

色相抖动：设置颜色的变化范围。数值越小，颜色越接近前景色；数值越大，颜色变化越丰富。

饱和度抖动：设置颜色的饱和度变化范围。数值越小，颜色越接近前景色；数值越大，饱和度越高。

亮度抖动：设置颜色的明暗变化范围。数值越小，亮度越接近前景色；数值越大，亮度越大。

纯度：设置颜色的纯度。负值降低饱和度，正值增加饱和度。

4.3.8 传递

“传递”用来控制油彩在描边路线中的变化方式，通常用于光效的制作。在“传递”页面中，可以进行不透明度、流量、湿度等数值的设置，如图4-50所示。只有配备了数位板和压感笔，“湿度抖动”和“混合抖动”才可用。图4-51所示是普通笔尖与传递笔尖绘制效果的对比。

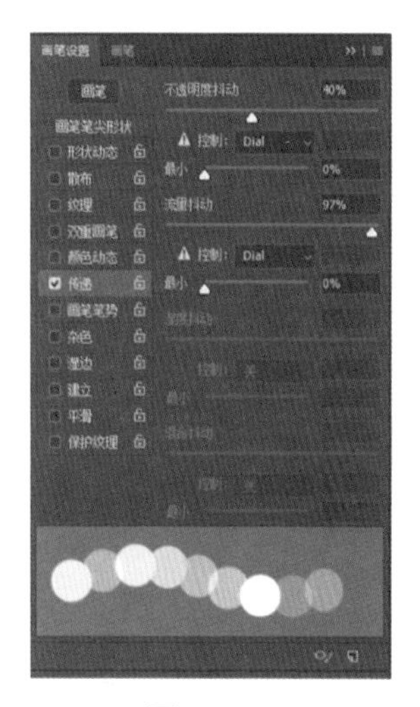

图 4-50

不透明度抖动：设置画笔笔迹中油彩不透明度的变化方式。

流量抖动：设置画笔笔迹中油彩流量的变化程度。

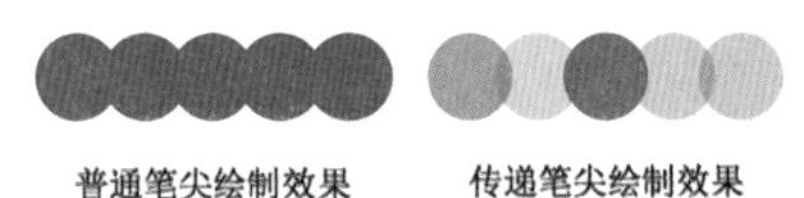

图 4-51

4.3.9 画笔笔势

“画笔笔势”用于设置毛刷画笔笔尖、侵蚀画笔笔尖和喷枪笔尖等的角度。在“画笔笔势”页面中，可以进行倾斜角度、旋转角度、压力等的设置，如图4-52所示。通过这些设置可以模拟压感笔，获得手绘效果。图4-53所示是普通硬毛刷和设置“画笔笔势”后绘制的效果对比。

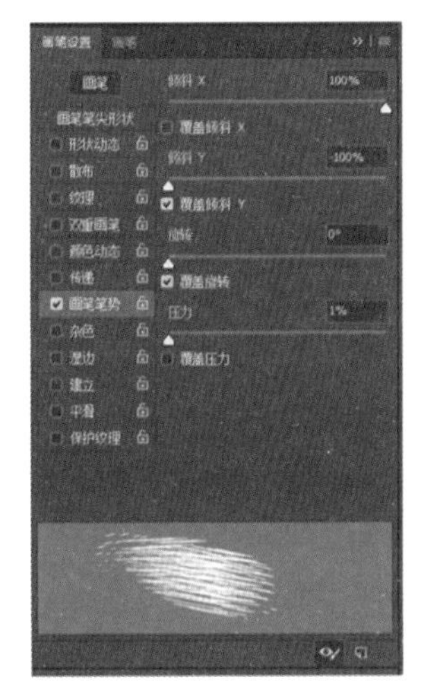

图 4-52

倾斜X/倾斜Y：使画笔笔尖沿X轴、Y轴倾斜。

旋转：设置笔尖旋转的角度。

压力：设置应用于画布上画笔的压力。数值越大，绘制速度越快，线条越粗犷。

图 4-53

4.3.10 其他选项

在“画笔设置”面板中，还有“杂色”“湿边”“建立”“平滑”“保护纹理”几个选项，这些选项无法调整参数，直接钩选前面的小方框即可启用，如图4-54所示。

图 4-54

杂色：在画笔笔迹中添加杂色。尤其是在使用柔边画笔时，效果最明显。如图4-55是正常画笔与钩选“杂色”后的对比效果。

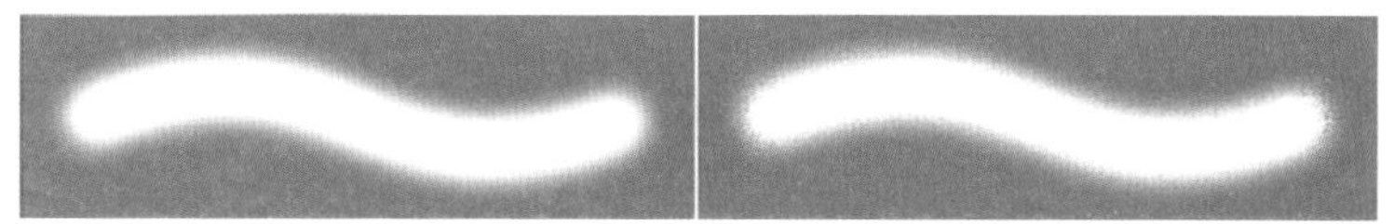

左：正常画笔绘制效果　　　　右：添加“杂色”后绘制效果

图 4-55

湿边：沿画笔描边的边缘增大油彩量。越靠近边缘颜色越浓，画笔的硬度值影响湿边范围。如图4-56是关闭和开启“湿边”的效果。

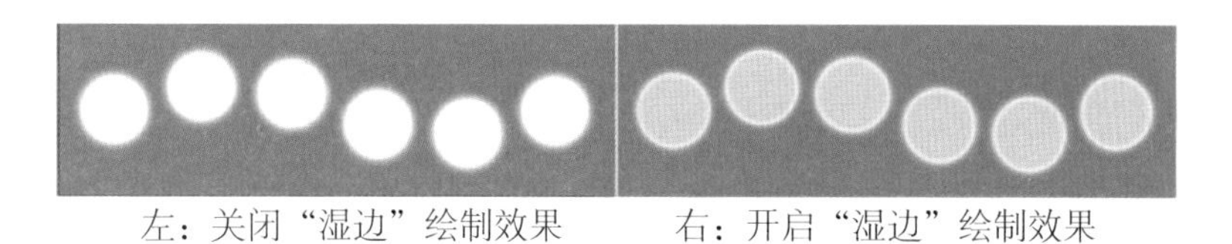

左：关闭“湿边”绘制效果　　　　右：开启“湿边”绘制效果

图 4-56

建立：将渐变色调应用于图像，模拟传统的喷枪技术。

平滑：在画笔描边时生成更平滑的曲线，使用压感笔进行绘画时最有效。

保护纹理：将相同图案和缩放比例应用于具有纹理的所有画笔预设。开启该选项可以使多个纹理画笔笔尖绘画时模拟出一致的画布纹理。

4.4 填充与描边

填充和描边是Photoshop CC中常用的命令，可以为图像制作出美丽的边框、文字的衬底，不仅可以填充纯色，还可以填充图案，以丰富作品的视觉效果。

4.4.1 使用前景色/背景色填充

本章开头，我们介绍了前景色和背景色的设置。在填充和描边命令中，前景色和背景色是常用工具。一般我们用快捷键“Alt+Delete”来填充前景色，如图4-57所示；用快捷键“Ctrl+Delete”填充背景色，如图4-58所示。

图 4-57

图 4-58

执行“编辑→填充”命令，或按快捷键“Shift+F5”可以打开“填充”对话框，如图4-59所示。在对话框中，可以设置相关的“填充”参数。

图 4-59

内容：用来设置填充颜色的内容，包括前景色、背景色、颜色、内容识别、图案、黑色、50%灰色、白色等。

模式：设置填充内容的混合模式，即此处的填充内容与原始图层中的内容色彩的叠加方式。每种模式的应用将在后面的章节中进行讲解。

不透明度：设置填充内容的不透明度。

保留透明区域：钩选该选项，只填充图层中包含像素的区域，透明区域则不会被填充。

4.4.2 使用渐变工具

渐变是两种或两种以上的颜色过渡产生的效果。在Photoshop CC中，我们可以通过“渐变工具”来填充图像、图层蒙版和通道的颜色，具体操作方法如下。

单击工具箱中的“渐变工具”，在工具选项栏中设置渐变的颜色。然后绘制出一个五角星选区，如图4-60所示。光标放在五角星顶端，按住鼠标左键下拉，释放鼠标，即可获得渐变填充效果，如图4-61所示。

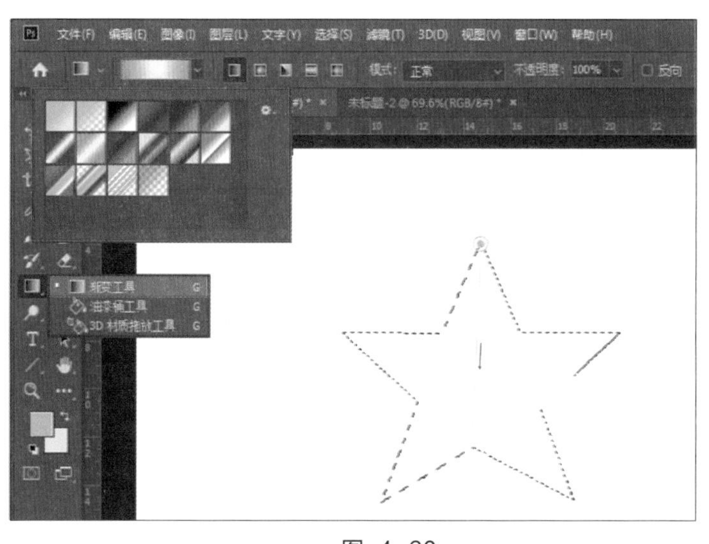

图 4-60

图 4-61

渐变颜色条：点击右侧的倒三角图标，打开“渐变”拾色器，可选择多种渐变颜色，也可以自定义渐变颜色；直接单击颜色条，则弹出“渐变编辑器”对话框。

渐变类型：渐变颜色的类型有五种，分别是线性渐变、径向渐变、角度渐变、对称渐变和菱形渐变，其效果如图4-62所示。

图 4-62

模式：设置应用渐变时的混合模式。

不透明度：设置渐变色的不透明度。

反向：钩选该选项，渐变的颜色反向填充。

仿色：钩选该选项，渐变的过渡效果更平滑，避免在打印时出现条带现象。

透明区域：钩选该选项，可以创建包含透明像素的渐变。

4.4.3 使用油漆桶工具

“油漆桶工具”可以用来填充前景色和图案，类似于具有填充颜色功能的魔棒工具。单击工具箱中的“油漆桶工具”，在工具选项栏中设置好相关参数，如图4-63所示。然后单击图片中的白色区域，即可将白色区域填充为设置的前景色，如图4-64所示。

图 4-63

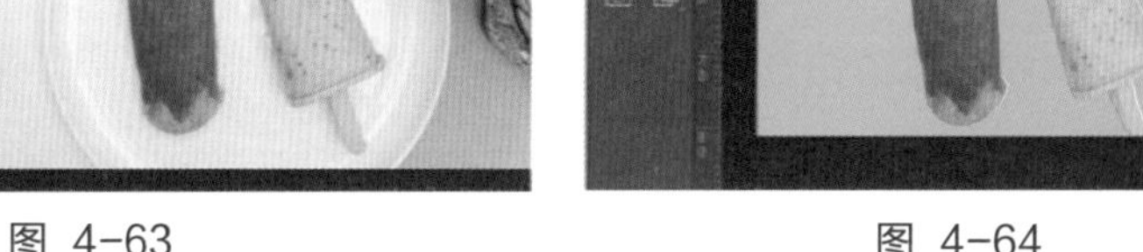

图 4-64

填充内容：单击“前景”右边的按钮，可选择填充内容，有前景和图案两种。

模式：设置填充内容的混合模式。

不透明度：设置填充内容的不透明度。

容差：设置油漆桶取样的范围，数值越小，填充鼠标单击点周围的颜色范围越小；数值越大，填充鼠标单击点周围的颜色范围越大。

消除锯齿：钩选该选项，可以平滑填充选区的边缘。

连续的：钩选该选项，可以填充画面中所有颜色相似的区域。

所有图层：钩选该选项，对所有可见图层中的合并颜色数据填充像素。

4.4.4 使用“描边”命令

“描边”是指在选区、路径或图层周围添加一圈彩色或花纹的效果。通过“描边”，可以使主题更加突出。打开一张图片，选中主体元素（字母），如图4-65所示。执行“编辑→描边”命令，即可弹出“描边”对话框，如图4-66所示。图4-67为描边后的效果。

图 4-65

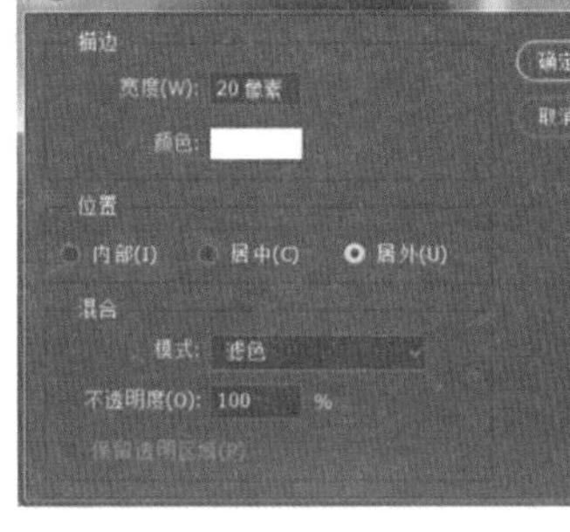

图 4-66

图 4-67

宽度：设置描边的粗细，数值越大，描出的边越粗。

颜色：设置描边的颜色。单击颜色条弹出“拾色器”对话框，可选取任何颜色作为描边的颜色。

位置：选择描边位于选区的位置，有内部、居中、局外三种效果。

混合：设置描边颜色的混合模式和不透明度。钩选“保留透明区域”，只对包含像素的区域进行描边。

提示 创建选区后，单击鼠标右键，可在弹出的下拉菜单中找到“描边”命令，再用左键单击即可弹出“描边”对话框。

实战练习：使用渐变工具制作酒的广告

利用“渐变工具”可以获得各种填充效果，比如制作宣传页或广告的背景，下面我们就应用它来制作一个简单的酒广告。

（1）按快捷键“Ctrl+N”新建一个文档，单击工具箱中的“渐变工具”按钮，然后设置前景色为白色，背景色为蓝色。在工具选项栏中选择“径向渐变”按钮，再在画面中间位置拉出一个渐变，如图4-68所示。

（2）执行“文件→置入嵌入对象”命令，置入素材“水”，调整合适的大小、位置，按Enter键完成置入。在图层面板选中该图层，单击右键选择“栅格化图层”，然后把模式改为“线性加深”，如图4-69所示。

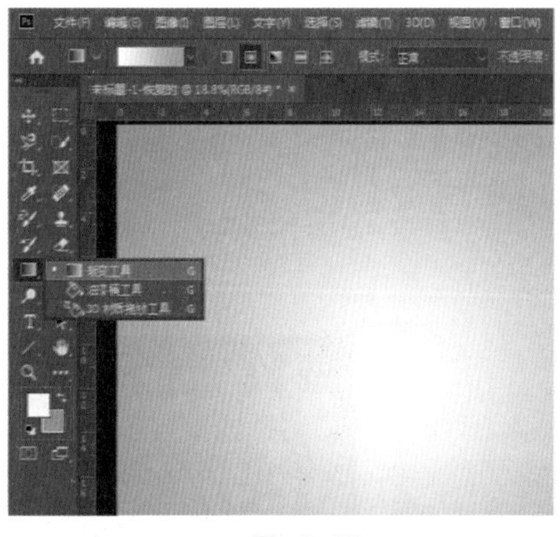

图 4-68

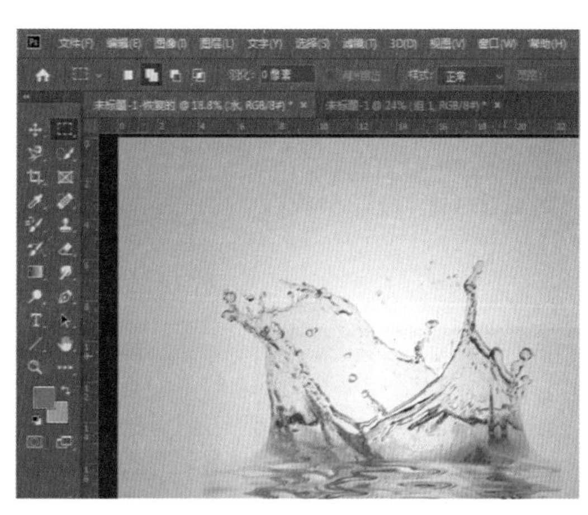

图 4-69

（3）继续执行“文件→置入嵌入对象”命令，置入素材“酒”，调整合适的大小、位置，按Enter键完成置入，同样栅格化图层。再复制一个“酒”图层，按快捷键“Ctrl+T”调出变换框，旋转变换合适的角度，效果如图4-70所示。

（4）继续执行“文件→置入嵌入对象”命令，置入素材“柠檬”，调整合适的大小、位置，按Enter键完成置入，并栅格化图层，如图4-71所示。

图 4-70

图 4-71

（5）选择“文字工具”，新建一个图层，输入文字“fun night with champagne”，设置合适的字体、字号，作品完成，最终效果如图4-72所示。

图 4-72

4.5 图像修复工具及其应用

修图是Photoshop CC中强大的功能之一。通过其中的图像修复工具，可以把图片的瑕疵、多余的元素去除，以获得干净的画面，涉及工具有修复画笔工具、图章工具等。

4.5.1 修复画笔工具组

利用修复画笔工具可以快速去除照片中的污点和不理想部分。在Photoshop CC中，修复画笔工具组包含五个工具，分别是污点修复画笔工具、修复画笔工具、修补工具、内容感知移动工具和红眼工具。下面，我们一一介绍这些工具的使用。

1. 污点修复画笔工具

“污点修复画笔工具”自动从修饰区域周围取样，无须先设置取样点。使用“污点修复画笔工具”可以快速地消除画面中小面积的瑕疵，比如人物脸上的斑点、痘痘、皱纹，或是画面中的小杂物等。

单击工具箱中的“污点修复画笔工具”，在工具选项栏中设置合适的画笔大小，“模式”为正常，“类型”为内容识别，如图4-73所示，然后将光标移到图片的

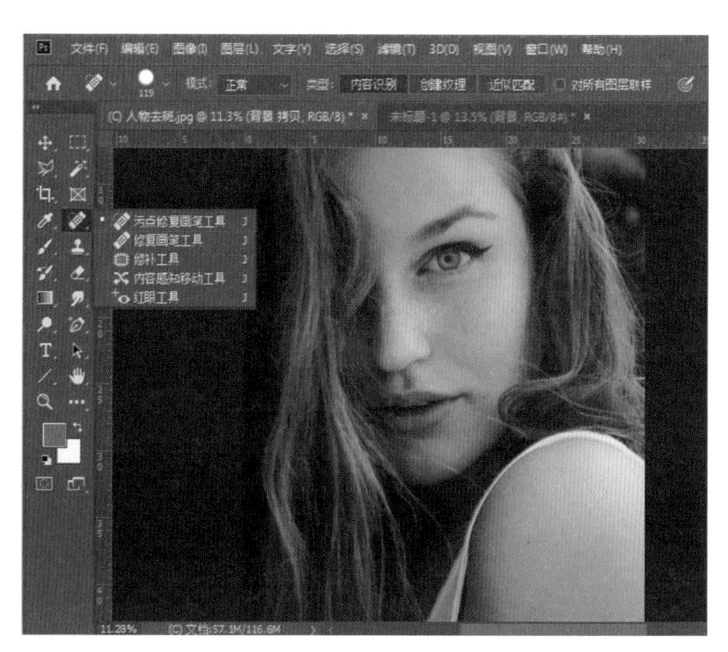

图 4-73

斑点处，单击即可去除，图4-74所示是去除斑点后的效果。

模式：设置修复图像时使用的混合模式。

类型：设置修复的方法。“内容识别”是从选区周围的像素进行修复；“创建纹理”是使用选区中的所有像素创建一个用于修复该区域的纹理；“近似匹配”是使用选区周围的像素来查找要用作选定区域修补的图像区域。

图 4-74

提示 污点修复画笔工具在修复图像的时候，会破坏肌肤的纹理。如果把“模式”选为“变亮”，修复的效果就会更加自然，保留更多的肌肤纹理。

2. 修复画笔工具

“修复画笔工具”同样可以用来修复照片中的瑕疵，或是去除多余的元素，它与“污点修复画笔工具”不同的是需要进行取样。

打开一张图片，单击工具箱中的“修复画笔工具”，在工具选项栏中设置合适的画笔，“模式”为“正常”，“源”为“取样”，然后将光标移到干净的画面，按住Alt键的同时单击鼠标左键，完成取样，如图4-75所示。再在瑕疵部分进行涂抹，即可擦除不需要的元素，最终效果如图4-76所示。

源：设置修复像素的源，选择“取样”表示使用画布样本作为修

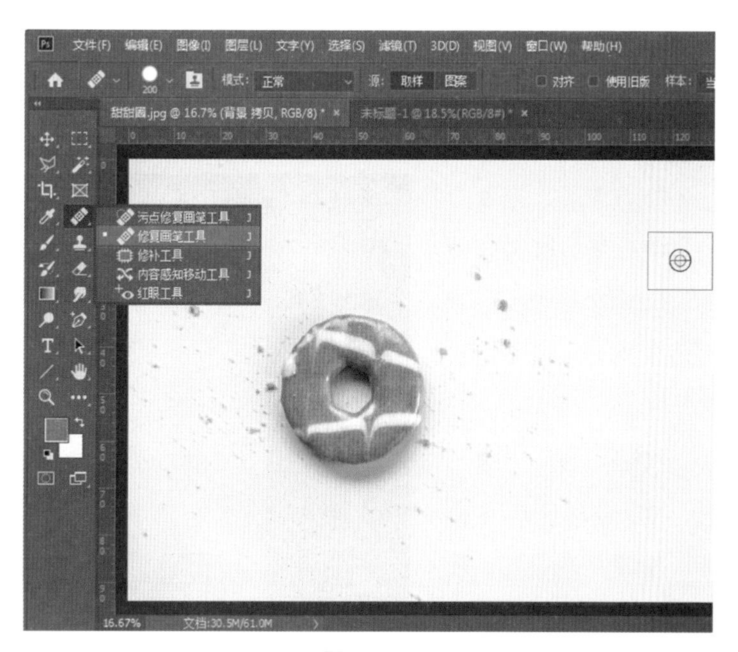

图 4-75

复源，选择“图案”表示使用一个图案作为修复源。

对齐：钩选该选项，会对像素进行连续取样。在修复的过程中，取样点会随修复位置的移动而移动。

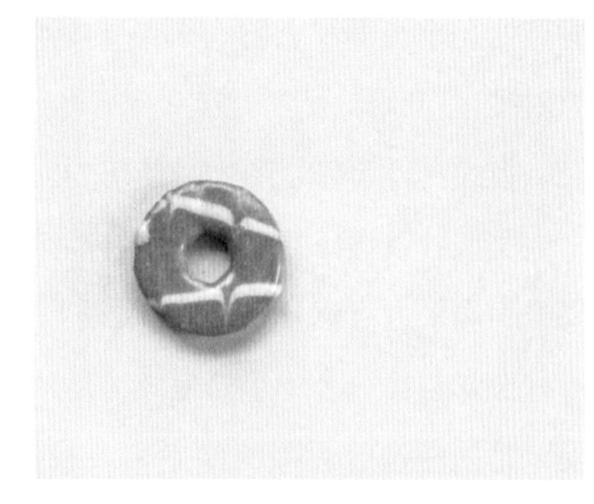
图 4-76

提示 修复画笔工具可以将样本像素的纹理、光照、透明度和阴影等与源像素进行匹配，从而使修复后的像素不留痕迹地融入图像中。

3. 修补工具

“修补工具”可以利用画面中的部分内容作为样本，修复图像中不理想的元素。打开一张环境人像，单击工具箱中的“修补工具”，在工具选项栏中设置相关的参数，然后在画面中按住鼠标左键圈选需要去除的元素，如图4-77所示。拖动选区，拖曳的位置将代替原来选区中的像素，如图4-78所示。最后按“Ctrl+D”取消选区即可。

图 4-77

图 4-78

修补：选择“正常”时，可以进行“源”“目标”“透明”的设置；选择“内容识别”时，可以进行“结构”“颜色”的设置。

源：选择“源”时，将选区拖到要修补的区域，松开鼠标即可将此区域的图像修复到原来的选区中。

目标：选择“目标”时，会将选中的图像复制到目标区域。

透明：钩选后，可使修补的图像与原始图像产生透明的叠加效果。

结构：控制修补区域的严谨程度，数值越大，边缘效果越精准。

颜色：设置可修改源色彩的程度。

4. 内容感知移动工具

“内容感知移动工具”可以在简单的图层或是精确度要求不高的情况下，快速地移动选区中的图像。被移动的对象会自动与周围的环境融合在一起，原始的区域则进行智能填充。

（1）打开一张图片，选择工具箱中的“内容感知移动工具”，按住鼠标左键把需要移动的图像绘制成选区，如图4-79所示。

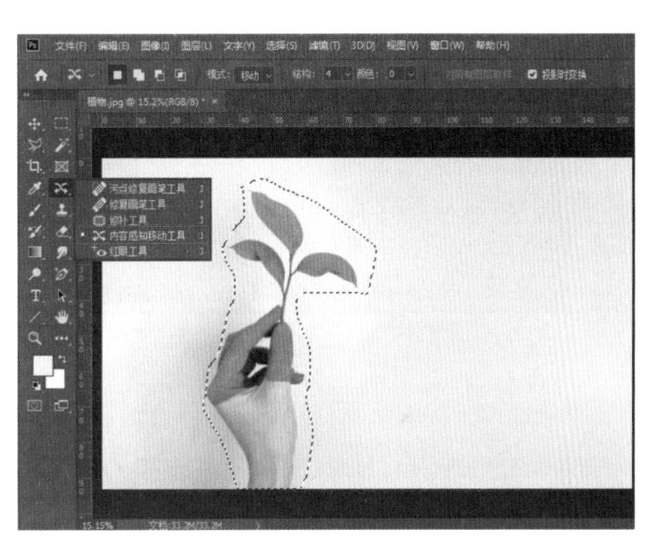

图 4-79

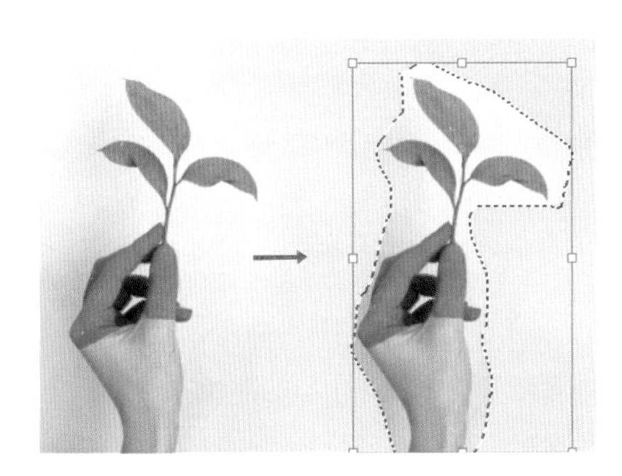

图 4-80

图 4-81

（2）将光标移到选区上，按住鼠标左键拖曳，释放鼠标后自动为图像添加一个变换选项框，如图4-80所示。按Enter键，消除变换选项框，把图像移到此位置，原来的位置则智能填充为附近相似的像素，按“Ctrl+D”取消选区，如图4-81所示。

5. 红眼工具

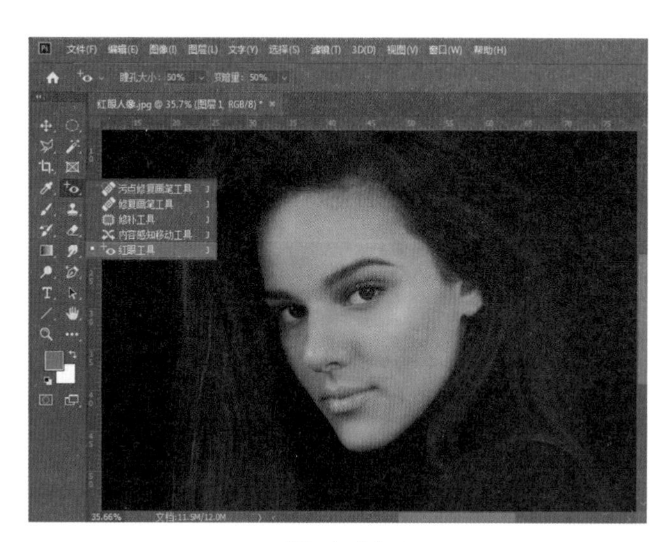

图 4-82

在暗光环境下，如果用闪光拍摄，照片就会出现红眼现象。Photoshop CC 为我们提供了“红眼工具”，可以方便快速地去除红眼。打开一张红眼人像，单击工具箱中的“红眼工具”，如图4-82所示。然后将光标移至红眼处，单击即可去除红眼，如图4-83所示。

图 4-83

瞳孔大小：设置瞳孔的大小，即眼睛暗色中心的大小。

变暗量：设置瞳孔的暗度。

4.5.2 图章工具组

“图章工具组”主要用于修复画面效果和绘制图案，包括“仿制图章工具”“图案图章工具”。下面，我们分别来介绍这两个工具的应用。

1. 仿制图章工具

仿制图章工具，能够把涂抹的范围全部或者部分复制到一个新的图像中。打开一张图片，单击工具箱中的“仿制图章工具”，然后将光标移到被复制的图像上，按住Alt键，单击鼠标进行定点选样，如图4-84所示。这样复制的图像就被保存到剪贴板

图 4-84

图 4-85

中。松开Alt键后，按住鼠标左键在需要修补的位置进行涂抹，即可将其覆盖为取样的图案，如图4-85所示。

切换仿制源面板：单击按钮，弹出仿制源面板，单击“水平翻转”按钮，设置合适的大小，如图4-86所示。按住Alt键，单击蜜蜂区域取样，然后在画面中其他位置按住鼠标左键进行涂抹，效果如图4-87所示。

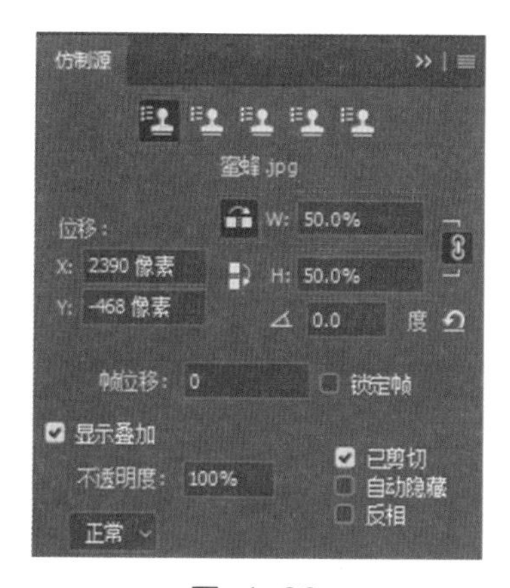

图 4-86

图 4-87

对齐：钩选后可以连续对像素进行取样，即使释放鼠标，也不会丢失当前的取样点。

样本：从指定的图层中取样，有当前图层、当前和下方图层、所有图层三个选项。

2. 图案图章工具

使用“图案图章工具”，可以从图案库中选择图案或者自己创建图案，比如替换衣服的花纹。

（1）打开一张人像图片，单击工具箱中的“图案图章工具”，在工具选项栏中点击图案，选择预设的花纹图案。为了更方便准确地对衣服进行涂抹，我们用套索工具给衣服创建选区，如图4-88所示。

图 4-88

（2）画笔“硬度”设置为50%，“模式”为“正片叠底”，这样涂抹时才能显示出衣服的褶皱，看起来比较真实，设置不透明度为100%，然后在衣服选区中涂抹，即可替换花纹，效果如图4-89所示。

图 4-89

提示 在Photoshop CC中打开花纹图片，执行“编辑→定义图案”命令，弹出“图案名称”对话框，点击“确定”按钮，即可将花纹图片设置为图案。

4.5.3 模糊/锐化/涂抹工具

模糊工具、锐化工具、涂抹工具可以对图像的局部进行润饰，从名字上就可以看出其功能。在修饰图像时会经常用到这三个工具。

1. 模糊工具

模糊工具是将涂抹的区域变得模糊的工具。它可以将画面中其余部分模糊处理，从而突显主体，也可以用来磨皮。打开一张图片，单击工具箱中的“模糊工具”，设置“模式”“强度”相关参数，如图4-90所示。然后在画面的边缘涂抹，光标经过的位置即变得模糊，效果如图4-91所示。

图 4-90

图 4-91

提示 强度数值越大，涂抹时的模糊度越高。如果一次涂抹达不到想要的模糊效果，可多次涂抹增加模糊度，直到满意为止。

2. 锐化工具

图 4-92　　图 4-93

“锐化工具”可以有效提升图像的清晰度。它与“模糊工具”的选项大部分相同，通过涂抹可以使图像更加锐化，钩选“保护细节”，可以对图像进行细节保护。打开一张图片，单击工具箱中的“锐化工具”，设置相关参数，如图4-92所示，然后对画面中的主体进行涂抹，使主体更加清晰和突出，如图4-93所示。

3. 涂抹工具

“涂抹工具”可以模拟手指划过湿油漆产生的效果。打开一张图片，单击工具箱中的“涂抹工具”，如

图 4-94

图 4-95

图4-94所示。然后在画面中涂抹，涂抹过的区域就会出现画面像素的移动，如图4-95所示。钩选“手指绘画”，即以前景色进行涂抹绘制。

4.5.4　减淡/加深/海绵工具

“减淡工具”“加深工具”“海绵工具”是另一组可以对图像局部进行修饰的工具。通过这些工具可以改变图像的明暗、饱和度，使图片呈现出更加好的视觉效果。

1. 减淡工具

“减淡工具”可以增强图像的亮度，减淡颜色。这一工具主要用来增强画面的明亮程度，对于改善曝光不足的图片非常有效。比如，夜空图片就可以利用减淡工具加强星星的亮度，或是暗光人像提亮暗部等。

图 4-96

打开一张人像图片，单击工具箱中的“减淡工具”，在工具栏中设置相关参数，如图4-96所示。然后将光标移至画面中，在想要提亮的区域进行涂抹，即可提升照片的亮度，如图4-97所示。

图 4-97

范围：设置修改的色调。选择“中间调”更改灰色的中间范围；选择“阴影”更改暗部区域；选择“高光”更改亮部区域。

曝光度：设置减淡的强度。

保护色调：钩选后，可以保护色调不受影响。

提示 “范围”选择“高光”时，被减淡的地方饱和度会很高；选择“阴影”时，被减淡的地方饱和度会很低；选择“中间调”时，被减淡的地方颜色会比较柔和，饱和度也比较正常。

2. 加深工具

“加深工具”与“减淡工具”效果相反，通过涂抹可以使图像局部获得加深效果。其参数设置和操作方法与“减淡工具”一样，通常二者配合使用。“加深工具”可以用来修饰眉毛，制作暗角效果等。

图 4-98

图 4-99

打开一张人物照片，单击工具箱中的“加深工具”，如图4-98所示。然后在人物的眉毛处轻轻涂抹，即可加深眉毛，如图4-99所示。

3. 海绵工具

“海绵工具”可以改变局部的色彩饱和度，流量越

图 4-100

大效果越明显。开启喷枪方式可在一处持续产生效果。如果是灰度图像，则增加或降低灰度对比度。打开一张图片，单击工具箱中的“海绵工具”，如图4-100所示。然后对小球进行涂抹，“模式”选择“去色”可减少饱和度，选择“加色”可增加饱和度，效果如图4-101所示。

图 4-101

提示 钩选“自然饱和度”可以防止出现溢色现象。此外，“海绵工具”不能应用于索引颜色和位图颜色模式。

综合练习：利用修复工具美化人物的脸部

修复工具，对去除图像的瑕疵是非常好用的工具。尤其是在处理人像图片时会经常用到。下面，我们用这些工具来美化人物的肖像。

（1）打开一张人像图片，如图4-102所示，可以看到人物的脸上有不少瑕疵。

图 4-102

（2）在工具箱中选择“修复画笔工具”，调整适当的画笔大小，把“模式”设置为“正常”，如图4-103所示。放大图像，在瑕疵处涂抹，即可消除脸部的瑕疵，效果如图4-104所示。

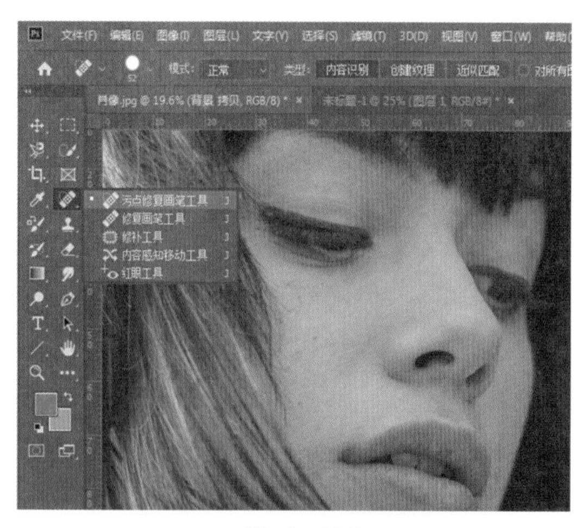

图 4-103

图 4-104

（3）虽然人物脸部的瑕疵被修复了，但是头发颜色过深，细节呈现不够好，这时再选择工具箱中的“减淡工具”，在头发黑色较深的地方适当地涂抹，效果如图4-105所示。

图 4-105

（4）通过观察，人物的眼睛有些模糊，选择工具箱中的“锐化工具”，然后在人物眼睛处适当地涂抹。按快捷键“Ctrl+M”调出曲线命令，适当提升一点亮度，使人物的脸部更加白皙，如图4-106所示，最终效果如图4-107所示。

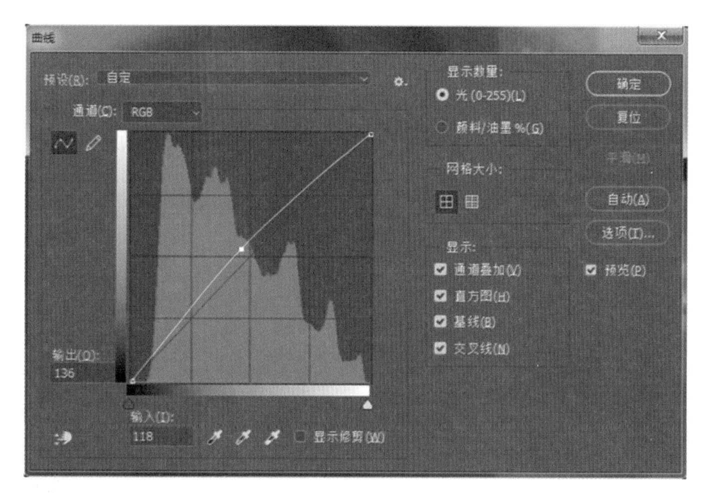

图 4-106

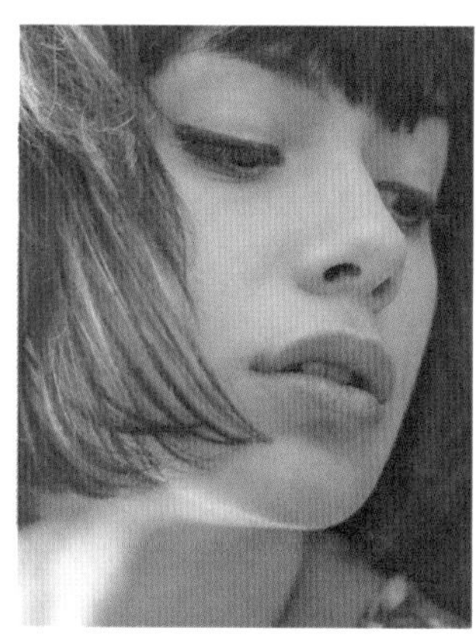

图 4-107

第5章 文字工具，字体编辑的艺术之路

课程介绍

文字是平面设计中不可或缺的元素，它不但起着传递信息的作用，而且其艺术性处理也能美化版面，带给人美好的视觉感受。本章主要讲解文字的创建、文字属性的设置以及文字的编辑等内容。

学习重点

- 学习点文字、段落文字、区域文字、路径文字的创建。
- 掌握“字符”“段落”面板的设置。
- 熟练掌握栅格化文字、文字变形等的操作。

5.1 创建文字

Photoshop CC中提供了强大的文字功能，可以方便快捷地为图像添加各种文字。不仅可以创建横排和竖排文字，还可以创建点文字、段落文字和路径文字等。本节我们来学习创建文字的基础知识。

5.1.1 认识文字工具

在Photoshop CC中，可以通过三种方式创建文字，一是在任意一点创建文字，二是在一个矩形范围框内创建文字，三是在路径上方或矢量图形内部创建文字。无论哪种方式，都需要使用工具箱中的“文字工具”。

图 5-1

“文字工具”包括“横排文字工具”“直排文字工具”“直排文字蒙版工具”“横排文字蒙版工具”，如图5-1所示。

选择一种文字工具后，我们可以在工具选项栏中进行一系列的设置，如图5-2所示。

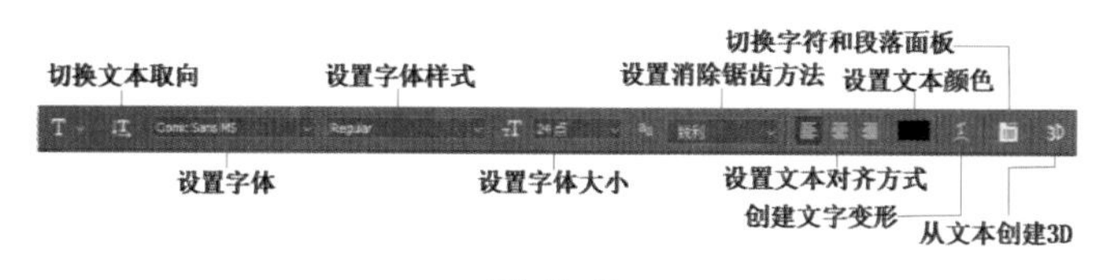

图 5-2

切换文本取向：单击该按钮，横向排列的文字变为直排，直排的文字变为横排。其功能与执行“文字→文本排列方向”命令相同。

设置字体：单击右边的倒三角按钮，可以在下拉列表中选择字体。

设置字体样式：这一项只能在“设置字体”为英文时有效，单击右侧的倒三角按钮，下拉列表中包括Regular（规则的）、Italic（斜体）、Bold（粗体）、Bold Italic（粗斜体）等。

设置字体大小：设置文字的大小，可以单击下拉列表选择不同的字号，也可以直接输入数值。

设置消除锯齿方法：单击可在下拉列表中选择一种消除文字边缘锯齿的方式。

设置文本对齐方式：根据输入文字时光标的位置来设置文字对齐方式，有左对齐、居中对齐、右对齐三种。

设置文本颜色：单击颜色块，可弹出“拾色器”对话框，设置文字的颜色。

创建文字变形：单击该按钮，可弹出“变形文字”对话框，通过对“样式”的设置，可以创建各种变形文字。

切换字符和段落面板：单击可打开或关闭“字符”“段落”面板。

从文本创建3D：单击该按钮，可以将文本对象转换为带有3D立体效果的文本。

提示 快速为PS添加字体的方法：下载字体，打开电脑C盘，找到Windows，再从Windows中找到Fonts，把下载好的字体复制到这个文件里就可以了。

5.1.2 创建点文字

“点文字”是一个水平或垂直的文本行，在Photoshop CC中是最常用的文本形式。通常用于较短的文字输入，比如文章标题、海报宣传文字等。点文本在输入文字时一直沿着纵向或横向排列，不会自动换行，需要按Enter键进行换行。

图 5-3

点文本的创建非常简单，单击工具箱中的“横排文字工具”，在工具选项栏中设置相关的参数，点击画面后出现闪烁光标“I”，输入文字，文字会沿着横向排列，如图5-3所示。

输入完后，在文本框外侧单击鼠标或单击工具选项栏中的✓按钮即可完成。此时图层面板会出现一个新的文字图层，如图5-4所示。单击选中该文字图层，即可在文字选项栏或是“字符”“段落”面板中修改文字的属性。

图 5-4

如果想对单个字符进行修改，可以在这个字符的前/后单击，然后按住鼠标左键拖曳，选中该字符，即可重新输入字符或变换该字符的大小、颜色、形状等，如图5-5所示。

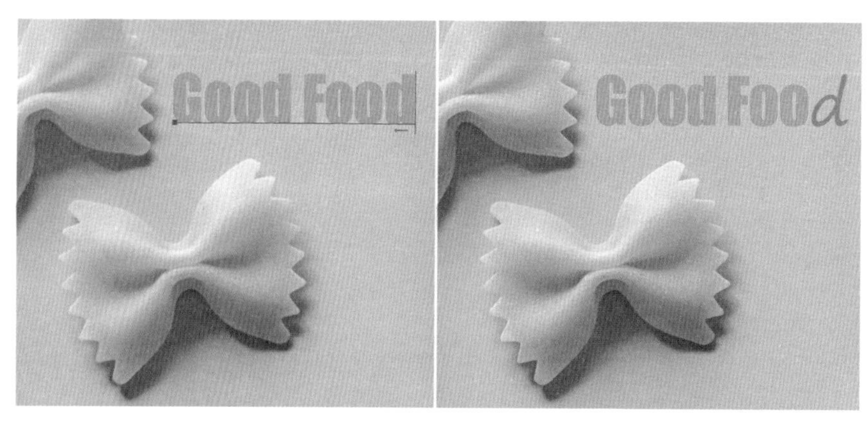

图 5-5

提示 在输入状态下，按住Ctrl键，会出现自由变换定界框，按住鼠标拖曳可以对文字进行旋转、缩放等操作；文字创建后，单击工具箱中的“移动工具”，在画面中既可以拖曳文字到任何位置，又可以通过键盘上的←、→、↑、↓方向键移动文字。

5.1.3 创建段落文字

如果我们要用Photoshop CC制作一张海报或杂志，那么肯定需要输入大段的文字，这里就需要用到“创建段落文字”。它与点文字不同的是，段落文字中的文字限制在一个矩形框内，到达边界时会自动换行，只有在另起一段时才需要按Enter键。

打开一张素材图片，单击工具箱中的“文字工具”，在画面中按住鼠标向右下角拖曳，释放鼠标即可得到一个文字定界框，如图5-6所示。直接输入文字，文字到达定界框时会自动换行，在文本框外侧单击完成输入，如图5-7所示。

图 5-6

图 5-7

如果想调整文本框的大小，只需要将光标放在文本框的边缘处拖曳即可，当光标放在定界框的对角线上可以拖曳两条边，放在对角线的外侧可以旋转文本框。

5.1.4 制作路径文字

在设计的过程中，有些时候需要做一些很艺术的文字编排。要想实现这一效果，就需要使用“路径文字”这一功能。所谓“路径文字”，是指使用“横排文字工具”或“直排文字工具”创建出的一种依附于“路径”上的文字类型，它随着路径的形态进行排列。

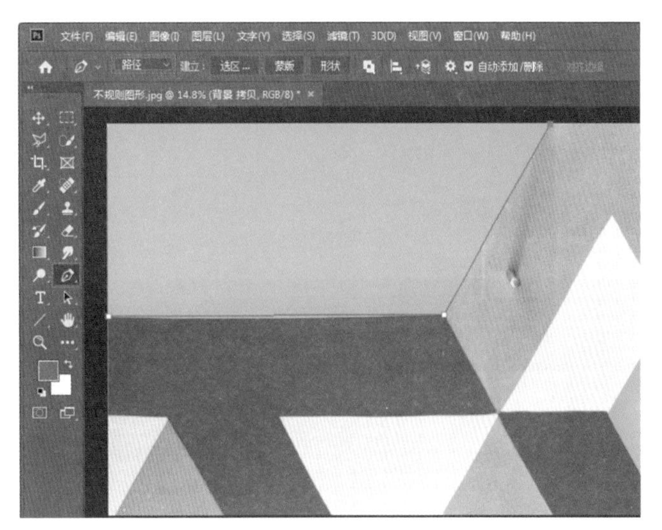

图 5-8

打开一张素材图片，选择“钢笔工具”，在工具选项栏中选择“路径”，然后绘制路径，如图5-8所示。

单击工具箱中的“文字工具”，将光标移到创建的路径上，单击出现输入点，如图5-9所示。输入文字，文字会自动沿着路径排列，如图5-10所示。如果再次改变路径形状，文字也会随着路径一起变动。

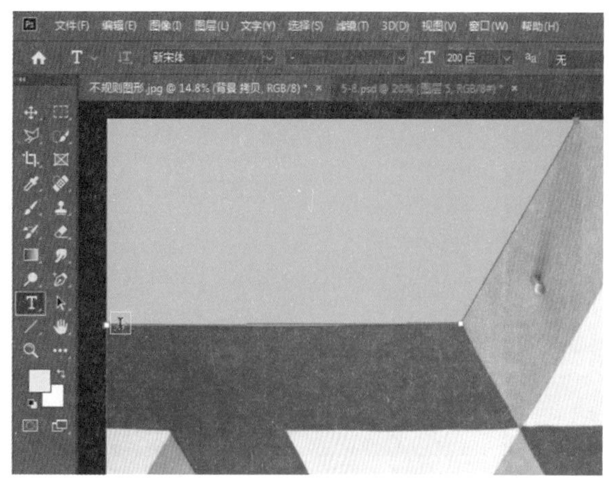

图 5-9

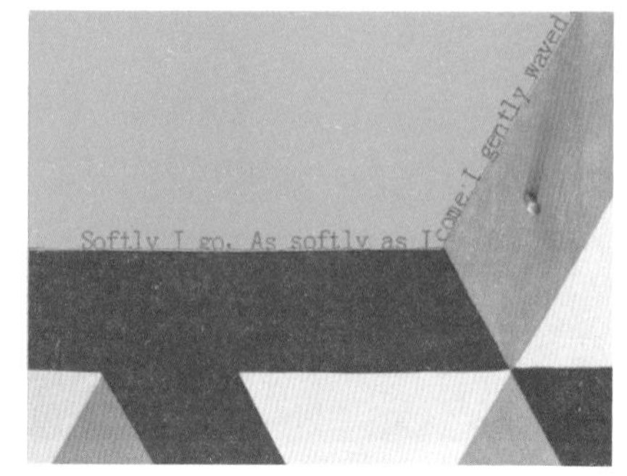

图 5-10

5.1.5 制作区域文字

“区域文字”与“段落文字”十分相似，都是在一个封闭的区域内。不同的是，“段落文字”的文本框为规则的矩形，而“区域文字”的文本框可以是任何形状。

打开一张素材图片，单击工具箱中的“钢笔工具”，绘制一个不规则的封闭路径，然后单击“文字工具”，把光标移到路径区域，光标变成Ⓘ形状，如图5-11所示，单击即可输入文字，文字会在路径内排列，如图5-12所示。输入文字后，单击工具选项栏中的✓按钮即可。

图 5-11

图 5-12

5.1.6 使用文字蒙版创建文字选区

文字蒙版工具包括“横排文字蒙版工具”“直排文字蒙版工具”，其使用方法与文字工具相似，最大的不同在于文字蒙版创建的是文字的选区，可以在选区中填充图案，获得更具艺术效果的文字。

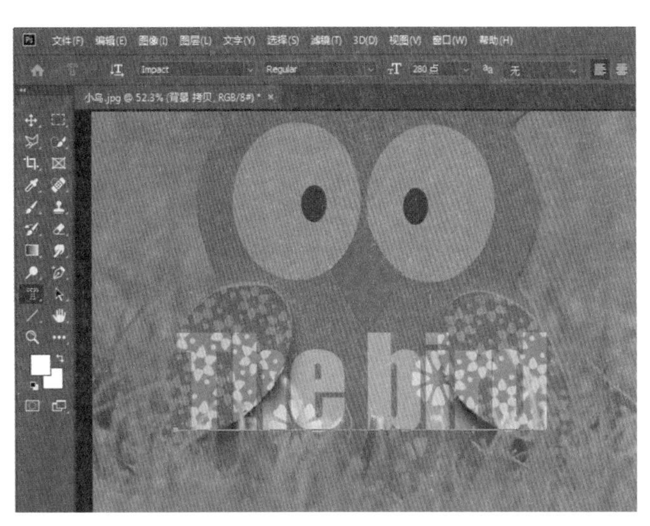

图 5-13

打开一张素材图片，单击工具箱中的“横排文字蒙版工具”，然后在画面中单击，画面会被蒙上一层半透明的红色蒙版，输入文字，文字部分则不被蒙版遮住，如图5-13所示。单击工具选项栏中的✓按钮，文字将以选区的形式出现，如图5-14所示。

在文字选区中，可以进行填色（前景色、背景色、渐变色），图5-15是填充渐变色的效果。

图 5-14

图 5-15

提示 按Esc键可以退出文字蒙版；按住Ctrl键，文字蒙版四周会出现变换定界框，拖曳可以移动、旋转、缩放文字蒙版。

实战练习：制作创意字符画

文字工具可以使文字获得各种艺术的效果，如果将其与图像融合在一起，那就更具艺术性了。本案例就告诉你如何制作一幅创意字符画。

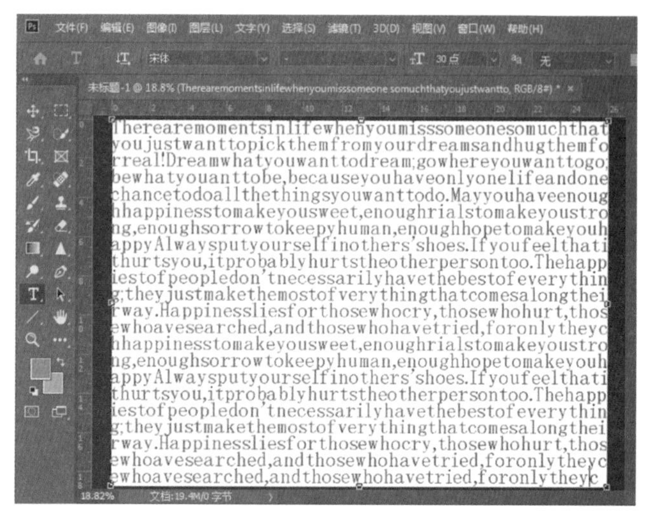

图 5-16

（1）按快捷键“Ctrl+N”，新建一个空白文档，单击工具箱中的“横排文字工具”，设置合适的字体、字号，文本颜色为灰色。然后在画面中按住鼠标左键向右下角拖曳，绘制一个文本框，输入英文字符，如图5-16所示。

（2）选择文字图层，按“Ctrl+T”调出变换定界框，对文字进行旋转，按Enter键确认，如图5-17所示。选择背景图层，设置前景色为黑色，按“Alt+Delete”组合键进行填充，如图5-18所示。

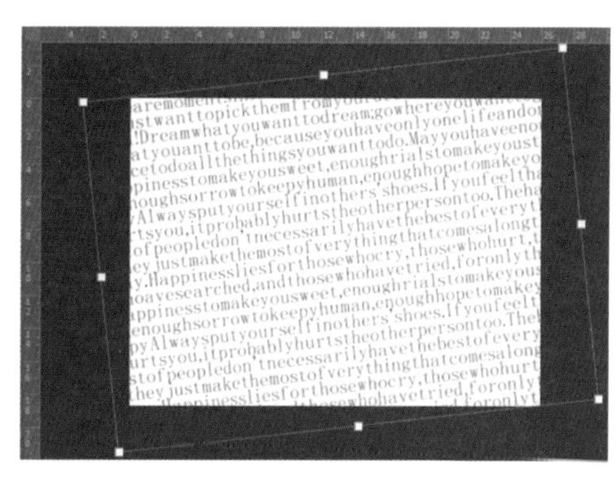

图 5-17

图 5-18

（3）执行“文件→置入嵌入对象”命令，置入素材“舞者”，如图5-19所示。调整到适当的大小，按Enter键完成置入，并栅格化该图层，将“混合模式”改为“颜色减淡”，最终效果如图5-20所示。

图 5-19

图 5-20

5.2 设置文字属性

在编辑文字时，我们通常在工具选项栏中设置相关的参数，比如字体、字号、颜色等。但如果要进行更多的设置，比如间距、倾斜、加粗、缩进等效果，则需要打开“字符”面板和“段落”面板。

5.2.1 “字符”面板

执行“窗口→字符”命令可以打开“字符”面板，如图5-21所示。通过“字符”面板，不仅可以进行文字的字体、大小、颜色等常规设置，还可以进行字的间距、缩放等操作。

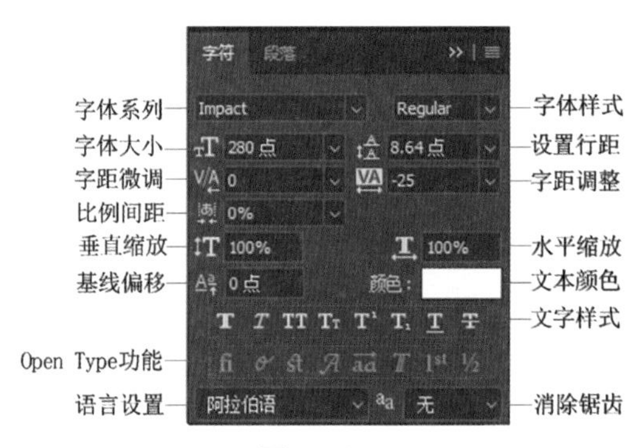

图 5-21

设置行距：用于设置文本框中上一行文字和下一行文字之间的距离。选择文字图层，然后单击右侧倒三角形按钮，在下拉列表中选择数值即可，也可以直接单击输入数值。图5-22是行距设置为15点的效果，图5-23是行距设置为30点的效果。

字距微调：用于设置两个字符之间的距离。鼠标单击两个字符的中间，使光标在两个字符中间闪烁，然后单击倒三角形按钮，在下拉列表中选择数值。数值为正值时字距增大，数值为负值时字距缩小。

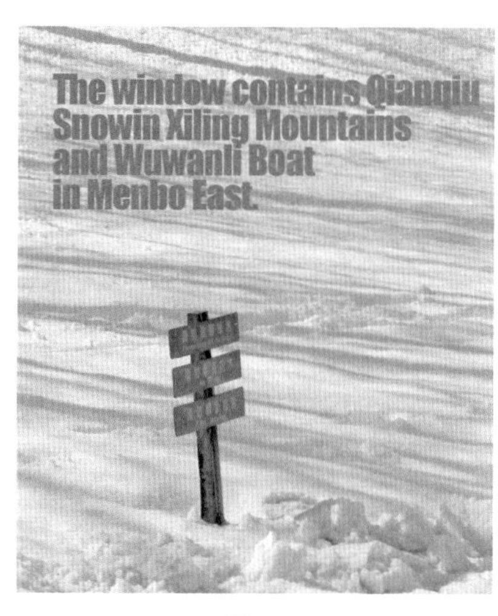

图 5-22

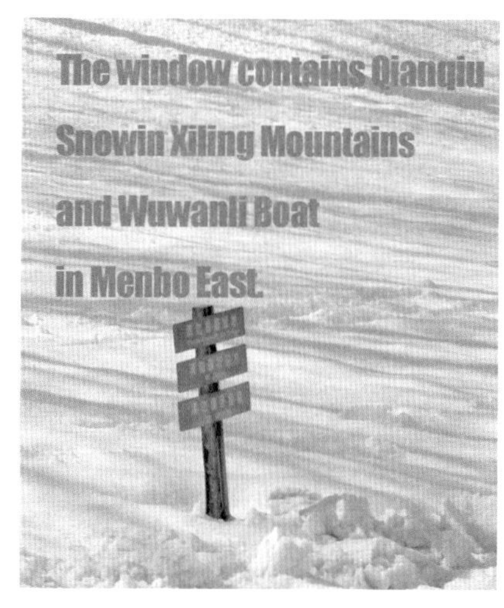

图 5-23

字距调整VA：是指对整个文本框中字与字间距的调整，不同于“字距微调”，“字距调整”仅限于两个字符之间。选中文字图层，单击倒三角形按钮，在下拉列表中选择数值，数值为正值时字距增大，数值为负值时字距缩小。图5-24是字距为-50的效果，图5-25是字距为50的效果。

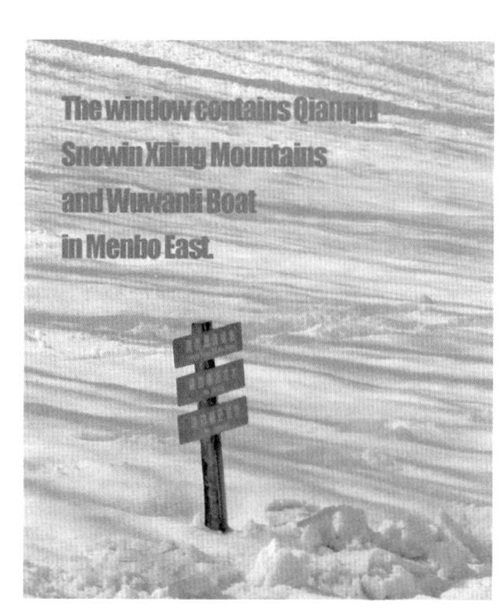

图 5-24

图 5-25

比例间距：按照百分比改变字符周围的空间。字符本身大小不变，只是每个字符之间的空间被伸展或挤压了。

垂直缩放IT/水平缩放T：用于设置文字垂直或水平的缩放比例，即每个字符的高度和宽度。

基线偏移：用于设置文字与文字基线之间的距离，数值为正时文字向上移动，数值为负时文字向下移动。图5-26是不同基线位移的效果。

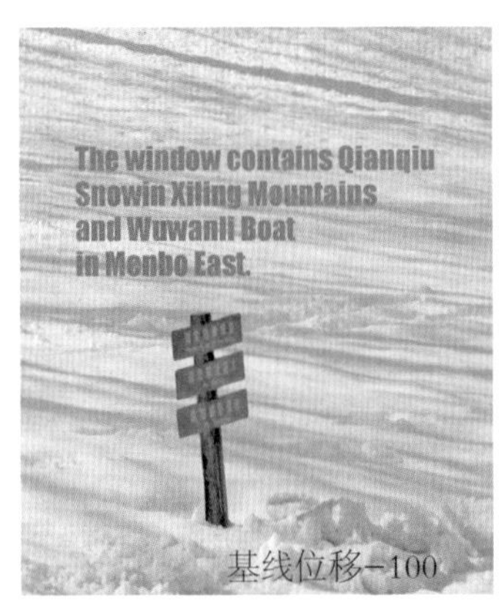

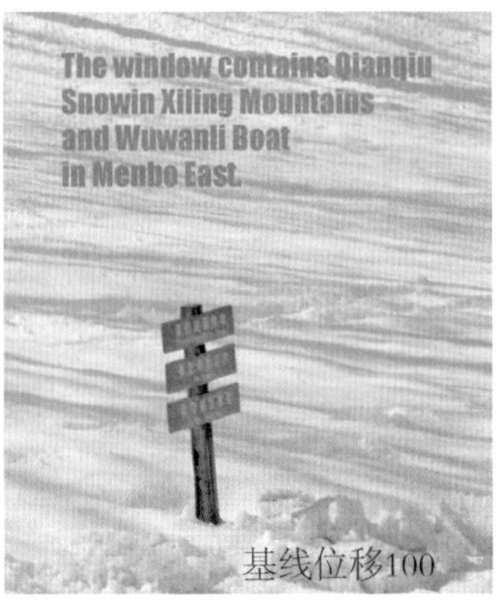

图 5-26

文字样式：设置文字的效果，有仿粗体、仿斜体、全部大写字母、小型大写字母、上标、下标、下划线、删除线。

Open Type功能：包括标准连字、上下文替换字、自由连字、花饰字、文体替代字、标题替代字、序数字、分数字。

语言设置：设置文本连字符和拼写的语言类型。

5.2.2 "段落"面板

执行"窗口→段落"命令，可以打开"段落"面板，如图5-27所示。通过"段落"面板，可以设置文本的段落对齐方式、段落的缩进等。

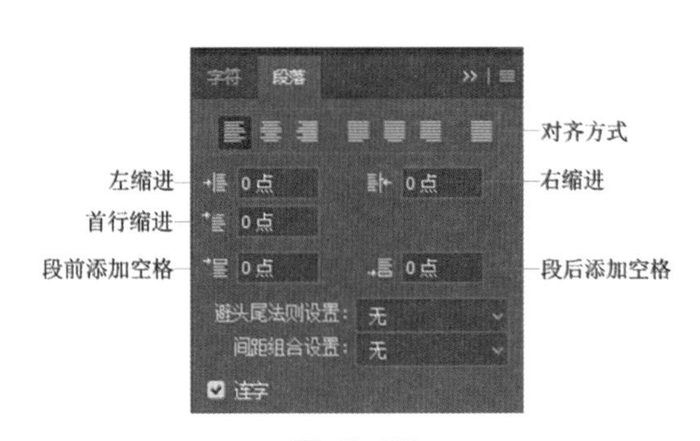

图 5-27

左对齐文本：文字左对齐，文本右端参差不齐，如图5-28所示。

居中对齐文本：文字居中对齐，段落左右两端参差不齐，如图5-29所示。

右对齐文本：文字右对齐，文本左端参差不齐，如图5-30所示。

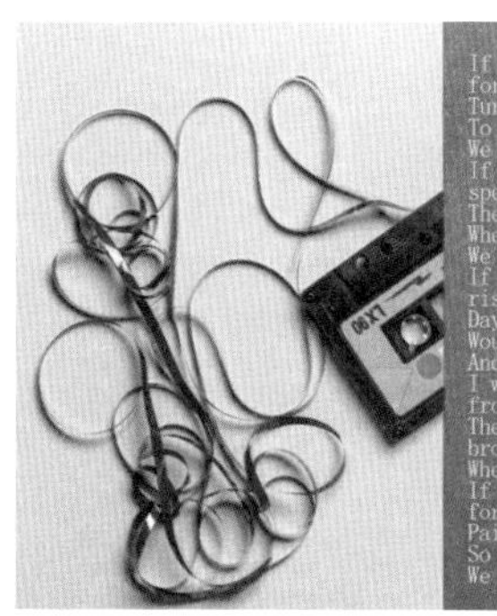

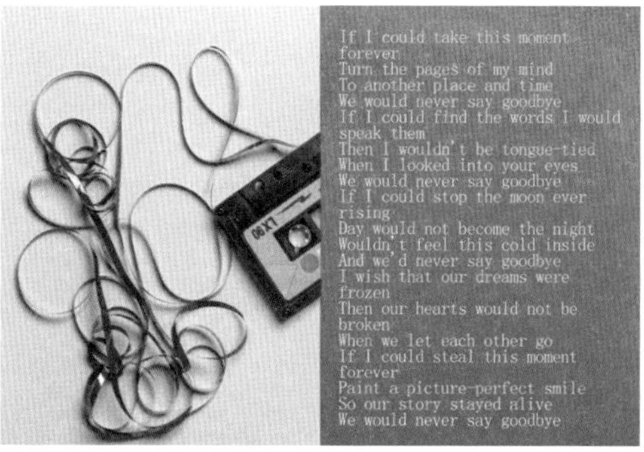

图 5-28

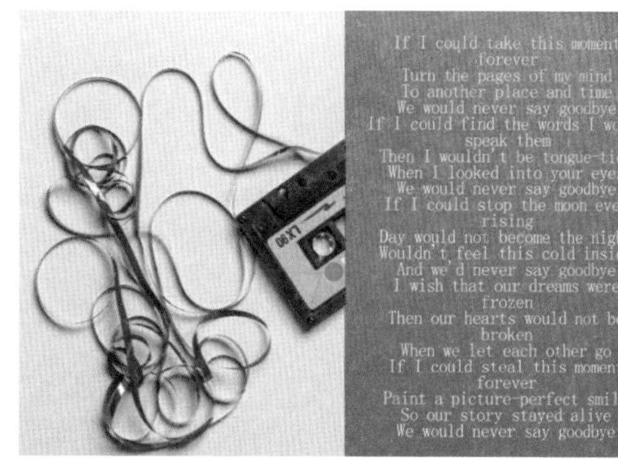

图 5-29

最后一行左对齐：最后一行左对齐，其他行强制左右对齐，只适用于段落文字和区域文字，如图5-31所示。

最后一行居中对齐：最后一行居中对齐，其他行强制左右对齐，如图5-32所示。

最后一行右对齐：最后一行右对齐，其他行强制左右对齐，如图5-33所示。

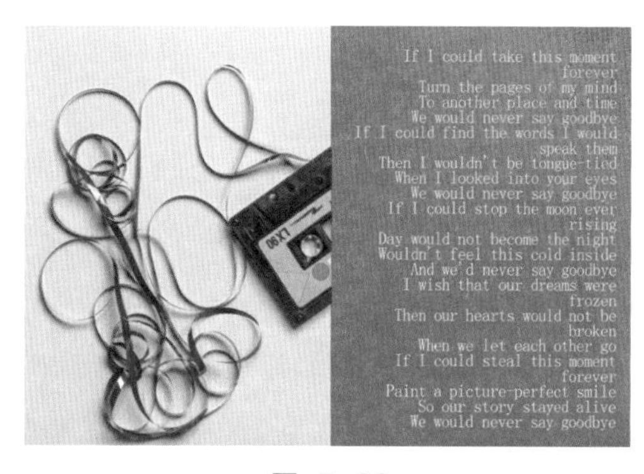

图 5-30

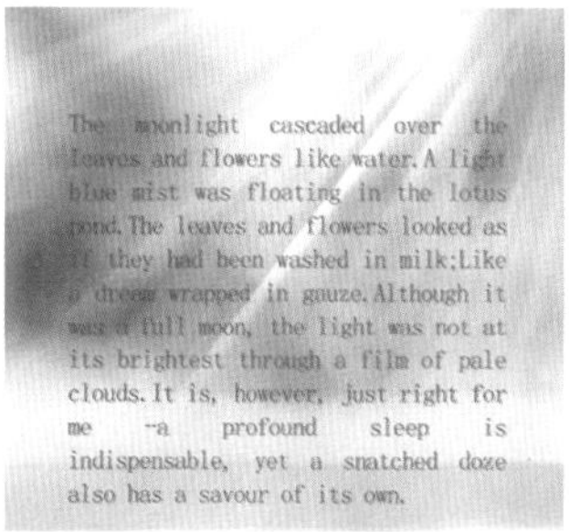

图 5-31

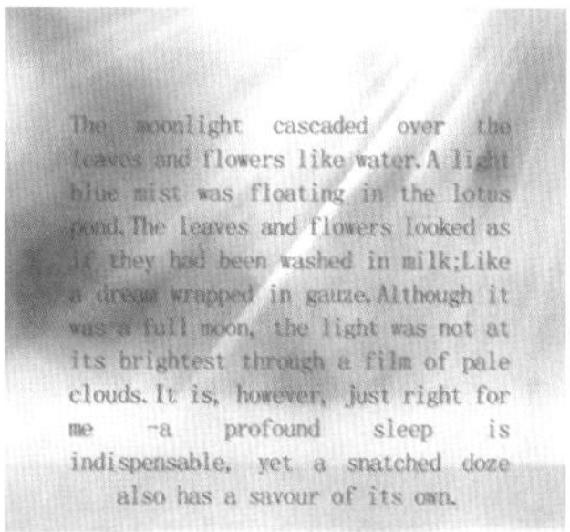

图 5-32

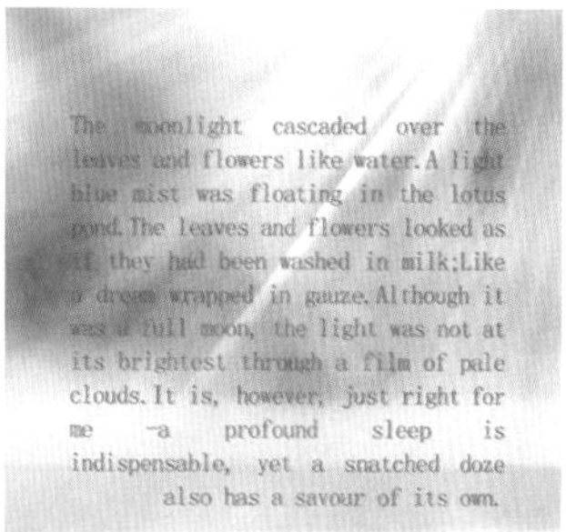

图 5-33

全部对齐：增加字符之间的间距，使文本左右两端强制对齐，如图5-34所示。

左缩进：用于段落文本向右（横排文字）或向下（直排文字）的缩进量，图5-35是左缩进30点的效果。

右缩进：用于段落文本向左（横排文字）或向上（直排文字）的缩进量，图5-36是右缩进30点的效果。

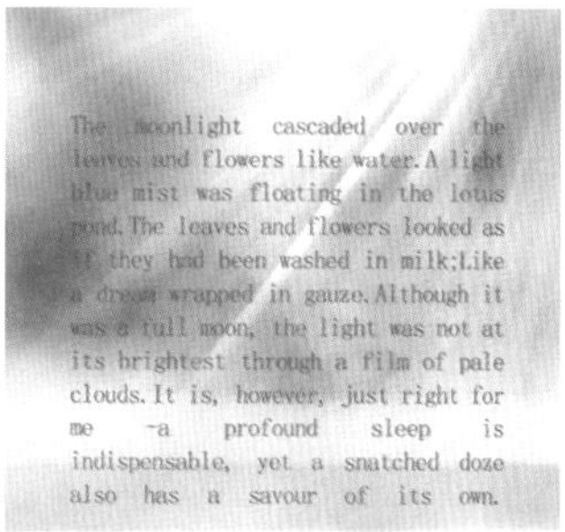

图 5-34

首行缩进：用于设置段落文本每段第一行向右（横排文字）或向下（直排文字）的缩进量，图5-37是首行缩进100点的效果。

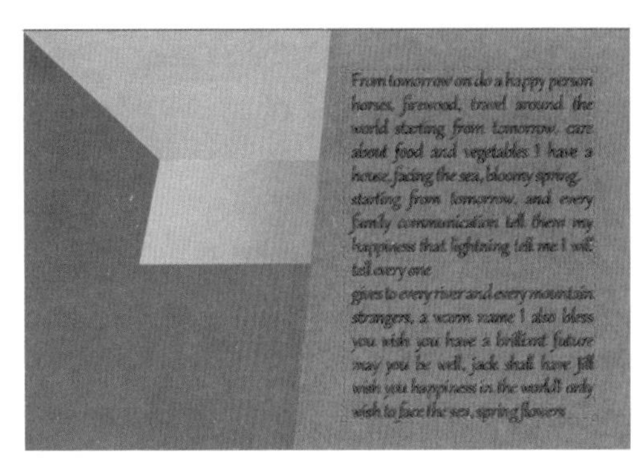

图 5-35

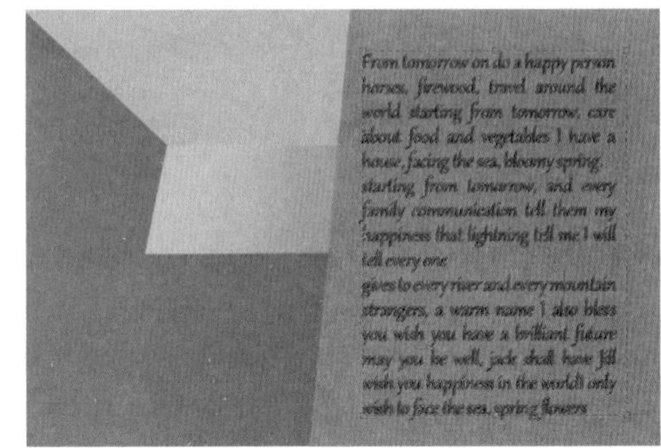

图 5-36

段前添加空格：设置光标所在段落与前一个段落之间的间隔距离，图5-38是段前空格50点的效果。

段后添加空格：设置光标所在段落与后一个段落之间的间隔距离。图5-39是段后空格50点的效果。

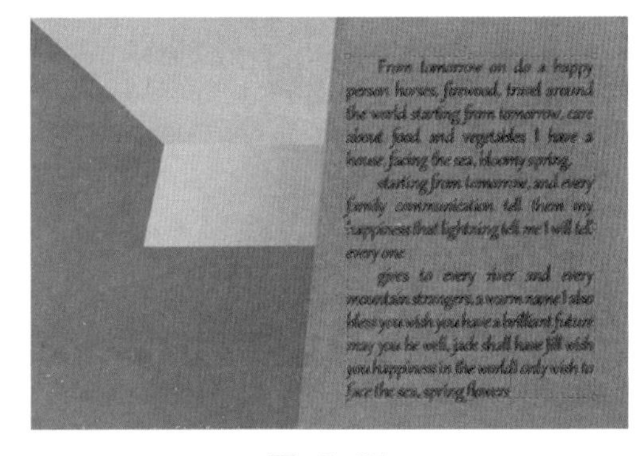

图 5-37

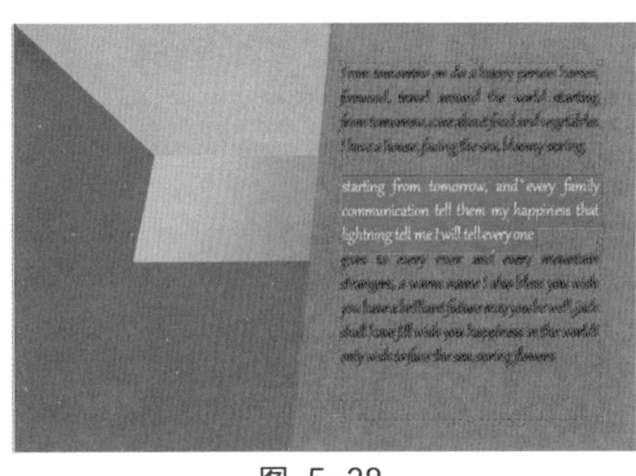

图 5-38

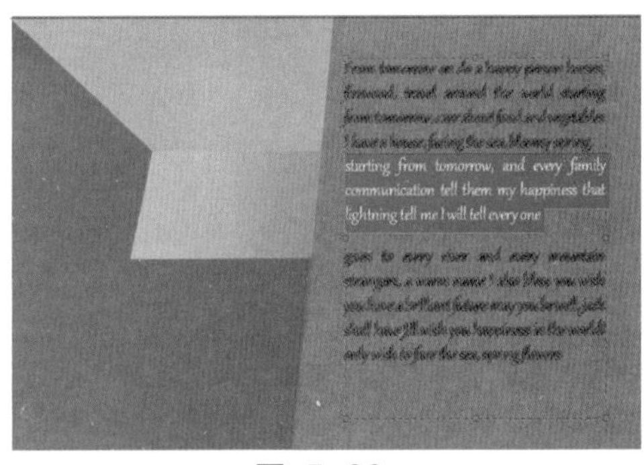

图 5-39

5.3 编辑文字

了解了创建文字的基础知识后，我们需要进一步学习对文字的编辑。通过对文字进行编辑，可以获得美术字、变形字、特效字等。这些艺术字体广泛应用在平面设计、商品包装等领域。因此，掌握文字的编辑是一项必备的技能。

5.3.1 栅格化文字

通常来说，文字图层比较特殊，它不属于图像类型。在有些情况下，不能直接对文字进行编辑，而要先把文字栅格化，将其转化为图像后再进行编辑。

栅格化图层比较简单，可以执行“文字→栅格化文字图层”命令，也可以在图层面板中，右键单击文字图层，在弹出的菜单中选择“栅格化文字”命令，如图5-40所示。栅格化后的图层变为普通图层，如图5-41所示。

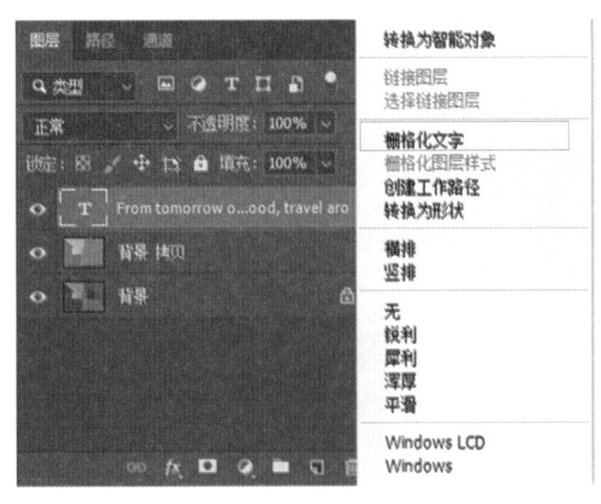

图 5-40

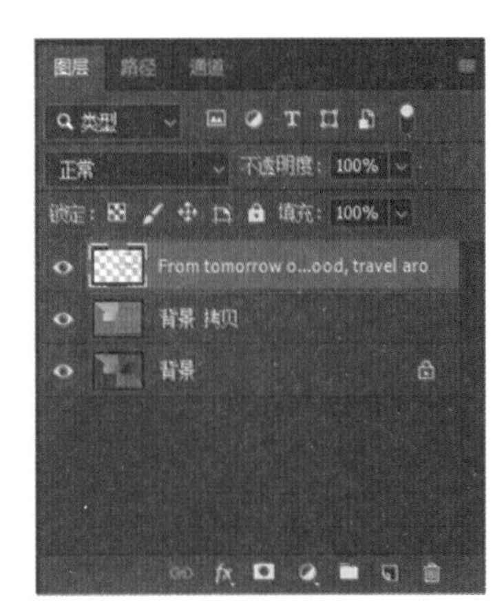

图 5-41

5.3.2 把文字转换为形状

通常我们可以对点文字、段落文字，甚至单个字符进行旋转、缩放、倾斜等操作，但如果想要对文字进行更具艺术地改变，就需要将“文字”转换为“形状图层”。然后用钢笔工具或选择工具组的工具对文字的外形进行编辑，以获得艺术效果。

选择文字图层，执行“文字→转换为形状”命令或右键单击文字图层，在弹出的菜单中选择“转换为形状”命令，如图5-42所示。

转换后的文字边缘增加了许多锚点，如图5-43所示。选择钢笔工具，通过移动锚点可以改变字体的形状，如图5-44所示。

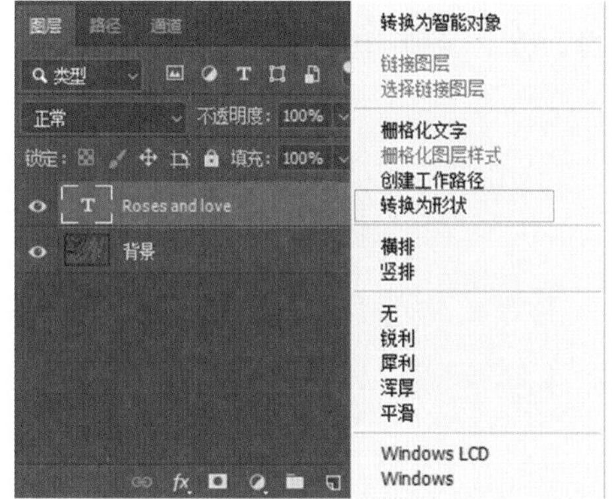

图 5-42

图 5-43

图 5-44

提示 文字图层一旦转换为形状图层，就成了矢量对象。因此，在改变字形的过程中，字体是不会模糊的。

5.3.3 文字变形

在平面设计中，比如制作海报、宣传页、产品包装等，都会用到文字的变形。Photoshop CC提供了较为丰富的文字变形功能。执行“文字→文字变形”命令，或是单击工具选项栏中的按钮，即可打开“变形文字”对话框，如图5-45所示。

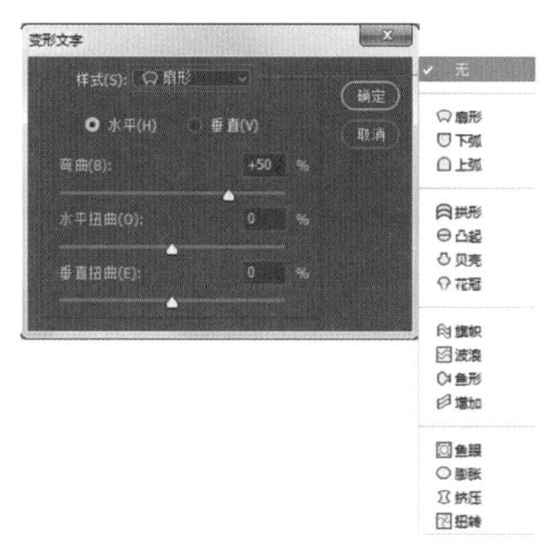

图 5-45

样式：选择文字变形的样式，单击倒三角按钮，在下拉菜单中一共包括十五种不同的变形方式。

水平/垂直：选择“水平”时，文本扭曲的方向为水平方向，如图5-46所示；选择“垂直”时，文本扭曲的方向为垂直方向，如图5-47所示。

图 5-46

图 5-47

弯曲：设置文本的弯曲程度，图5-48是数值为-60%的效果，图5-49是数值为60%的效果。

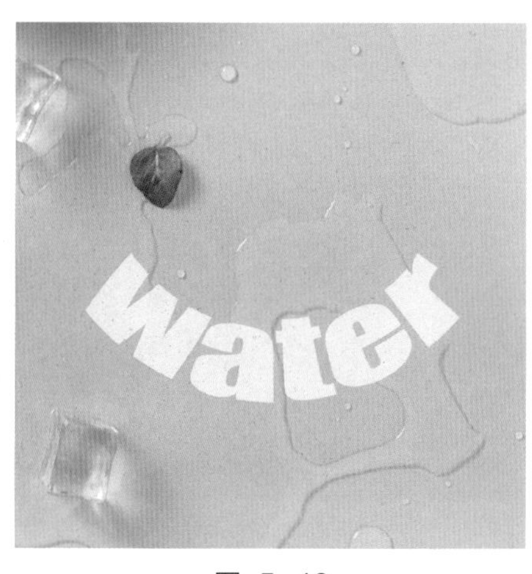

图 5-48

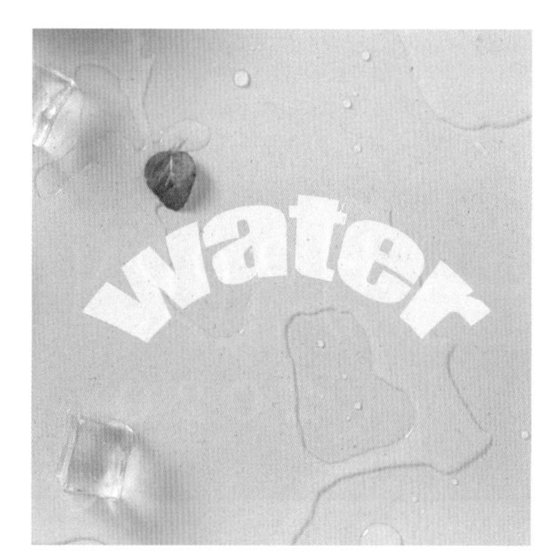

图 5-49

水平扭曲/垂直扭曲：设置水平方向/垂直方向透视的扭曲程度。图5-50是水平扭曲的效果，图5-51是垂直扭曲的效果。

图 5-50

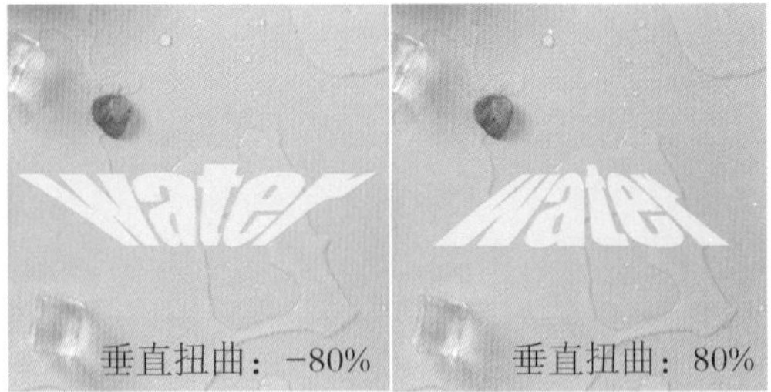

图 5-51

综合练习：制作炫酷的花斑字体

文字工具可以创建各种炫酷的效果，花斑字体就是其中的一种，下面，我们就来详细教大家如何制作炫酷的花斑字体。

（1）打开一张烟花图片，选择“文字工具”，输入文字“Happy 2020”，如图5-52所示。

（2）在文字图层单击鼠标右键，在弹出的列表中选择“创建工作路径”，将文字转为工作路径。再单击文字图层的眼睛图标，使其隐藏，效果如图5-53所示。

图 5-52

图 5-53

（3）选择“画笔工具”，打开画笔预设面板，分别设置“画笔笔尖”“形状动态”“散布”“颜色动态”的相关参数，如图5-54所示。

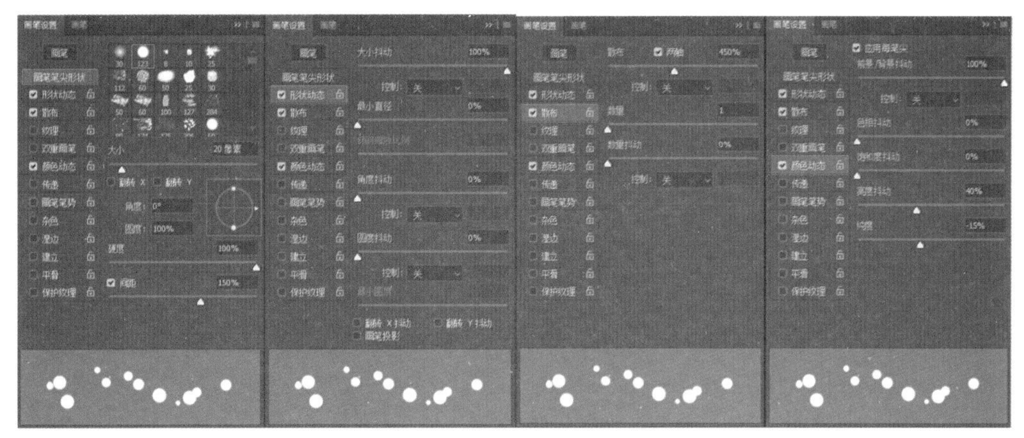

图 5-54

（4）选择工具箱中的“钢笔工具”，“模式”为“路径”，图像上单击鼠标右键，在弹出的列表中选择“描边路径”，如图5-55所示，不钩选“模拟压力”，如图5-56所示，单击“确定”按钮即可。

图 5-55

图 5-56

（5）依次新建图层，将画笔大小分别设为15像素、10像素，其他参数不变，再次进行描边。效果如图5-57所示。

图 5-57

（6）从图中可以看到文字有些过暗，可以执行“图层→图层样式→内发光”命令，在弹出的“图层样式”对话框中，设置相关参数，如图5-58所示，为文字增加一点内发光的白色，让文字更加突出，最终效果如图5-59所示。

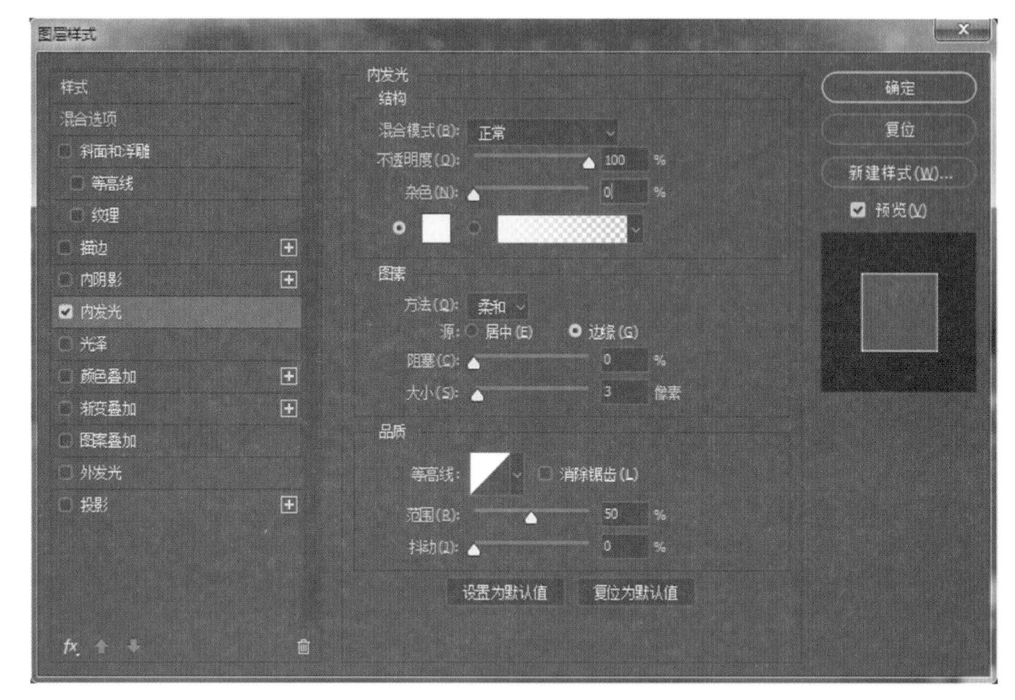
图层样式
样式
混合选项
斜面和浮雕
等高线
纹理
描边
内阴影
内发光
光泽
颜色叠加
渐变叠加
图案叠加
外发光
投影
内发光
结构
混合模式(B): 正常
不透明度(O): 100 %
杂色(N): 0 %
图素
方法(Q): 柔和
源: 居中(E) 边缘(G)
阻塞(C): 0 %
大小(S): 3 像素
品质
等高线: 消除锯齿(L)
范围(R): 50 %
抖动(J): 0 %
设置为默认值
复位为默认值
确定
复位
新建样式(W)...
预览(V)

图 5-58

Happy
2020

图 5-59

第6章

矢量工具，创作风格独特的绘画效果

课程介绍

Photoshop CC具有强大的绘画功能，不仅可以绘制一般的位图图形，还可以绘制高质量的矢量图形。通常用来绘制矢量图形的工具主要有钢笔工具和形状工具，钢笔工具可以精确、便捷地绘制出不规则图形，而形状工具则用来绘制规则图形。本章主要学习这些工具的应用以及路径的编辑。

学习重点

- 了解矢量图形的特征。
- 熟练掌握钢笔工具、形状工具、路径选择工具的使用。
- 学习路径的编辑。

6.1 钢笔工具组

钢笔工具组属于矢量绘图工具，是非常常用的工具之一，可以用它来绘制路径、获取选区、抠图等，应用比较广泛。所以熟练运用钢笔工具组是我们必须熟练掌握的技能之一。

6.1.1 绘图模式选择

在使用“钢笔工具”或“形状工具”绘制图形时，首先需要选择绘图的模式。一般分为“形状”“路径”“像素”三种模式，如图6-1所示。图6-2为三种不同的绘图模式。

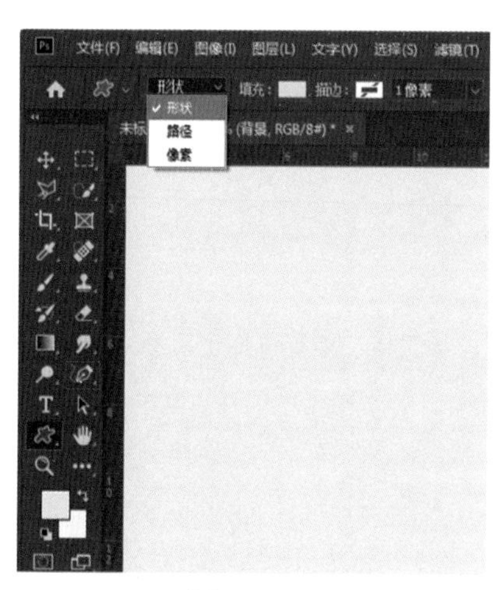

图 6-1

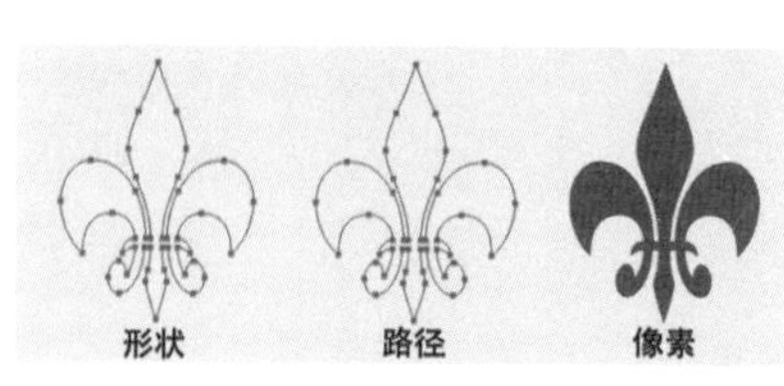

图 6-2

形状：由填充区域和形状两部分组成，会自动填充颜色，自动生成“形状图层”，通过移动锚点可以改变其形状。

路径：只绘制路径，不自动填充颜色。打开“路径”面板，可以填充、描边路径，也可以把路径转化为选区。

像素：此模式下绘制出的是位图图像，以前景色填充绘制区域。

提示 “钢笔工具”无法使用“像素”模式。“形状”是绘制矢量图形最常用的模式，“路径”常用来创建选区，“像素”则用于快速绘制常见的几何图形。

6.1.2 钢笔工具

“钢笔工具”通常用来描绘路径，勾画出精确的直线和平滑的曲线，在缩放或者变形之后仍能保持平滑效果。下面我们来学习“钢笔工具”的使用。

打开一张图片，在工具箱中选择“钢笔工具”，“模式”选择“路径”，单击画面即可生成锚点，接着在第二个位置上单击创建第二个锚点，两个锚点之间便连成了一条直线路径，如图6-3所示。

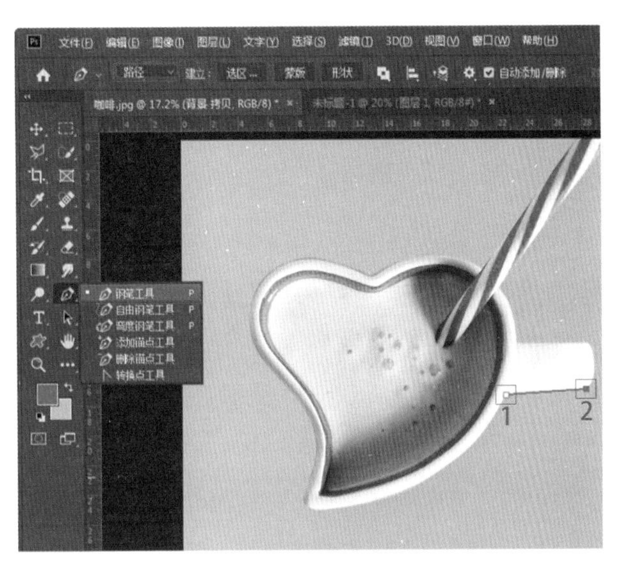

图 6-3

如果要创建曲线路径，单击第二个锚点时按住鼠标左键不放，并进行拖曳，即可得到曲线路径。释放鼠标后，可以通过拖动方向线再次调整路径形状，如图6-4所示。

图 6-4

如果要创建封闭路径，可以依次沿边缘单击创建锚点并调整，最后单击起始锚点，即可得到闭合路径，如图6-5所示。打开“路径”面板，单击“将路径作为选区载入■”按钮，即可得到选区，如图6-6所示。

图 6-5

图 6-6

6.1.3 自由/弯度钢笔工具

运用“自由钢笔工具”可以随意绘图，就像用画笔在纸上作画一样。单击工具箱中的“自由钢笔工具”，在画面中按住鼠标左键拖曳即可绘制路径，如图6-7所示。路径的形状为光标运动的轨迹，且自动添加锚点。

运用“弯度钢笔工具”在绘制路径时会自动弯曲，单击工具箱中的“弯度钢笔工具”，然后在画面中单击鼠标，第一个锚点和第二个锚点会自动连接成直线路径，如果第三个锚点与第一、第二个锚点不在同一条直线上，那么三个锚点就会形成一条曲线路径，如图6-8所示。

图 6-7

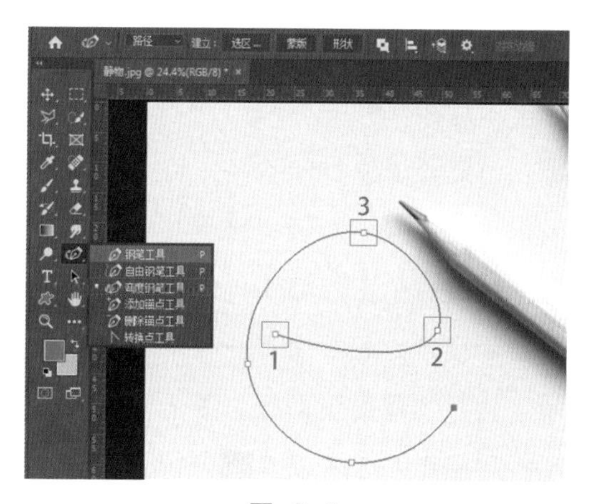

图 6-8

提示 使用“弯度钢笔工具”绘制完路径后，如果对路径形状不满意，可以用鼠标按住锚点进行拖曳，以此调整形状。

6.1.4 添加/删除锚点

在使用“钢笔工具”绘制路径时，为了更精确地调整路径，有时候需要增加或删除锚点，这时可以通过单击工具箱中的“增加锚点工具”或“删除锚点工具”来实现。图6-9是为路径添加锚点，图6-10是为路径删除锚点。

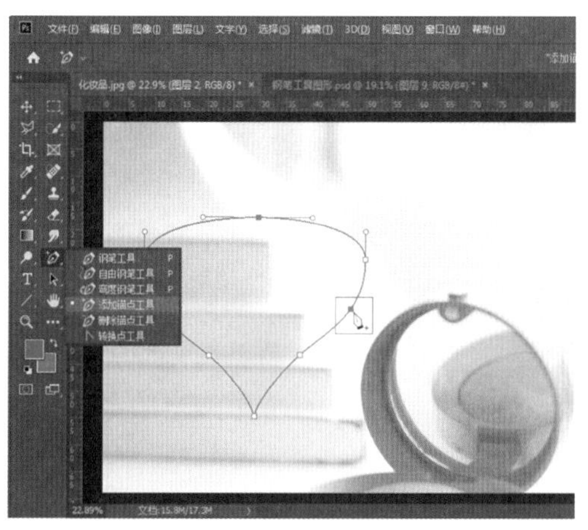

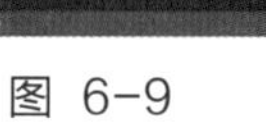

图 6-9

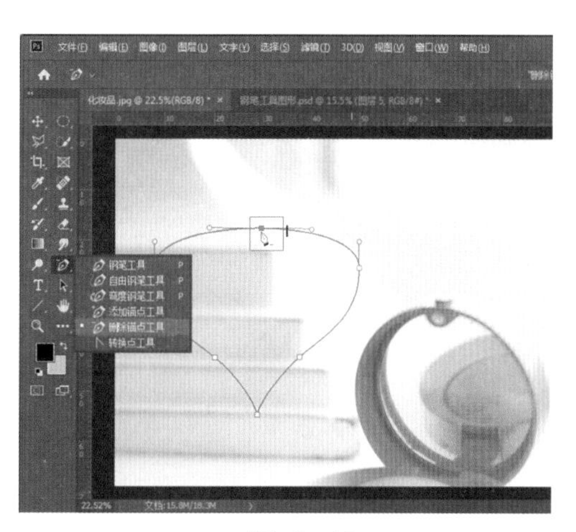

图 6-10

提示 在“钢笔工具”状态下，只需要将光标放在路径上，当光标变为 状态时，单击即可增加锚点；将光标放在锚点上，光标变为 状态时，单击即可删除锚点。

6.1.5 转换点工具

在绘制一个复杂的路径时，有时候会既有直线路径，又有曲线路径，如图6-11所示。因此，锚点也就有了平滑点和角点之分。

“转换点工具”可以将角点转换为平滑点，如图6-12所示，也可以将平滑点转换为角点，如图6-13所示。具体操作是：单击工具箱中的“转换点工具”，然后在画面中单击路径上的锚点，即可转换。

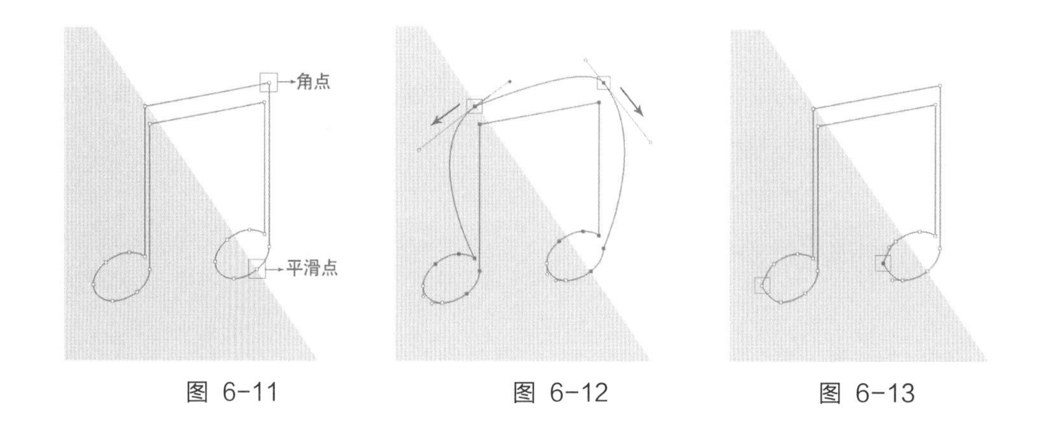

图 6-11　　图 6-12　　图 6-13

实战练习：使用钢笔工具制作小背心

钢笔工具可以精确地绘制图形，下面我们用钢笔工具来绘制一件小背心。

（1）按“Ctrl+N”新建一个文档，选择工具箱中的“钢笔工具”，并设置绘制模式为“路径”，拉出参考线，然后将光标移到画面中，单击确定一个起始点，然后移到下一个位置，单击即可绘制一条直线，继续单击下一个点并按住鼠标拖曳出曲线，如图6-14所示，依次绘制出衣服的路径，如图6-15所示。

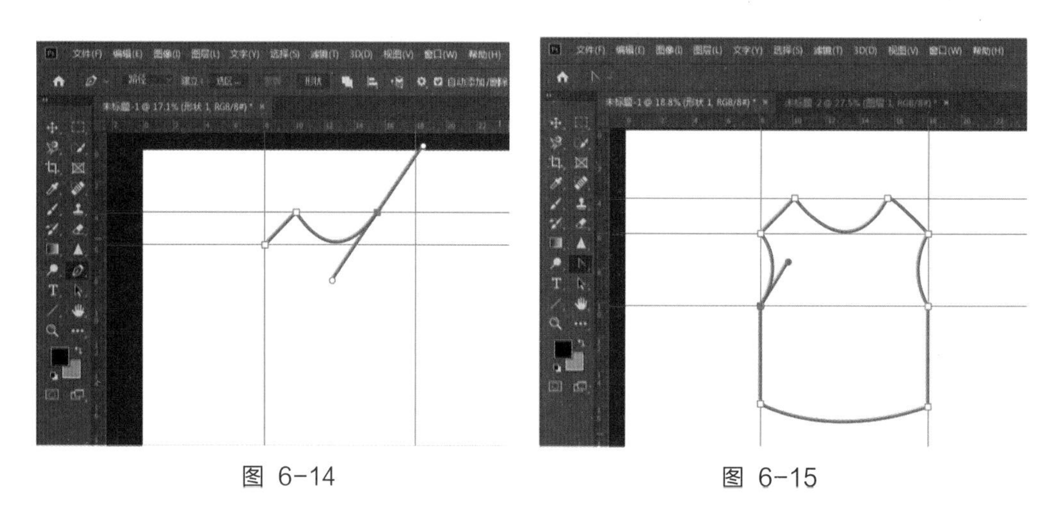

图 6-14　　图 6-15

（2）选中“路径”图层，单击鼠标右键选择“栅格化图层”，再单击“路径”面板下方的■按钮，将路径转为选区，然后设置前景色为黄色，按“Alt+Delete”键填充。执行“编辑→描边”命令，描边为“1”个像素，如图6-16所示。

（3）背心的大体轮廓绘制好后，接着绘制领口线。新建一个图层，单击“钢笔工具”，在选项栏中设置相关参数，用同样的方法绘制出领口路径，栅格化图层，然后单击“路径”面板下方的▒按钮，将路径转为选区。执行“编辑→描边”命令，颜色设置为黑色，描边“1”个像素，如图6-17所示。

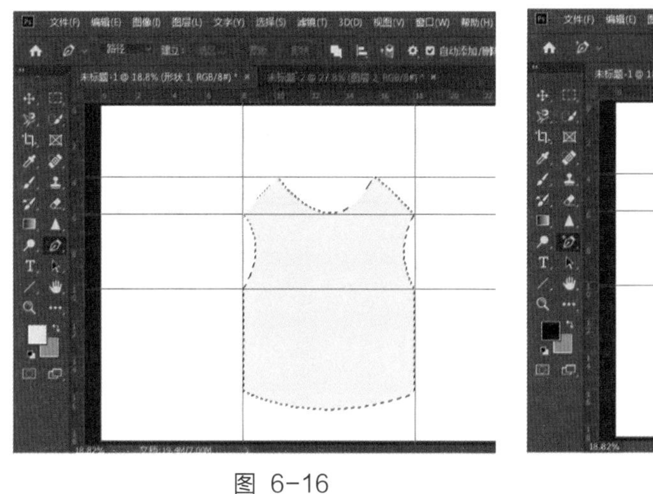

图 6-16

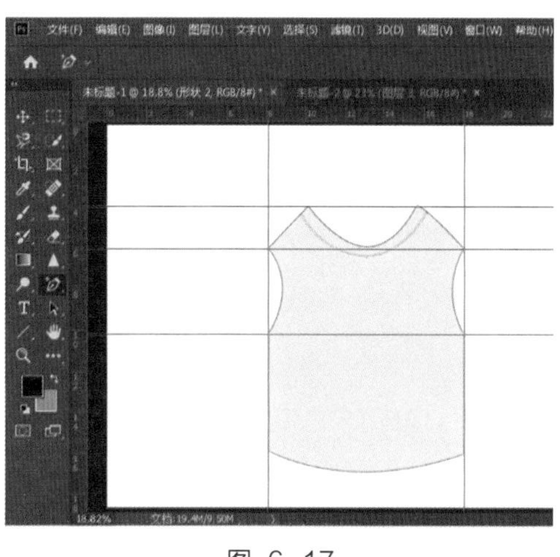

图 6-17

（4）依旧选择“钢笔工具”，“描边”样式为虚线，为衣服绘制辑明线，操作和绘制领口线一样，效果如图6-18所示。

（5）执行“文件置入嵌入对象”命令，置入素材“小孩”，缩放到合适位置，单击Enter健完成置入。将图片栅格化之后，在图层面板中设置“混合模式”为“正片叠底”，最终效果如图6-19所示。

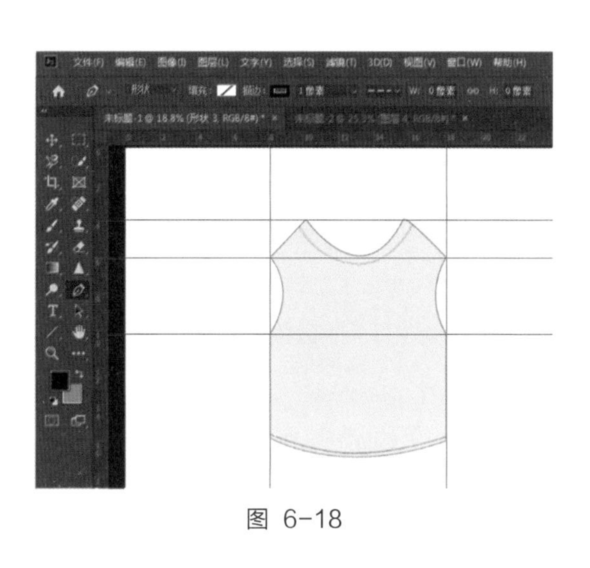

图 6-18

图 6-19

6.2 形状工具组

形状工具组提供了多种规则的形状图形以及自定义形状图形，主要有矩形、圆角矩形、椭圆、多边形、直线、自定义图形六种。通过“形状工具组”可以快速地绘制各种图形。

6.2.1 矩形工具

矩形工具可以用来绘制长方形和正方形。单击工具箱中的“矩形工具”，将光标移到画面中，按住鼠标左键拖曳即可绘制长方形；按住Shift键的同时拖曳可绘制正方形，如图6-20所示。单击工具选项栏中的按钮，可打开设置面板，如图6-21所示。

图 6-20

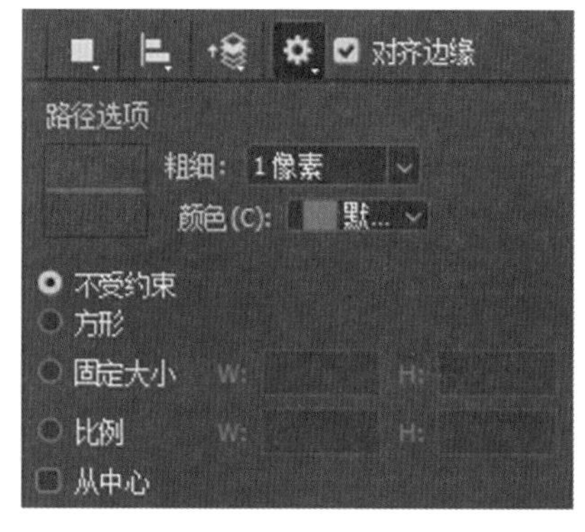

图 6-21

不受约束：单击选该选项，拖曳鼠标可以绘制任意大小的长方形和正方形。

方形：单击该选项，只能创建任意大小的正方形。

固定大小：单击该选项，设置宽度（W）和高度（H）的数值，然后在画面中单击鼠标即可创建矩形。

比例：单击该选项，设置宽度（W）和高度（H）的比例，绘制的矩形无论大小将始终保持预设的比例。

从中心：单击该选项，绘制矩形时，鼠标单击的点即为矩形的中心，拖曳鼠标，矩形将以第一次单击点为中心放大或缩小。

6.2.2 圆角矩形工具

在设计中，带有圆角的矩形也是常用的形状。“圆角矩形工具”的绘制方法与“矩形工具”一样，唯一不同的是多了“半径”这个选项，如图6-22所示。通过设置“半径”数值，可以改变圆角范围的大小，图6-23是半径为200像素绘制的圆角矩形效果。

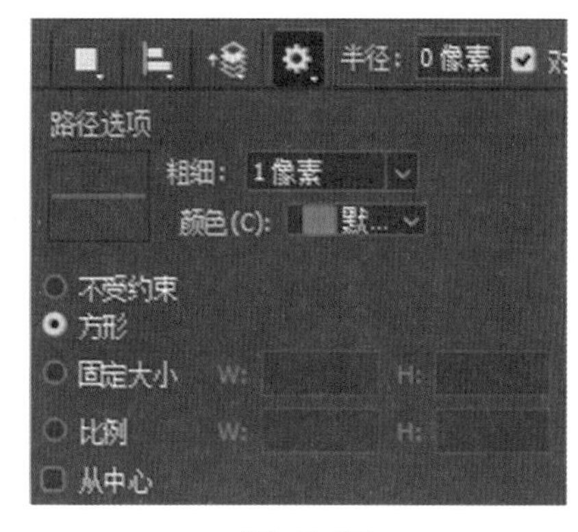

图 6-22

图 6-23

6.2.3 椭圆工具

“椭圆工具”可以绘制椭圆和圆形，单击工具栏中的“椭圆工具”，然后在画面中拖曳鼠标即可绘制椭圆，按住Shift键的同时拖曳鼠标可绘制圆形。图6-24是绘制椭圆和圆形的组合图形效果。也可以左键单击画面，弹出“创建椭圆”对话框，设置宽度和高度的数值，单击“确定”即可，如图6-25所示。如果想要更换绘制图形的颜色，可单击右边“属性”面板中的色块进行颜色选择，如图6-26所示。

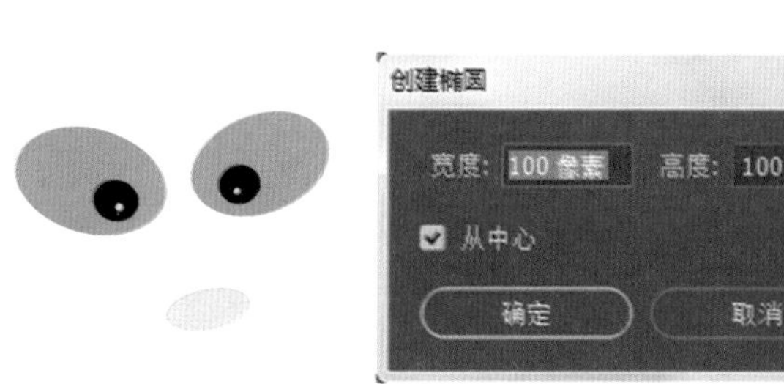

图 6-24　　图 6-25

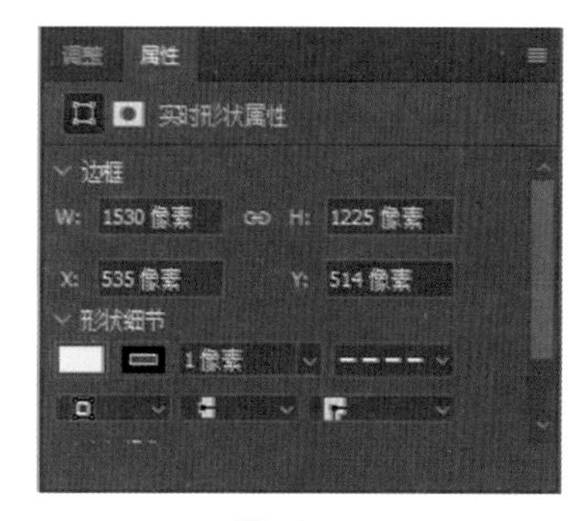

图 6-26

6.2.4 多边形工具

“多边形工具”可以绘制各种多边形和星形，选择工具箱中的“多边形工具”，接着单击工具选项栏中的按钮，打开下拉面板，可以设置多边形和星形的相关参数，如图6-27所示，然后在画面中按住鼠标左键拖曳即可绘制各种多边形和星形。

边：设置多边形的边数。

半径：设置多边形和星形的半径长度。

平滑拐角：钩选该选项，可以使绘制的多边形或星形的拐角变得平滑。图6-28是未钩选“平滑拐角”和钩选后的效果对比。

图 6-27

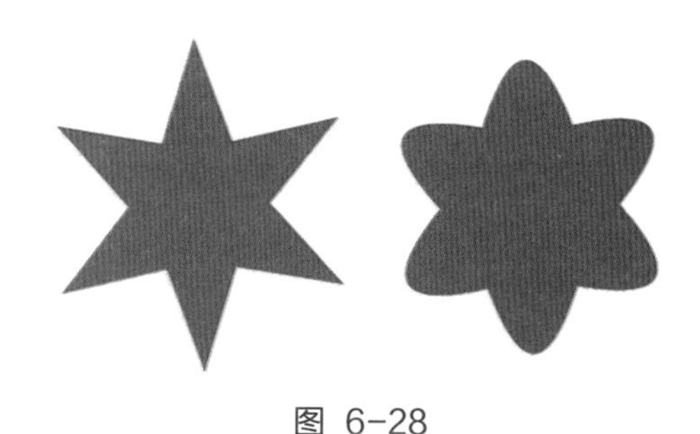

图 6-28

星形：钩选该选项，可以绘制星形。“缩进边依据”设置星形边缘向中心缩进的百分比，数值越大缩进量越大，图6-29分别是数值为30%和60%的效果。

平滑缩进：钩选该选项，可以使星形的每条边向中心平滑缩进，如图6-30所示。

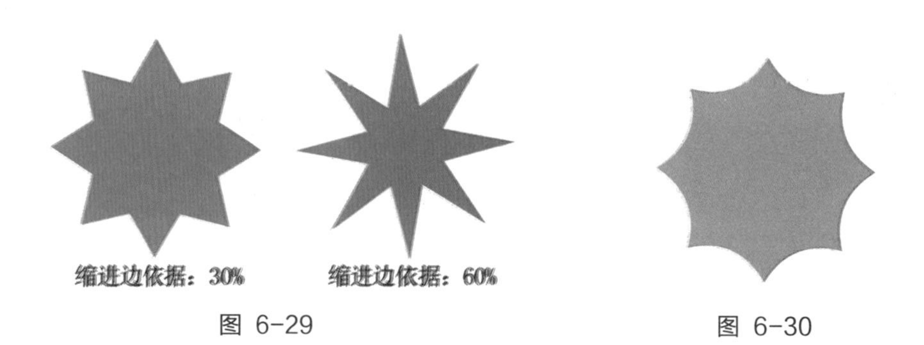

图 6-29　　图 6-30

6.2.5 直线工具

“直线工具”主要用来绘制直线和带有箭头的线段。选中工具箱中的“直线工具”，然后在工具选项栏中设置填充颜色、粗细等。单击⚙按钮打开下拉面板，还可以设置箭头选项，如图6-31所示。

图 6-31

粗细/颜色：设置直线或带箭头线段的粗细和颜色。

起点/终点：钩选“起点”会在绘制的起点出现箭头，钩选“终点”则会在绘制的终点出现箭头，全部钩选则两端都会出现箭头，如图6-32所示。

宽度：设置箭头宽度与直线宽度的百分比，数值范围为10%～1000%。图6-33分别是箭头宽度数值为300%、600%、1000%的效果。

长度：设置箭头长度与直线长度的百分比，数值范围为10%～5000%。图6-34分别是箭头长度数值为300%、600%、1000%的效果。

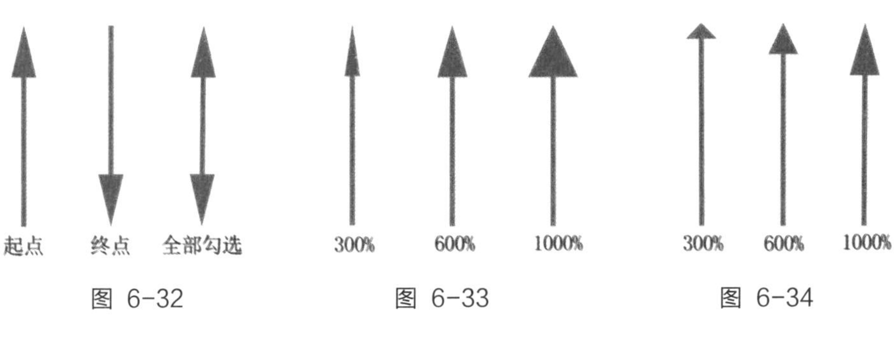

图 6-32　　图 6-33　　图 6-34

凹度：设置箭头的凹陷程度，数值范围为-50%～50%。图6-35分别是凹度为-50%、0%、50%的效果。

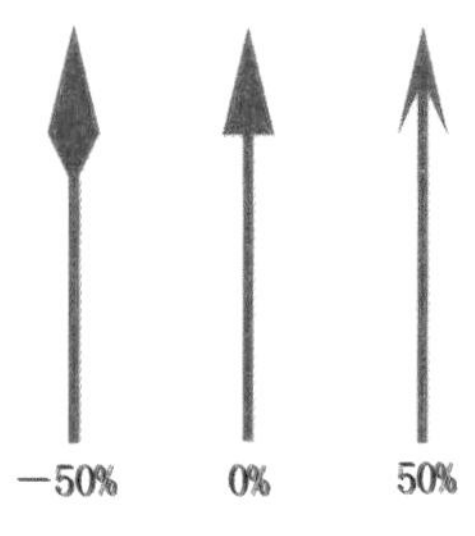

图 6-35

6.2.6 自定形状工具

“自定形状工具”提供了非常多的预设形状，选中工具箱中的“自定形状工具”，在工具选项栏中单击“形状”右边的按钮，在下拉列表中选择任意一种形状，然后在画面中拖曳鼠标即可绘制该形状。

如果下拉列表中的形状太少，可以单击右边的按钮，在下拉列表中选择“全部”，如图6-36所示，会弹出“Adobe Photoshop”对话框，如图6-37所示。单击“确定”或“追加”即可把形状组的形状载入到面板中。

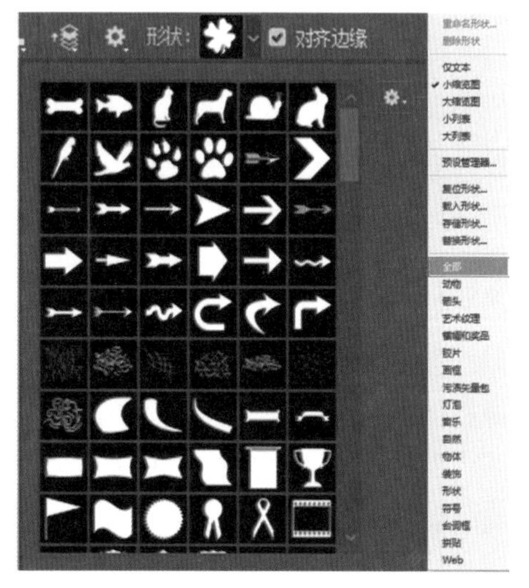

图 6-36

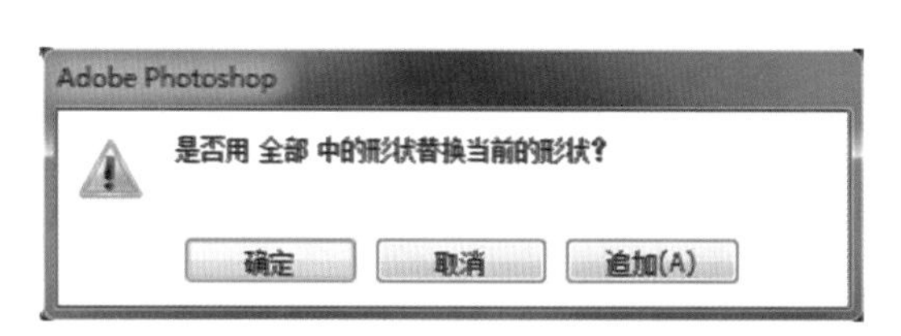

图 6-37

实战练习：利用形状工具制作云朵

钢笔工具可以很精确地绘制复杂的图像。其实利用形状工具的组合也可以绘制一些复杂的图像，比如天气预报的云朵。

（1）按快捷键“Ctrl+N”，新建一个文档，选择工具箱中的“圆角矩形工具”，绘制一个圆角矩形，填充为浅蓝色，如图6-38所示。

（2）新建一个图层，选择工具箱中的“椭圆工具”，绘制一个正圆，填充为橘黄色，作为太阳，如图6-39所示。

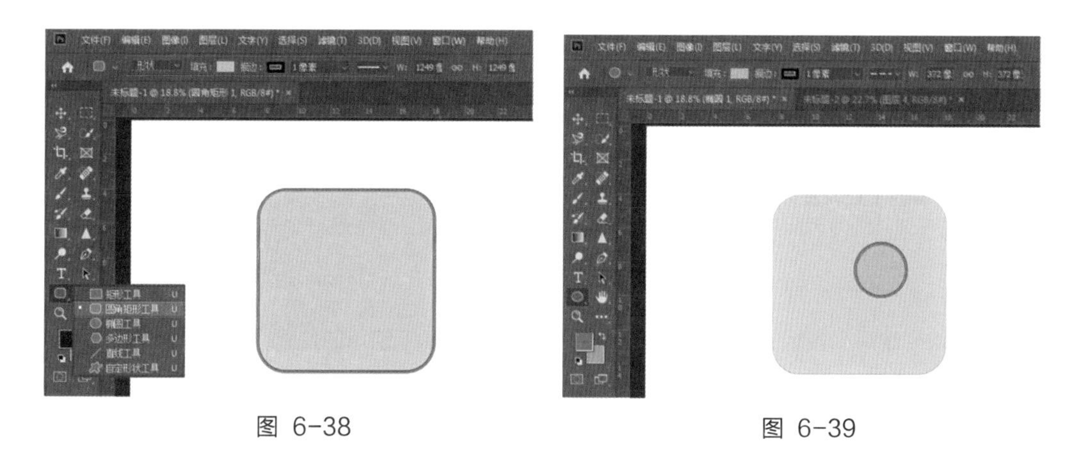

图 6-38　　　　图 6-39

（3）再分别新建一个图层，绘制一大一小两个白色正圆，拖动使三个圆交叠在一起，如图6-40和图6-41所示。

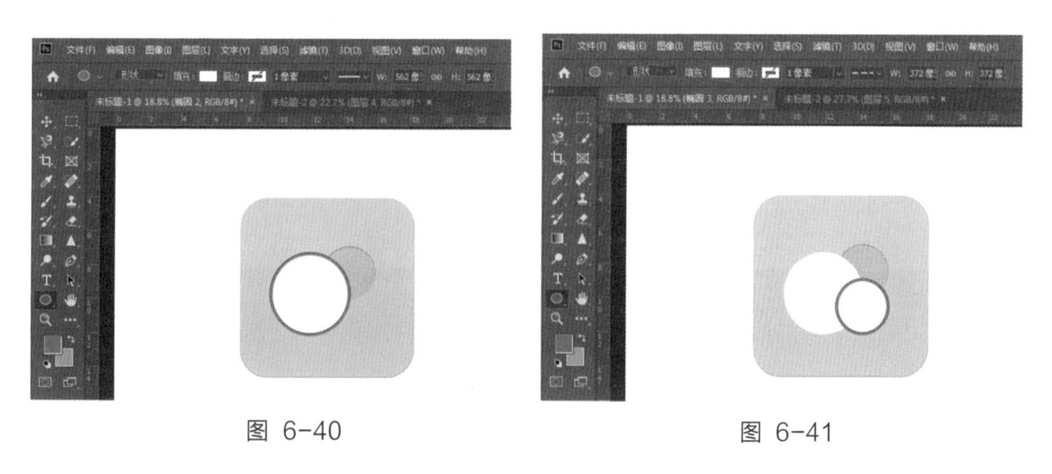

图 6-40　　　　图 6-41

（4）可以看到，下面两个圆之间存在空隙，这时选择工具箱中的“矩形工具”，在空隙处绘制一个矩形，然后填充白色，如图6-42所示，最终效果如图6-43所示。

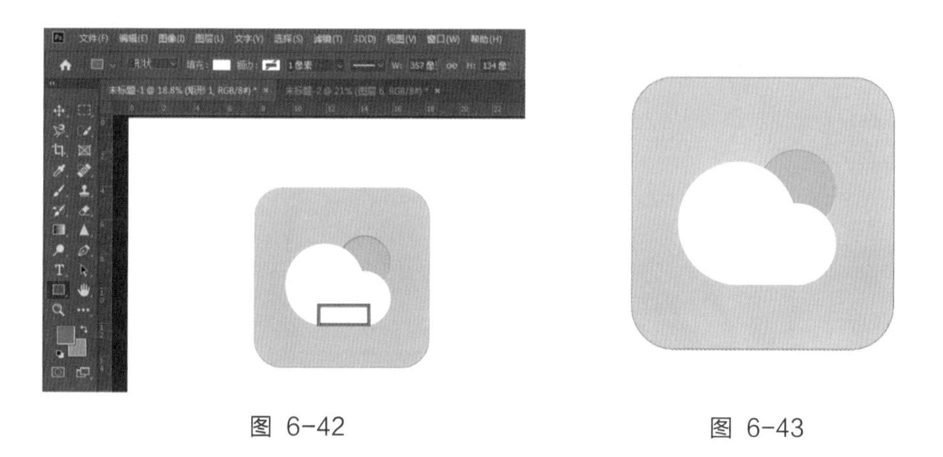

图 6-42　　　　图 6-43

6.3 路径选择工具组

路径选择工具组主要用来调整路径，比如移动路径上锚点的位置，以制作形态各异的路径图形，包括“路径选择工具”“直接选择工具”两个选项。

6.3.1 路径选择工具

“路径选择工具”主要用来整体移动形状，其使用方法类似于“移动工具”，只不过“移动工具”是移动选取区域，而“路径选择工具”是移动路径。

单击工具箱中的“路径选择工具”按钮，在画面中单击路径并按住鼠标即可拖动，如图6-44所示。

图 6-44

路径运算：单击工具选项栏中的按钮，可以通过选择得到两个路径合并、减去、相交、重叠的结果。其运算方式与选区的运算是一样的。

对齐方式：在有多个路径的情况下，设置路径的对齐与分布。

路径排列：设置路径的层级排列。

6.3.2 直接选择工具

“直接选择工具”不仅可以移动路径的位置，还可以对锚点、控制手柄、一段路径进行移动、改变方向和形状操作。

单击工具箱中的“直接选择工具”按钮，将光标移到路径上，单击锚点并按住鼠标左键即可拖动选中的锚点，如图6-45所示；拉动控制手柄拖动可以改变路径的形状，如图6-46所示；在画面中按住鼠标左键拉动框选部分锚点，可移动选中的锚点，如图6-47所示。框选所有锚点，则可以移动整个路径。

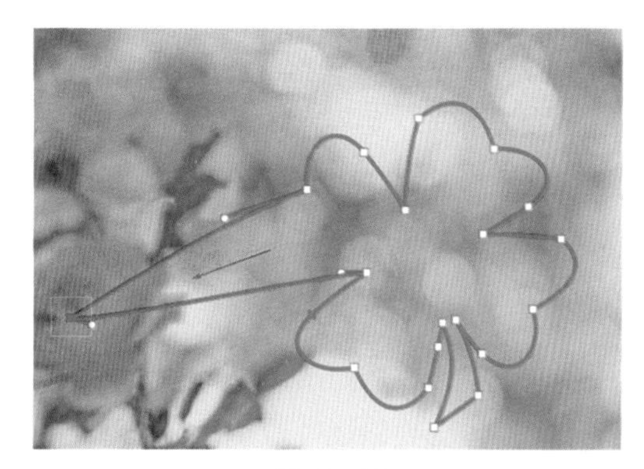

图 6-45

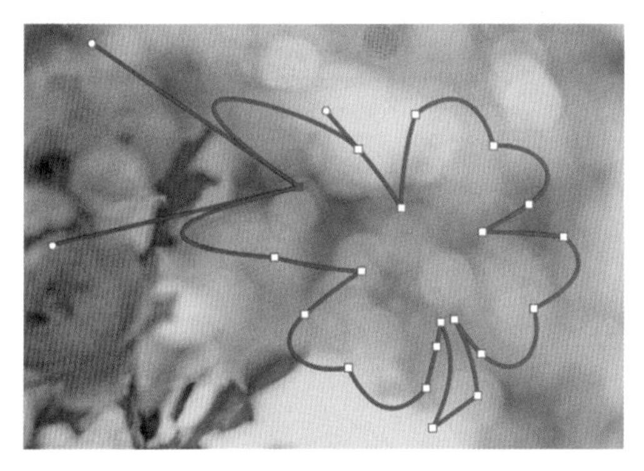

图 6-46

图 6-47

提示　按住Ctrl键，单击路径可以在“直接选择工具”和“路径选择工具”之间进行切换。

6.4 路径的编辑与管理

路径虽然是一种“非实体”对象，但依旧可以对它进行移动、变换、建立选区、填充等操作。掌握路径的编辑，可以更加便捷地绘制各种各样的图形。

6.4.1 变换路径

选择路径，执行“编辑→变换路径”命令或按“Ctrl+T”快捷键即可调出变换定界框，按住鼠标左键拖动定界框，可以缩放路径。单击鼠标右键，可弹出“自由变换路径”对话框，在下拉列表中可选择多项变换命令，如图6-48所示。变换路径与变换图像的方法相同，这里不再详述。

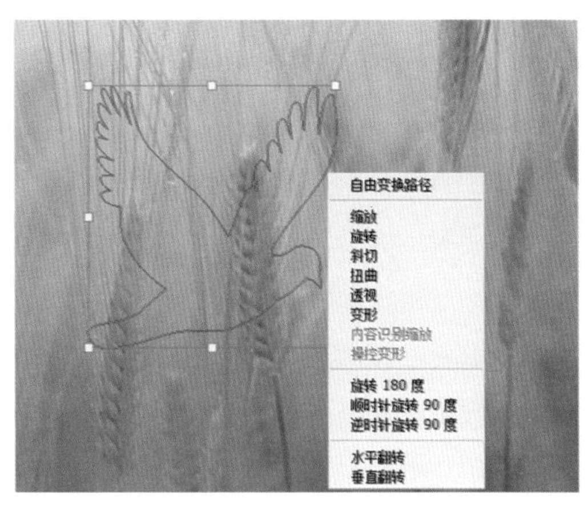

图 6-48

6.4.2 填充/描边路径

“路径”对象与选区、形状不同，不能直接通过工具选项栏来填充或描边，而是要通过“填充路径”“描边路径”命令来执行。

1. 填充路径

用“钢笔工具”或“形状工具”绘制一个路径，然后单击鼠标右键，在下

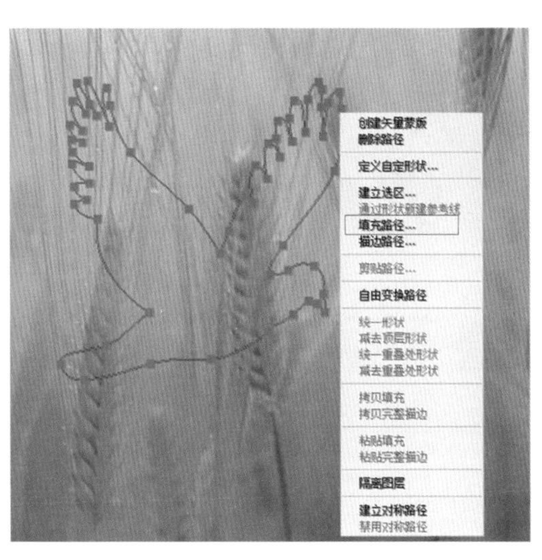

图 6-49

拉列表中选择“填充路径”命令，如图6-49所示。单击弹出“填充路径”对话框，如图6-50所示，设置内容与“填充”对话框一样。设置相关参数后，单击“确定”按钮即可。图6-51为填充前景色为白色后的效果。

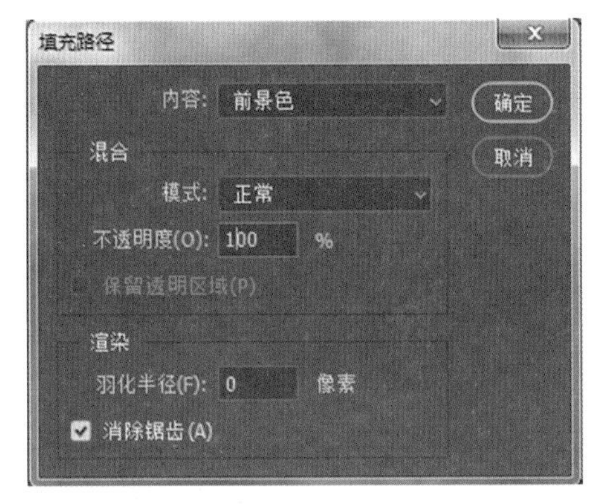

图 6-50

图 6-51

2. 描边路径

同样先绘制一个路径，单击鼠标右键，在下拉列表中选择“描边路径”命令。单击弹出“描边路径”对话框，如图6-52所示，单击“工具”右边的倒三角按钮，在下拉列表中可选择铅笔、画笔、橡皮擦、仿制图章等进行描边。图6-53是用画笔描边的效果。

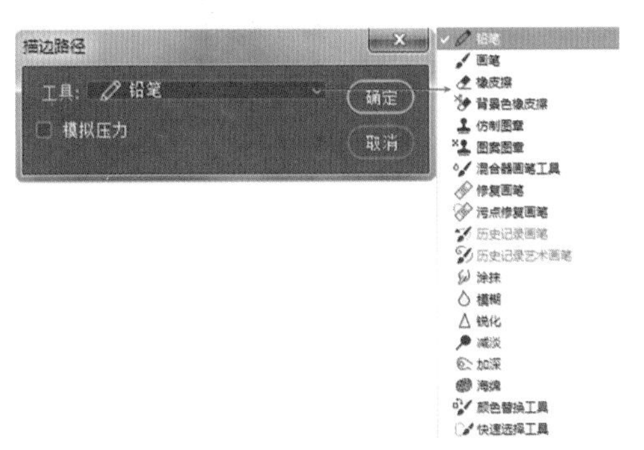

图 6-52

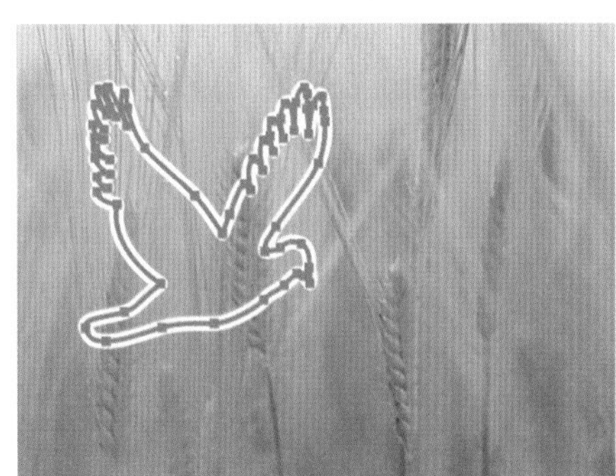

图 6-53

提示 钩选“模拟压力”可以模拟手绘描边效果。设置好画笔参数后，在使用画笔状态下按Enter键可直接对路径进行描边。

6.4.3 路径与选区的转换

在设计或绘画中，很多时候绘制路径就是为了获得选区。在Photoshop CC中，如果想要将路径转换为选区，可以在路径上单击鼠标右键，在弹出的下拉列表中选择“建立选区”命令，如图6-54所示。单击弹出“建立选区”对话框，如图6-55所示，可以设置“羽化半径”，像素越大选区边缘模糊程度越大，单击“确定”按钮，即可将路径转换为选区，效果如图6-56所示。

图 6-54

图 6-55

图 6-56

提示 在“路径”面板中，单击下面的按钮，也可以将路径转换为选区；如果想要快速地将路径转换为选区，按“Ctrl+Enter”快捷键即可。

6.4.4 复制/删除路径

复制路径的方法很简单，先单击工具箱中的“路径选择工具”按钮，然后在按住Alt键的同时按住鼠标左键拖动路径，即可复制出一个相同的路径。同样，单击工具箱中的“路径选择工具”按钮，再单击要删除的路径，按Delete键即可；如果选择“直接选择工具”按钮，通过单击单个锚点，再按Delete键即可删除连接这个锚点的路径。

第7章 滤镜，玩转各种特效的“魔法师”

课程介绍

对于摄影爱好者来说，熟练地应用各种滤镜功能是一项必备的技能。Photoshop CC提供了强大的滤镜组，有的滤镜通过简单的几个步骤就可以使图片变得更加艺术化，有的滤镜则需要相互配合才能产生理想的效果。本章将详细讲述各种滤镜的特征和使用方法。

学习重点

- 认识和了解滤镜。
- 熟练掌握液化滤镜、模糊滤镜、锐化滤镜等常用滤镜的使用方法。
- 熟记其他滤镜的效果。

7.1 特殊滤镜组

通常来说，在Photoshop CC中，滤镜包括内置滤镜和外挂滤镜，内置滤镜又分为特殊滤镜组和滤镜组。滤镜的操作方法比较简单，但是要获得完美的效果则需要一定的功底。因为滤镜效果的调节程度，完全取决于个人。这就要求我们不仅要拥有熟练操作滤镜的能力，还要有丰富的想象力，这样才能玩好“滤镜”。

7.1.1 滤镜库

滤镜主要用于图片的后期处理，即对原有的画面进行艺术过滤，使它给人以更好的视觉感受。“滤镜库”中集合了多种滤镜，可以对图片进行单个滤镜的应用或多个滤镜叠加的应用。

（1）打开一张图片，如图7-1所示。执行“滤镜→滤镜库”命令，打开“滤镜库”对话框，如图7-2所示，单击选择滤镜组中的滤镜，设置参数即可获得想要的效果。

图 7-1

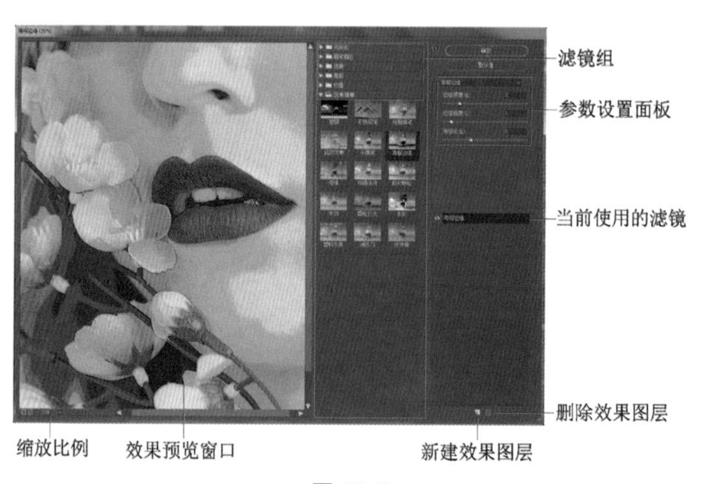

图 7-2

（2）如果想获得多个叠加的滤镜效果，可以单击“新建效果图层”，然后再选择一个滤镜，如图7-3所示。这样第二个滤镜就会叠加在第一个滤镜上，单击“确定”按钮，效果如图7-4所示。

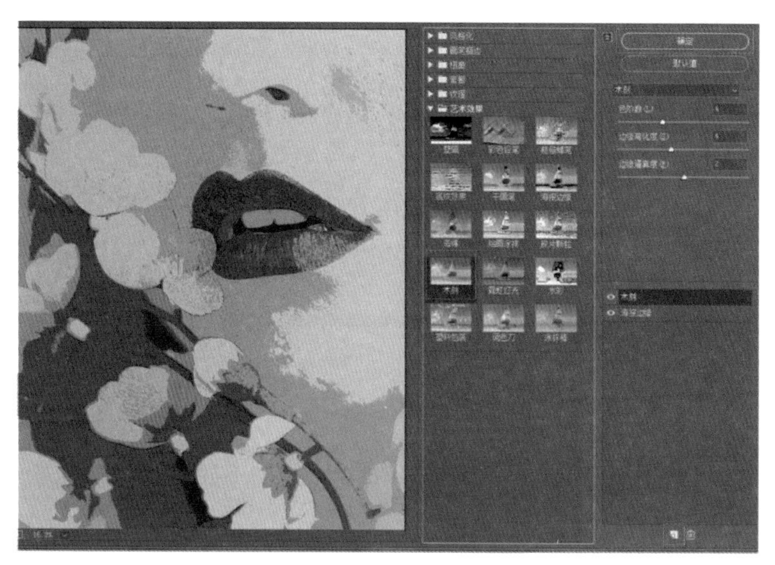

图 7-3

图 7-4

7.1.2 自适应广角

图 7-5

图 7-6

鱼眼、超广角、广角镜头是拍摄风景的利器，但也很容易造成变形。如果在使用这些镜头拍摄的过程中照片出现了变形该怎么办呢？使用Photoshop CC中的“自适应广角”滤镜可以很好地解决这一问题。

打开一张变形的图片，如图7-5所示。执行“滤镜→自适应广角”命令，弹出“自适应广角”对话框，选择矫正的方式，拉动“焦距”指针，即可对图片进行矫正，如图7-6所示。

约束工具：单击图像或拖

动端点可添加或编辑约束。按住Shift键单击可添加水平/垂直约束，按住Alt键单击可删除约束。

多边形约束工具：单击图像或拖动端点可添加或编辑多边形约束，单击初始起点可结束约束，按住Alt键单击可删除约束。

移动工具：拖动以在画布中移动内容。

抓手工具：拖动以在窗口中移动图像。

缩放工具：单击或拖动要放大的区域，或是按住Alt键缩小。

7.1.3 镜头校正

“镜头校正”滤镜，可以方便快捷地处理扭曲、歪斜的照片。打开一张待修正的风景照片，如图7-7所示，可以看到镜头发生了畸变，四周还有一些暗角。执行“滤镜→镜头校正”命令，打开“镜头校正”对话框，如图7-8所示。

图 7-7

图 7-8

单击“自定”面板，将“移去扭曲”值设置为+40.00，“晕影数量”设置为40，即可校正图片，图7-9为图片校正后的效果。

图 7-9

移动扭曲工具：向中心拖动或拖离中心以校正失真的图片。

拉直工具：绘制一条线以将图像拉直到新的横轴或纵轴。

移动网格工具：拖动以移动对齐网格。

几何扭曲：用于校正镜头的失真。负值为向外扭曲，正值为向中心扭曲。

色差：用于校正色边。

晕影：用于校正图片的暗角，“数量”用以调整图像边缘的明暗程度，“中点”用以指定受“数量”值影响区域的宽度。

变换：用于校正图片上下或水平的透视畸变，通过“角度”可以校正歪斜的图片，“比例”则可以控制镜头校正的比例。

7.1.4 液化

“液化”滤镜是人像修饰十分常用的命令，它不仅可以瘦脸、瘦身，还可以让眼睛变得更大。通过推、拉、扭曲、收缩即可使人像图片变得更加精美。

（1）打开一张人像图片，如图7-10所示，可以看到模特脸部有些宽，腰部不够细。如果想要瘦脸瘦腰，可以执行“滤镜→液化”命令，打开“液化”对话框，如图7-11所示。

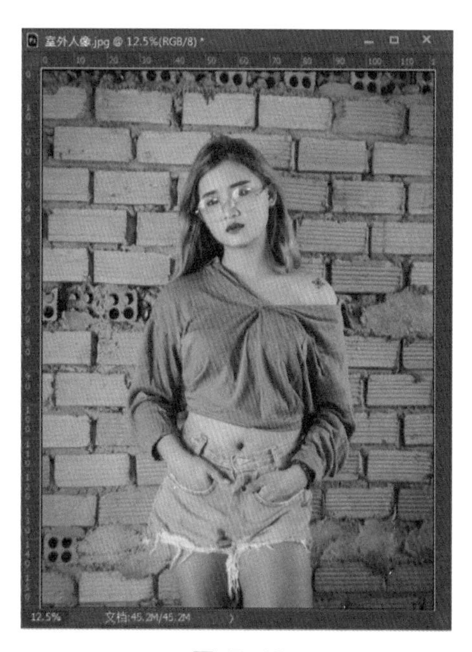

图 7-10

图 7-11

（2）在Photoshop CC中，“液化”滤镜可以自动识别人的五官。点击“脸部工具”按钮，将光标移到脸部，会出现一个变换框，拖动即可对脸部进行缩放，如图7-12所示。此外，还可以对眼睛、鼻子、嘴唇等进行缩放，方法与脸部缩放相同。

图 7-12

选择“向前变形工具”，然后按住鼠标左键在人物腰部拖曳，即可瘦腰。在处理的过程中，可以单击“冻结蒙版工具”，然后在手部涂抹，这样可以使手部不发生变形，如图7-13所示。图7-14为瘦脸瘦腰后的效果。

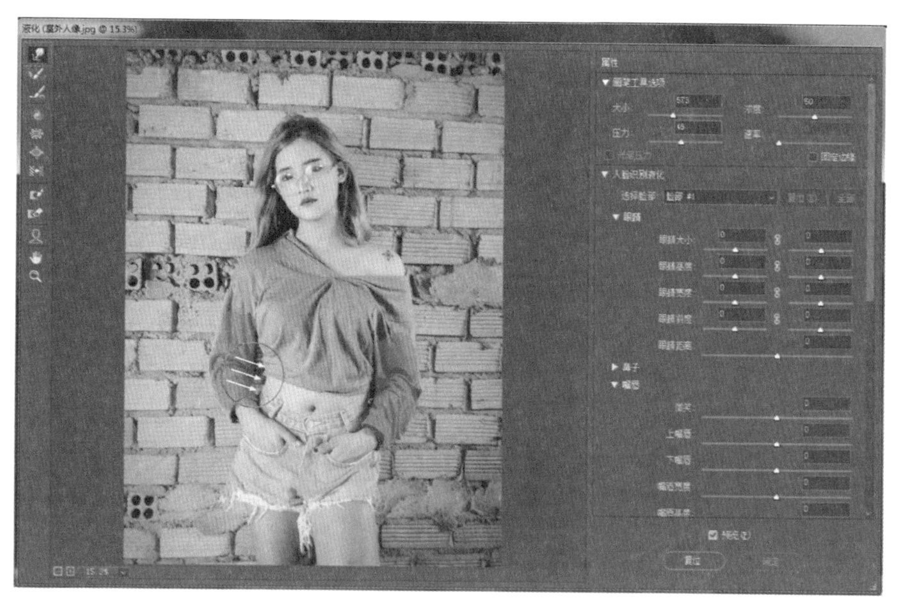

图 7-13

向前变形工具：向前推动像素，使图像发生变形。

重建工具：恢复变形的图像，在变形区域单击或涂抹即可恢复到原来的效果。

平滑工具：对变形区域进行平滑操作。

顺时针旋转扭曲工具：拖曳鼠标可以顺时针旋转像素；按住Alt键拖曳则可以逆时针旋转像素。

褶皱工具：像素向画笔区域的中心移动，让图像产生内缩的效果。

膨胀工具：像素向画笔区域中心以外的方向移动，让图像产生向外膨胀的效果。

左推工具：向上拖曳鼠标，像素向左移动；向下拖曳鼠标，像素向右移动。

图 7-14

冻结蒙版工具：进行涂抹可以冻结不想操作的区域，保护该区域不受变形的影响。

解冻蒙版工具：使用该工具在冻结区域涂抹，可解冻该区域。

脸部工具：使用该工具可以对脸部进行缩放，包括眼睛、鼻子、嘴唇。

提示 在使用"液化"时，画笔的浓度和压力设置为40～50。压力越大，画笔越不容易控制，稍微推动就会变形很明显；压力过小，调整一个部位则要反复推动多次，这样像素被不停地挤压变形，容易破坏原图像素。

7.1.5 消失点

“消失点”滤镜，可以在包含透视平面的图像中进行诸如绘画、仿制、拷贝、粘贴以及变换等编辑操作。使用“消失点”来修饰、添加或移去图像中的内容可以获得更加逼真的效果。

（1）打开一张人像图片，如图7-15所示，先按“Ctrl+A”全选，再按“Ctrl+C”复制到剪贴板中。然后打开一张具有透视的建筑图片，执行“滤镜→消失点”命令，打开“消失点”对话框，单击“创建平面工具”按钮，在修饰对象依次单击绘制出区域，如图7-16所示。

图 7-15

图 7-16

（2）单击“选框工具”按钮，在网格区域拉出选区，设置羽化、透明度等值，如图7-17所示。按“Ctrl+V”粘贴人像图片，按T键或按按钮调整图片大小，如图7-18所示。

（3）把图片拖入选框内，拖动图像到合适的位置，单击确定“按钮”，效果如图7-19所示。

编辑平面工具：用来选择、移动平面的节点，调整平面的大小。

创建平面工具：用于创建透视平面区域，创建过程中，如果节点位置不正确，可以按Backspace取消该节点。

选框工具：单击该按钮，可在创建的透视区域建立选区，按住Alt键拖曳选区，可复制选区内图像，按住Ctrl键拖曳则可以填充源图像。

图 7-17

图 7-18

图章工具：按住Alt键单击可在透视平面内取样，然后在其他区域拖曳鼠标进行仿制。

画笔工具：用于在透视平面上绘制颜色。

变换工具：用于变换选区。

吸管工具：吸取图像的颜色，作为绘画颜色。

测量工具：用于在透视平面内测量项目的距离和角度。

图 7-19

7.2 风格化滤镜

风格化滤镜，主要作用于图像的像素，它可以强化图像的色彩边界，所以图像的对比度对风格化滤镜的影响较大。用它可以创造出很多炫酷的视觉设计效果，比如风吹效果的艺术字，甚至可以营造出一种印象派的图像效果。

7.2.1 查找边缘

“查找边缘”滤镜可以自动识别图像像素对比度变换强烈的边界，制作出具有线条感的画面。打开一张图片，如图7-20所示，执行“滤镜→风格化→查找边缘”命令，无须设置任何参数，即可获得轮廓清晰的线条图片，如图7-21所示。

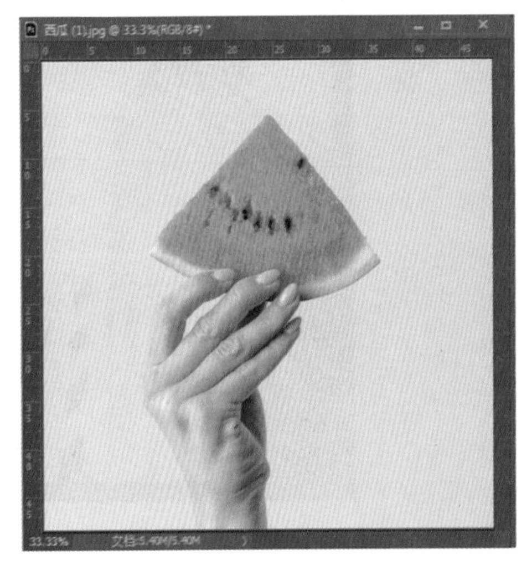

图 7-20

图 7-21

7.2.2 等高线

“等高线”滤镜可以自动识别图像亮部和暗部区域的边界，并用细线条勾勒出轮廓，获得类似于等高线的图片效果。打开一张图片，如图7-22所示。执行“滤镜→风格化→等高线”命令，弹出“等高线”对话框，如图7-23所示。设置好“色阶”参数，单击“确定”按钮即可。

图 7-22

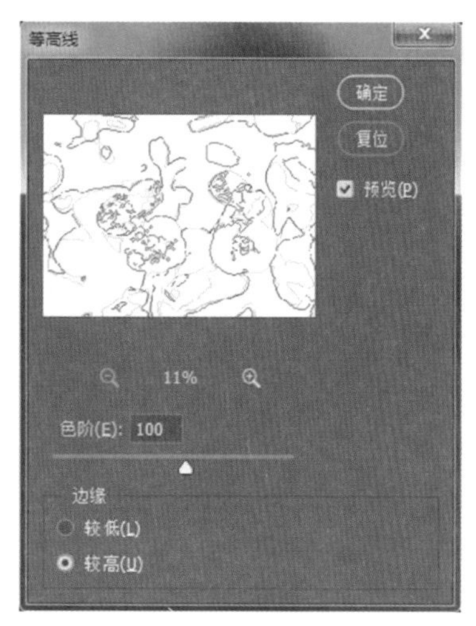

图 7-23

色阶：拉动指针可以调节图像边缘亮度的级别。

边缘：设置处理图像边缘的位置及边界的产生方法，钩选“较低”在基准亮度等级以下轮廓生成等高线，钩选“较高”在基准亮度等级以上轮廓生成等高线。

7.2.3 风

“风”滤镜可以模拟出刮风的效果。打开一张图片，如图7-24所示。执行“滤镜→风格化→风”命令，弹出“风”对话框，如图7-25所示。设置“方法”“方向”选项，可以在预览窗口中看到细小的水平线模拟出的吹风效果，单击“确定”按钮即可完成。

图 7-24

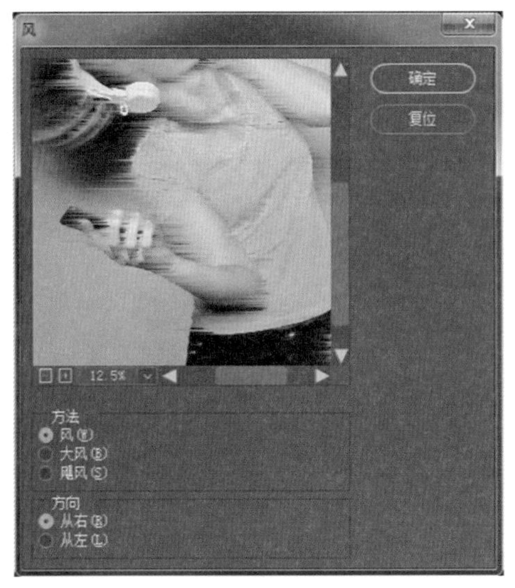

图 7-25

7.2.4 浮雕效果

“浮雕效果”滤镜可以使正常的图片获得像雕刻在木板或石板上的效果。打开一张图片，如图7-26所示，执行“滤镜→风格化→浮雕效果”命令，弹出“浮雕效果”对话框，如图7-27所示。设置相关参数，并在预览窗口中查看效果，单击“确定”按钮完成。

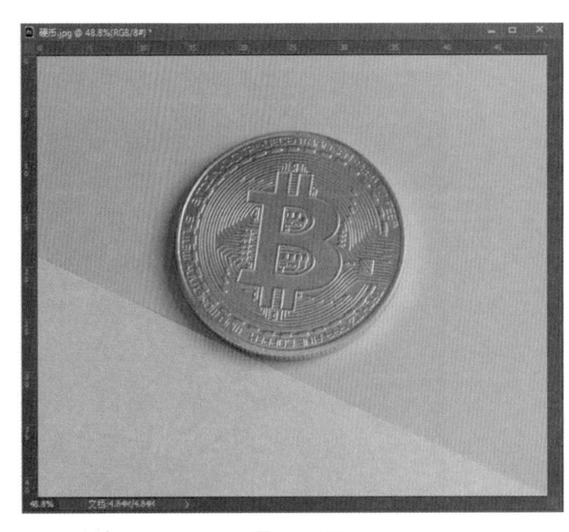

图 7-26

图 7-27

角度：设置浮雕效果的光线方向。光线方向不同，浮雕的凸起位置也不同。

高度：设置浮雕效果的凸起程度，即高度。

数量：设置浮雕效果的范围。数值越大，浮雕效果越明显。

7.2.5 扩散

“扩散”滤镜可以使图片获得像透过磨砂玻璃看物体时的模糊效果。打开一张图片，如图7-28所示。执行“滤镜→风格化→扩散”命令，弹出“扩散”对话框，如图7-29所示。选择合适的模式，单击“确定”按钮完成。

图 7-28

图 7-29

正常：图像的所有区域都得到扩散。

变暗优先：用较暗的像素替换亮部区域的像素，且只有暗部像素进行扩散。

变亮优先：用较亮的像素替换暗部区域的像素，且只有亮部像素进行扩散。

各向异性：使用图像中较暗和较亮的像素产生扩散。

7.2.6 拼贴

“拼贴”滤镜可以把一张完整的图片画面分成若干个小方块，以获得拼图效果。打开一张图片，如图7-30所示。执行“滤镜→风格化→拼贴”命令，弹出“拼贴”对话框，如图7-31所示。设置相关的参数后，单击“确定”按钮，效果如图7-32所示。

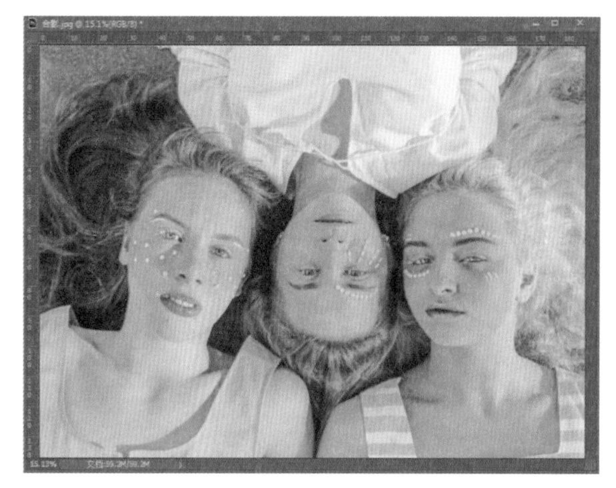

图 7-30

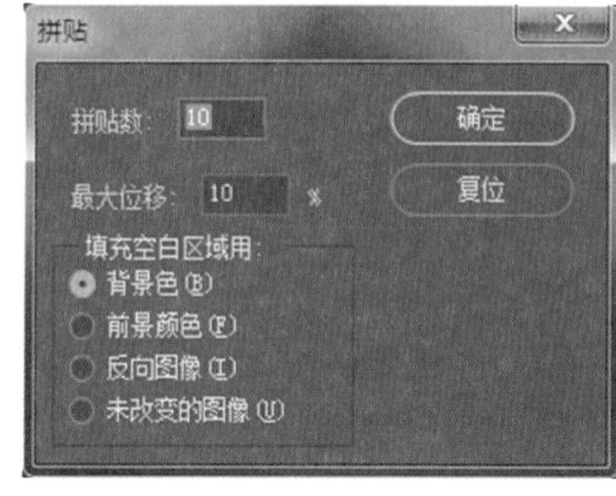

图 7-31

拼贴数：设置图像每行和每列中要分成小方块的数量。

最大位移：设置拼贴偏移原始位置的最大距离。

填充空白区域用：设置填充空白区域的颜色或图案。

图 7-32

7.2.7 曝光过度

“曝光过度”滤镜可以混合正片和负片图像，模拟出暗房中显影过程中过度曝光的效果。打开一张图片，如图7-33所示。执行“滤镜→风格化→曝光过度”命令，无须设置相关参数，效果如图7-34所示。

图 7-33

图 7-34

7.2.8 凸出

图 7-35

“凸出”滤镜可以使画面“飞溅”出具有3D效果的凸出块状或椎体。打开一张图片，如图7-35所示。执行“滤镜→风格化→凸出”命令，弹出“凸出”对话框，如图

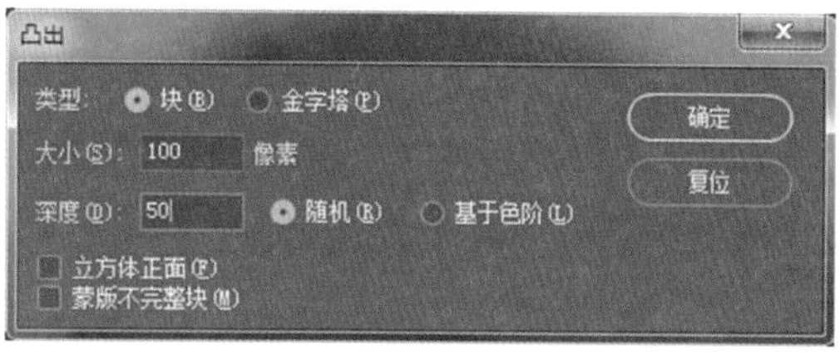

凸出
类型：块(B) 金字塔(P)
大小(S)：100 像素
深度(D)：50 随机(R) 基于色阶(L)
立方体正面(F)
蒙版不完整块(M)
确定
复位

图 7-36

7-36所示。在对话框中设置类型、大小、深度等相关参数，单击“确定”按钮，效果如图7-37所示。

图 7-37

类型：设置效果凸出的类型，包括“块”“金字塔”。

大小：设置单个“块”或“金字塔”底面的大小。

深度：设置“块”或“金字塔”凸出的深度。选择“随机”，每个“块”或“金字塔”设置任意深度；选择“基于色阶”，凸出深度与亮度对应，越亮的区域凸出越多。

立方体正面：钩选该选项，将用块的平均颜色填充立方体正面。

蒙版不完整块：钩选该选项，可以隐藏所有延伸出选区的对象。

7.2.9 油画

油画效果是在图像边缘产生一种朦胧、雾化的效果，同时将边缘模糊化。“油画”滤镜可以使正常的照片获得油画般的效果。打开一张图片，如图7-38所示。执行“滤镜→风格化→油画”命令，弹出“油画”对话框，如图7-39所示，设置“画笔”“光照”相关参数，单击“确定”按钮，效果如图7-40所示。

图 7-38

图 7-39

描边样式：用于设置笔触的样式。

描边清洁度：设置纹理的柔化程度。数值越小，纹理块状化越明显；数值越大，纹理越清晰。

缩放：设置纹理的缩放程度，即纹理的大小。

硬毛刷细节：设置画笔细节，数值越大纹理越清晰。

角度：设置光线照射的方向。

闪亮：控制纹理的清晰度，可以产生锐化的效果。

图 7-40

7.3 模糊滤镜

模糊滤镜可以使清晰的图像产生不同程度的模糊效果。它的原理是以像素点为单位，稀释并扩展该点的色彩范围，从而获得模糊效果。在最新版的Photoshop CC中包含了十一种模糊滤镜，可以用来虚化背景、磨皮等。

7.3.1 表面模糊

“表面模糊”滤镜可以使相近颜色的画面更加融合，在模糊的同时保留边缘，常用于消除杂色或降噪。打开一张图片，如图7-41所示，执行“滤镜→模糊→表面模糊”命令，弹出“表面模糊”对话框，如图7-42所示，设置“半径”为5像素，“阈值”为10色阶，单击“确定”按钮，可见人物的皮肤变得更加细腻了，效果如图7-43所示。

图 7-41

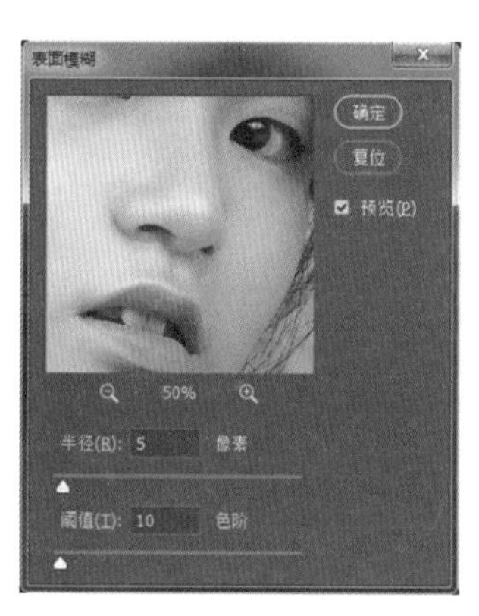

图 7-42

图 7-43

半径：设置模糊取样区域的大小。

阈值：设置模糊的程度，数值越大，模糊程度越高。

7.3.2 动感模糊

图 7-44

“动感模糊”滤镜可以产生动态模糊的效果，它是以像素点模糊为直线方向，模拟出带有运动方向的模糊效果，类似于以固定的曝光时间给一个移动的对象拍照。打开一张图片，如图7-44所示。执行“滤镜→模糊→动感模糊”命令，弹出“动感模糊”对话框，如图7-45所示。设置“角度”“距离”等参数，单击“确定”按钮，效果如图7-46所示。

图 7-45

图 7-46

角度：设置模糊的方向，输入数值或用鼠标按住指针拖曳，即可调节模糊的方向。

距离：设置像素模糊的程度，数值越大，画面越模糊。

7.3.3 方框模糊

“方框模糊”是基于相邻像素的平均颜色值来模糊图像，以一定大小的矩形为单位，对矩形内包含的像素点进行整体模糊，生成类似于方框模糊的效果。打开一张图片，如图7-47所示，执行“滤镜→模糊→方框模糊”命令，弹出“方框模糊”对话框，如图7-48所示，设置“半径”为20像素，单击“确定”按钮，效果如图7-49所示。半径数值越大，模糊程度越高。

图 7-47

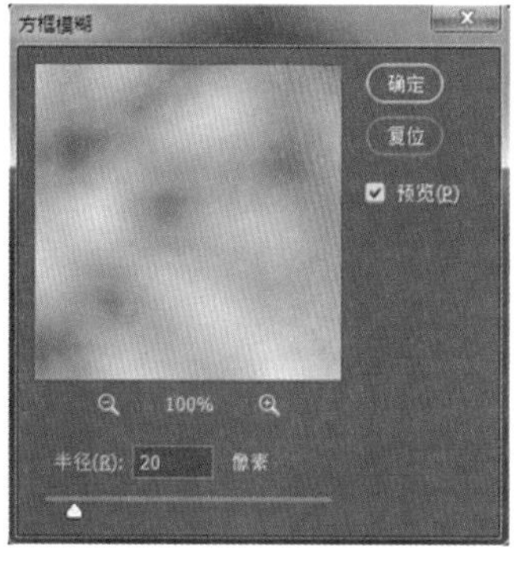

图 7-48

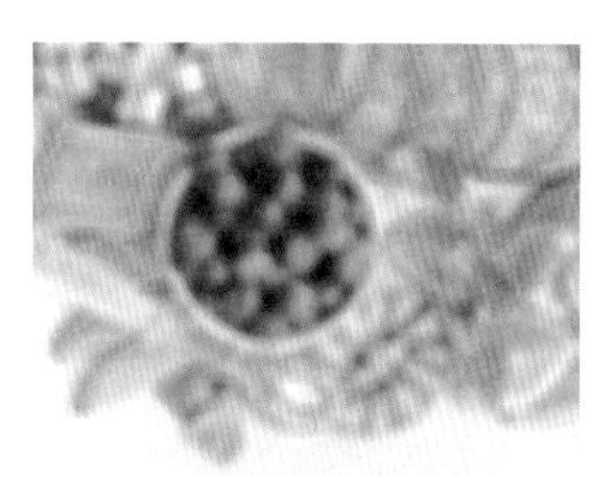

图 7-49

7.3.4 高斯模糊

“高斯模糊”滤镜能够为图像添加低频细节，并产生一种朦胧效果。它是模糊滤镜中最常用的，比如制造景深、特殊字体等。打开一张图片，如图7-50所示，创建背景选区，执行“滤镜→模糊→高斯模糊”命令，弹出“高斯模糊”对话框，如图7-51所示，设置“半径”为15像素，单击“确定”按钮，可见背景呈现一种朦胧的效果，如图7-52所示。

图 7-50

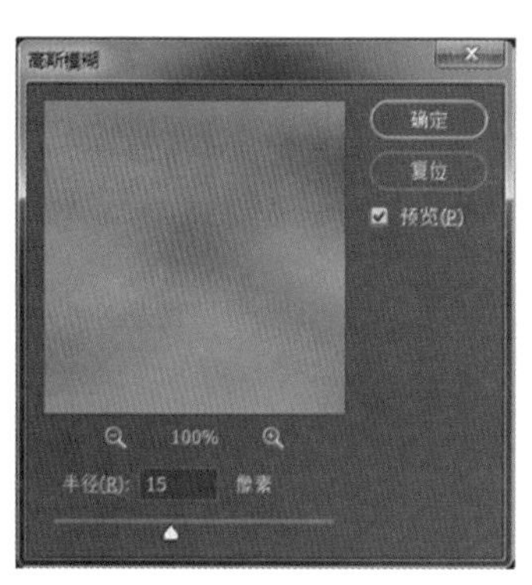

图 7-51

图 7-52

7.3.5 进一步模糊

“进一步模糊”属于轻微模糊滤镜，用于平衡已定义的线条和遮蔽区域的清晰边缘的像素，无须设置参数。打开一张图片，如图7-53所示，执行“滤镜→模糊→进一步模糊”命令，效果如图7-54所示。如果执行一次命令达不到想要的模糊效果，可多次执行命令。

图 7-53

图 7-54

7.3.6 径向模糊

“径向模糊”滤镜，可以模拟出移动或旋转相机产生的一种柔化模糊效果。打开一张图片，如图7-55所示，执行“滤镜→模糊→径向模糊”命令，弹出“径向模糊”对话框，如图7-56所示，设置“数量”为30，单击“确定”按钮，可见整个画面旋转了起来，效果如图7-57所示。

数量：设置模糊的强度，数值越大，模糊程度越高。

图 7-55

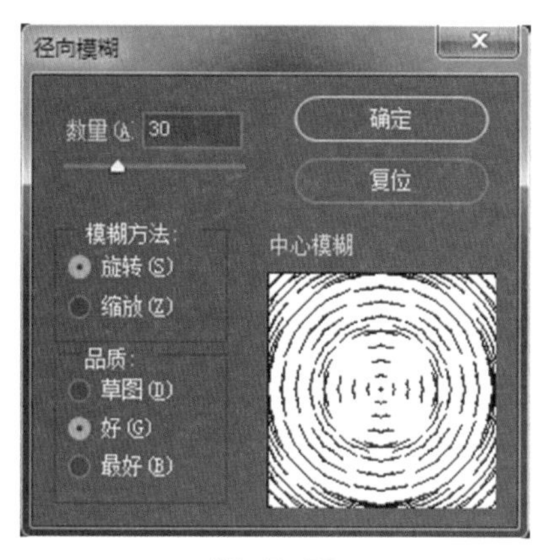

图 7-56

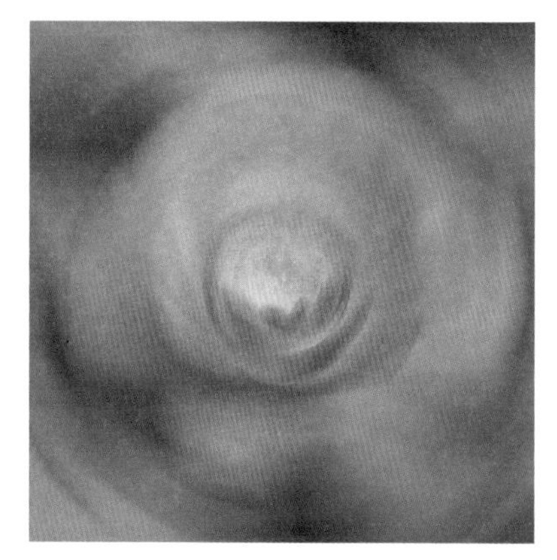

图 7-57

模糊方法：钩选“旋转”，产生以中心点旋转的模糊效果；钩选“缩放”，产生以中心点放射的模糊效果。

中心模糊：在方框内单击任意一处，可设置为旋转或缩放的模糊原点。

品质：设置模糊后图像的品质。

7.3.7 镜头模糊

通常在拍摄人像、物品等时，会通过应用大光圈镜头来虚化背景，突出主体。Photoshop CC中的“镜头模糊”滤镜同样具有这样的功能。

图 7-58

图 7-59

（1）打开一张图片，在需要模糊的区域创建选区，如图7-58所示。单击“通道”面板，新建Alpha 1通道。单击工具箱中的“渐变工具”，由下往上拉填充黑白渐变，如图7-59所示。

单击RGB通道后，回到图层面板，执行“滤镜→模糊→镜头模糊”命令，弹出“镜头模糊”对话框，如图7-60所示，设置“源”为“Alpha 1”，“模糊焦距”为20，“半径”为60，单击“确定”按钮，效果如图7-61所示。

图 7-60

图 7-61

预览：设置预览窗口的预览方式，选择“更快”可以提高预览速度，选择“更加准确”可以预览最终的效果，但是速度比较慢。

深度映射：通过“源”选择Alpha通道或蒙版来创建景深效果，其中通道或蒙版的白色区域被模糊，黑色区域不变。“模糊焦距”设置位于焦点内的像素的模糊程度，钩选“反相”可反转Alpha通道和图层蒙版。

光圈：设置模糊显示的方式。“形状”用于设置光圈的形状，“半径”用于设置模糊的数量，“叶片弯度”用于设置光圈边缘的平滑度，“旋转”用于设置光圈的旋转效果。

镜面高光：设置镜面高光的范围。“亮度”用于调节高光的亮度，“阈值”用于设置亮度的停止点。

杂色：“数量”用于设置杂色的多少，数值越高杂色越多；“分布”设置杂色的分布方式，有平均分布和高斯分布两种；钩选“单色”，杂色为黑白色。

7.3.8 模糊

“模糊”滤镜比“进一步模糊”滤镜更加轻微，模糊效果要低3~4倍，通常用来消除显著颜色变化地方的杂色。打开一张图片，如图7-62所示，执行“滤镜→模糊→模糊”命令，无须设置参数，效果如图7-63所示。

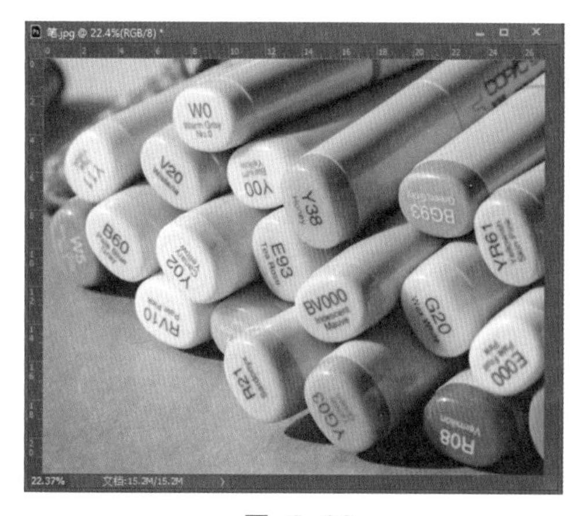

图 7-62

图 7-63

7.3.9 平均

“平均”滤镜可以查找图像或选区的平均颜色，然后用该颜色填充图像或选区。打开一张图片，选择工具箱中的“自定义形状工具”，绘制一个猫咪的路径，按“Ctrl+Enter”

图 7-64

图 7-65

将路径转化为选区，如图7-64所示，执行“滤镜→模糊→平均”命令，无须设置参数，自动为选区填充平均色，效果如图7-65所示。

7.3.10 特殊模糊

“特殊模糊”滤镜，可以对图像进行精细模糊，以减少图像中的褶皱模糊或除去图像中多余的边缘。打开一张图片，如图7-66所示，执行“滤镜→模糊→特殊模糊”命令，弹出“特殊模糊”对话框，将“半径”设置为10，“阈值”设置为50，可以看到预览窗口的图像变得模糊且非常细腻，如图7-67所示。

图 7-66

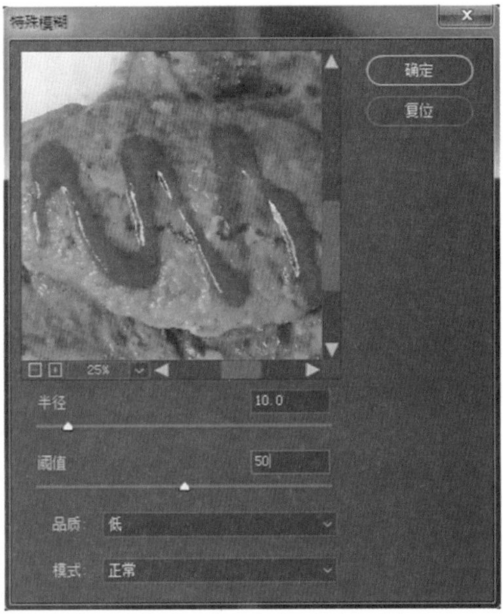

图 7-67

半径：设置参与模糊的不同像素的广度。

阈值：设置像素间有多大差异才会被模糊处理。

品质：设置模糊效果的质量，有“低”“中”“高”三种。

模式：设置模糊的模式。选择“正常”不会有任何特殊效果；选择“紧限边缘”，图像变为黑色，边缘被描成白边；选择“叠加边缘”，图像边缘像素亮度值强烈的区域被描成白边。

7.3.11 形状模糊

运用“形状模糊”滤镜，可以使用指定的内核来创建模糊，即从自定形状预设列表中选取一种“图形”对画面进行模糊处理。打开一张图片，如图7-68所示，执行“滤镜→模糊→形状模糊”命令，弹出“形状模糊”对话框，如图7-69所示，设置“半径”“形状”，单击“确定”按钮，如图7-70所示。

图 7-68

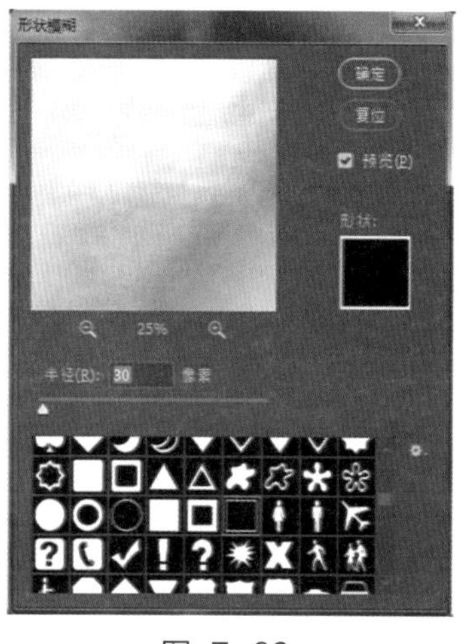

图 7-69

图 7-70

半径：通过指针来调整图形的大小，数值越大，模糊效果越好。

形状列表：通过单击三角形并从列表中进行选取，可以选择不同的形状。

7.4 扭曲滤镜

扭曲滤镜是用几何学的原理把一幅影像变形，以创造出三维效果或其他整体变化，包括波浪、波纹、极坐标、挤压、切变、球面化、水波、旋转扭曲、置换。每一个滤镜都能产生一种或数种特殊效果，但都离不开一个特点：对影像中所选择的区域进行变形、扭曲。

7.4.1 波浪

“波浪”滤镜可以使图片获得像波浪一样的效果或制作带有波浪边缘的图片。打开一张图片，如图7-71所示，执行“滤镜→扭曲→波浪”命令，弹出“扭曲”对话框，如图7-72所示，设置相关参数，单击“确定”按钮，效果如图7-73所示。

图 7-71

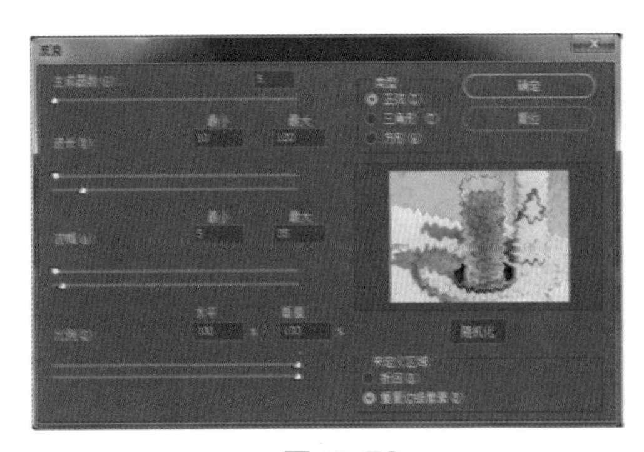

图 7-72

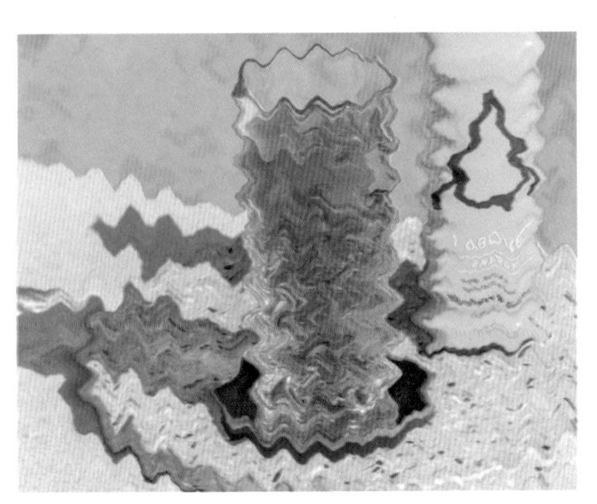

图 7-73

生成器数：设置波浪的数量，数值越大，波浪强度越大。

波长：设置相邻波峰之间的距离，两值相互制约，最大值必须大于或等于最小值。

波幅：设置波浪的宽度和高度，两值相互制约，最大值必须大于或等于最小值。

比例：用于控制波浪在水平或垂直方向上的变形程度。

类型：设置波浪的类型，包括正弦、三角形和正方形。

随机化：如果对波浪效果不理想，单击此按钮，可以随机生成一种波浪效果。

未定义区域：钩选“折回”，将变形后超出图像边缘的部分反卷到图像的对边；钩选“重复边缘像素”，将图像中因为弯曲变形而超出图像的部分分布到图像的边界上。

7.4.2 波纹

“波纹”滤镜可以使图像产生类似于水波纹的效果。打开一张图片，执行“滤镜→扭曲→波纹”命令，弹出“波纹”对话框，如图7-74所示，设置“数量”“大小”参数，在预览窗口查看效果，单击“确定”按钮，效果如图7-75所示。

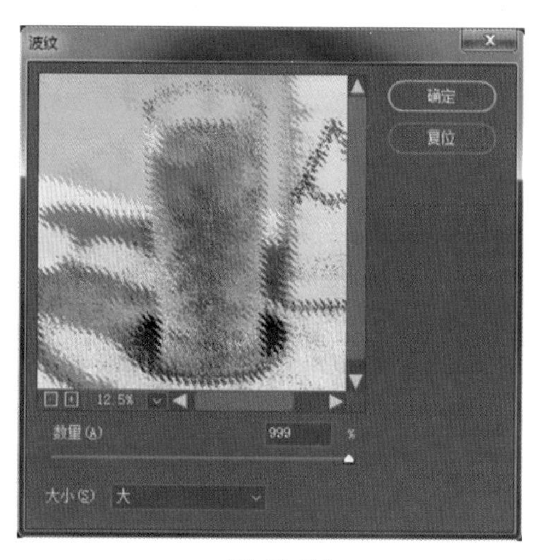

图 7-74

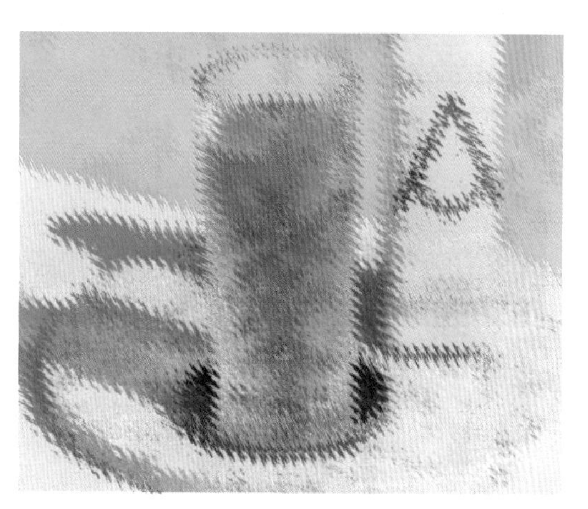

图 7-75

数量：控制波纹的变形幅度，范围为－999%～999%，数值为0时，图像不变形。

大小：设置波纹的大小，有大、中、小三个选项。

7.4.3 极坐标

“极坐标”滤镜可以快速把水平图像变为环形图像，也可以把环形图像变为水平图像，常用于制作“鱼眼”镜头的效果。打开一张图片，如图7-76所示。执行“滤镜→扭曲→极坐标”命令，弹出“极坐标”对话框，如图7-77所示，单击“确定”按钮，效果如图7-78所示。按“Ctrl+T”快捷键调出变换框，拖曳定界框进行不等比例缩放，可获得“鱼眼镜头”效果，如图7-79所示。

图 7-76

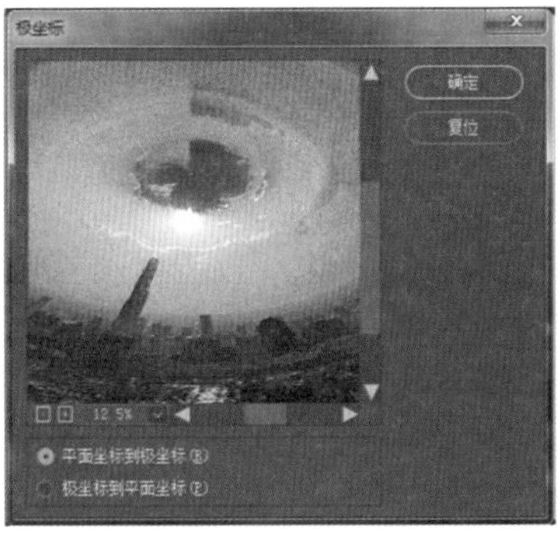

图 7-77

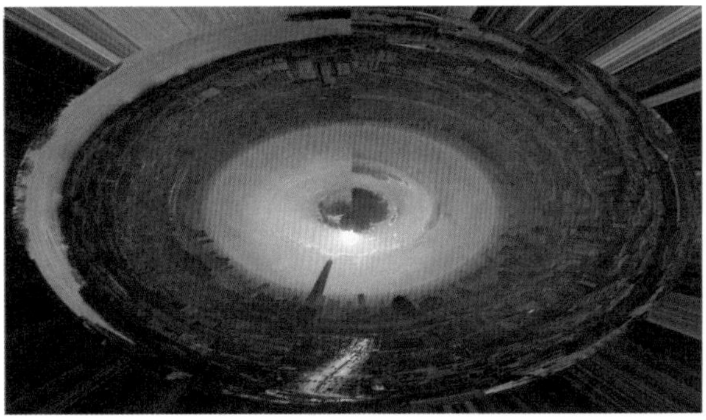

图 7-78

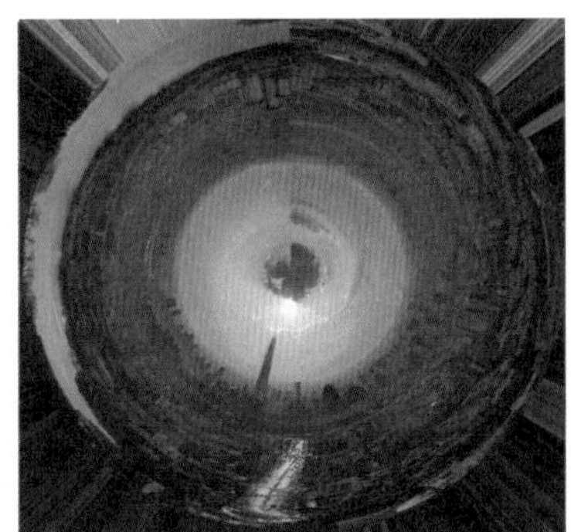

图 7-79

7.4.4 挤压

“挤压”滤镜，可以使图像向内或向外挤压变形。打开一张图片，如图7-80所示。执行“滤镜→扭曲→挤压”命令，弹出“挤压”对话框，“数量”为正值（100%），图像向内挤压，如图7-81所示；“数量”为负值（-100%），

图 7-80

图像向外挤压，如图7-82所示。

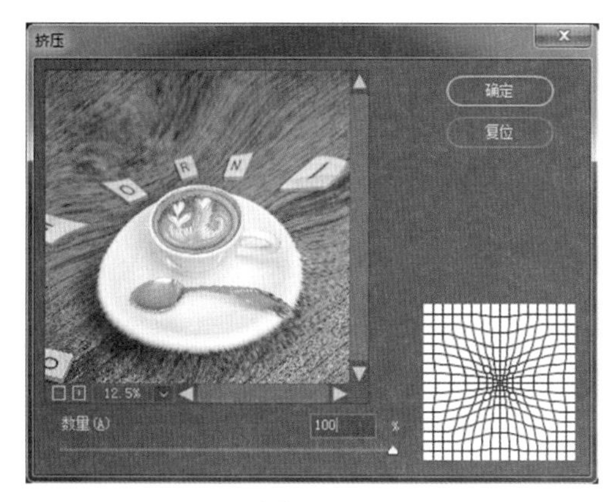

图 7-81

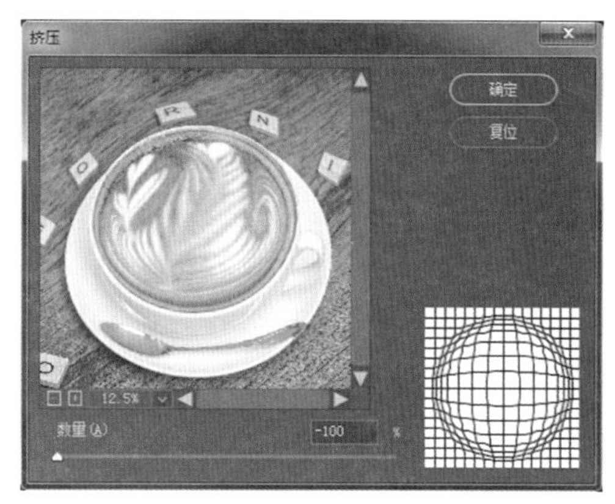

图 7-82

7.4.5 切变

“切变”滤镜可以通过调整曲线使图像进行左右变形。打开一张图片，如图7-83所示。执行“滤镜→扭曲→切变”命令，弹出“切变”对话框，在曲线方框中单击添加控制点，按住控制点拖曳即可扭曲图像，如图7-84所示。

图 7-83

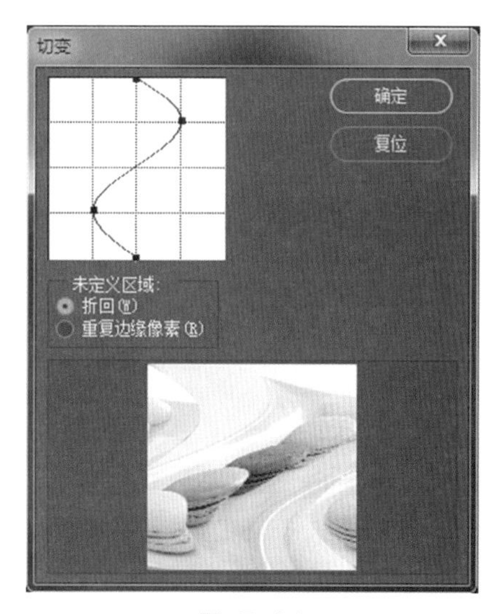

图 7-84

折回：单击该项，表示将超出边缘位置的图像在另一侧折回。

重复边缘像素：单击该项，表示将超出边缘位置的图像分布到图像的边界上。

7.4.6 球面化

“球面化”滤镜，可以使图像产生凸出或凹陷的球体效果，与挤压滤镜的效果类似。打开一张图片，如图7-85所示。执行“滤镜→扭曲→球面化”命令，弹出“球面化”对话框。当“数量”为负值（-100%）时，图像呈现凹陷效果，如图7-86所示；当“数量”为正值（100%）时，图像呈现凸出效果，如图7-87所示。

图 7-85

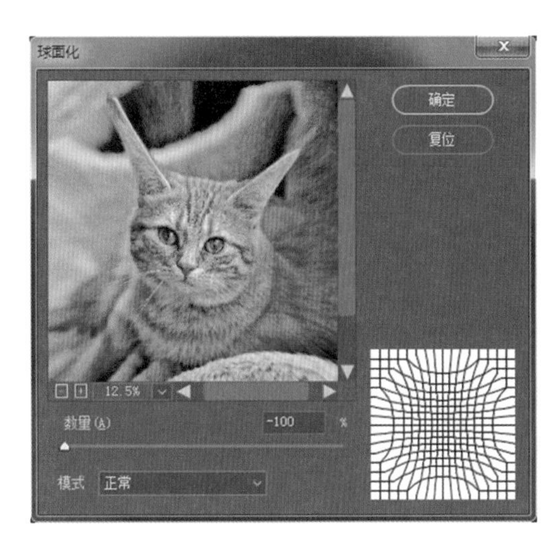

图 7-86

图 7-87

提示　通过“模式”可以选择图像挤压的方式，包括“正常”“水平优先”和“垂直优先”。“球面化”滤镜可以用来制作“大头照”。

7.4.7 水波

“水波”滤镜可以模拟出物体落入水面时形成的波纹荡开的效果。打开一张图片，选择套索工具，将湖面框选为选区，如图7-88所示。执行“滤镜→扭曲→水波”命令，弹出“水波”对话框，设置“数量”和“起伏”参数，可在预览窗口中看见湖面出现了水波，如图7-89所示。

图 7-88

图 7-89

数量：设置波纹的数量。数值为负时，生成下凹的波纹；数值为正时，生成上凸的波纹。

起伏：设置波纹起伏的大小。数值越大，波纹越多。

样式：选择生成波纹的方式。选择“水池波纹”可以产生同心圆形状的波纹；选择“从中心向外”，波纹从中心向外扩散；选择“围绕中心”，可以围绕中心产生波纹。

7.4.8 旋转扭曲

“旋转扭曲”滤镜是以图像中心为旋转中心，对图像进行旋转扭曲，可以使图像产生旋转的风轮效果，中心旋转的程度比边缘大。打开一张图片，如图7-90所

图 7-90

图 7-91

示。执行“滤镜→扭曲→旋转扭曲”命令，弹出“旋转扭曲”对话框，设置“角度”为－600度，可在预览窗口看到图像像风轮一样旋转了起来，如图7-91所示。

角度：设置图像旋转扭曲的强度和方向。数值为负时，逆时针旋转；数值为正时，顺时针旋转。当数值为最小值或最大值时，旋转扭曲的强度最大。

7.4.9 置换

“置换”滤镜可以将一个PSD图像置换到另一个图像中。打开一张图片，如图7-92所示。执行“滤镜→扭曲→置换”命令，弹出“置换”对话框，如图7-93所示，设置“水平/垂直比例”为100，单击“确定”按钮，弹出“选取一个置换图”对话框，选择一个PSD文件，如图7-94所示，单击“打开”按钮，最终效果如图7-95所示。

图 7-92

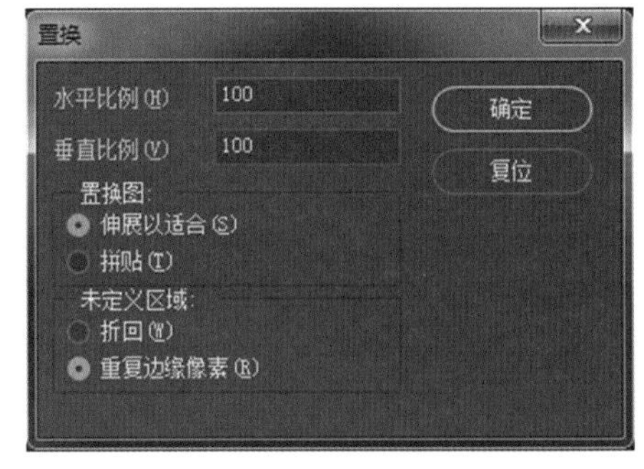

图 7-93

图 7-94

图 7-95

水平/垂直比例：设置水平和垂直方向移动的距离。数值越大，置换的效果越明显。

置换图：设置置换图像的方式，选择“伸展以合适”，置换图像将以合适的位置填充；选择“拼贴”，置换图像将以拼图的方式填充。

未定义区域：选择置换后像素位移而产生空缺的填充方式。选择“折回”，图像中未变形的部分反卷到图像的对边；选择“重复边缘像素”，图像中未变形的部分分布到图像的边界上。

7.5 锐化滤镜

锐化滤镜可以使图像变得更加清晰，其原理是增大图像中像素与像素之间的颜色反差，使对比度增强，图像看起来更加锐利。在Photoshop CC中，提供了USM锐化、防抖、进一步锐化、锐化、锐化边缘、智能锐化六种滤镜效果。

7.5.1 USM锐化

USM锐化可以快速调整图像边缘细节的对比度，有效地锐化图像中的边缘，使画面整体更加清晰，且在锐化的同时，不增加过多的噪点。打开一张图片，如图7-96所示。执行“滤镜→锐化→USM锐化”命令，弹出“USM锐化”对话框，如图7-97所示，设置数量、半径、阈值等参数，单击“确定”按钮，最终效果如图7-98所示。

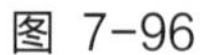

图 7-96

图 7-97

图 7-98

数量：设置锐化效果的精细程度。

半径：设置锐化的半径，数值大小决定边缘像素周围影响锐化的像素数。分辨率越高的图片，半径数值设置应越大。

阈值：相邻像素之间的比较值，只有差值达到设置的“阈值”时，才会被视为边缘像素，进而使用USM滤镜对其进行锐化。

7.5.2 防抖

“防抖”滤镜可以消除拍摄过程中因抖动而产生的糊片问题。打开一张图片，如图7-99所示，可以看到花卉有些模糊。执行“滤镜→锐化→防抖”命令，弹出“防抖”对话框，软件会自动进行防抖锐化处理。如果对效果不满意，可以手动调节参数，如图7-100所示，单击“确定”按钮即可。

图 7-99

图 7-100

模糊评估工具：单击图像可在“细节”预览窗口中查看单击点的细节，按住鼠标拖曳可拉出定界框，显示模糊的评估区域，可在“高级”选项中进行显示、隐藏或删除。

模糊方向工具：按住鼠标拖曳可画出表示模糊的方向线，按住节点拖曳可对“模糊描摹长度”“模糊描摹角度”进行调整。

模糊描摹边界：指定模糊描摹边界的大小。像素越大，图像锐化程度越高。

源杂色：指原片中杂色的多少，分为“自动”“低”“中”“高”。一般“自动”的效果比较理想。

平滑：对临摹边界导致杂色的修正，类似于全图去噪，数值越大，去杂色效果越好，但细节损失也越多，需要在清晰度与杂点程度之间加以均衡。

伪像抑制：用于处理锐化过度的问题。

7.5.3 进一步锐化

“进一步锐化”可以提高图像的对比度和清晰度。它比“锐化”滤镜的效果更强一些。打开一张图片，如图7-101所示，执行“滤镜→锐化→进一步锐化”命令，无须设置参数即可对图像进行锐化。如果一次锐化不够，可多次执行此命令，效果如图7-102所示。

图 7-101

图 7-102

7.5.4 锐化

“锐化”滤镜比“进一步锐化”滤镜的锐化效果更弱，同样无须进行参数设置，执行“滤镜→锐化→锐化”命令即可获得锐化效果。

7.5.5 锐化边缘

“边缘锐化”滤镜可以增强图像边缘的对比度，以改善其锐度。通常适合用来锐化边界分明、色彩区分明显的图像。打开一张图片，如图7-103所示，执行“滤镜→锐化→锐化边缘”命令，无须设置参数，效果如图7-104所示。

图 7-103

图 7-104

7.5.6 智能锐化

“智能锐化”是常用的滤镜之一，它具有锐化控制功能，可以设置锐化算法或控制在阴影和高光区域中的锐化量，并且有效避免色晕，使图像细节更加清晰。打开一张图片，如图7-105所示，执行“滤镜→锐化→智能锐化”命令，弹出“智能锐化”对话框，如图7-106所示，进行相关参数的设置即可对图像进行高级锐化，效果如图7-107所示。

图 7-105

图 7-106

图 7-107

预设：可以将当前设置的锐化参数保存为预设选项，以后使用时只需在下拉列表中选择即可。

数量：设置锐化的程度。数值越大，边缘像素之间的对比度越强烈，图像看起来越锐利。

半径：设置受锐化影响的边缘像素的数量。数值越大，受影响的边缘越宽，锐化的效果也就越明显。

减少杂色：用于消除锐化产生的杂色，数值不宜设置得过大，否则图像容易出现模糊。

移去：用于选择锐化的算法。选择“高斯模糊”，可使用“USM锐化”滤镜的方法进行锐化；选择“镜头模糊”，可检测图像中的边缘和细节，并对细节进行更精细的锐化；选择“动感模糊”可通过设置“角度”来减少由于相机或主体移动而导致的模糊效果。

阴影/高光：分别用于调和阴影和高光区域的锐化强度。“渐隐量”用于设置阴影或高光中的锐化量；“色调宽度”用于设置阴影或高光中色调的修改范围；“半径”用于控制每个像素周围的区域大小，它决定了像素是在阴影中还是在高光中。

7.6 像素化滤镜

像素化滤镜可以先对图像进行分块或者平面化处理，然后将这些区域转换成相应的色块，再由色块构成图形。在Photoshop CC中，像素化滤镜主要包括彩块化、彩色半调、点状化、晶格化、马赛克、碎片、铜板雕刻七种。

7.6.1 彩块化

“彩块化”滤镜，是用纯色或相近的像素色块结块进行构图，常用于模拟手绘效果或者抽象派艺术效果。打开一张图片，如图7-108所示，执行“滤镜→像素化滤镜→彩块化”命令，无须进行相关参数设置，可以看到画面的颜色逐渐变为彩块化效果，如图7-109所示。

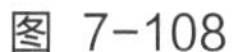

图 7-108

图 7-109

提示 由于彩块化滤镜效果比较弱，如果效果不明显，可以重复多次按“Ctrl+Alt+F”快捷键来强化。

7.6.2 彩色半调

运用“彩色半调”滤镜可以模拟在每个通道上使用放大的半调网屏效果。打开一张图片，如图7-110所示。执行“滤镜→像素化滤镜→彩色半调”命令，弹出“彩色半调”对话框，如图7-111所示。设置半径、网角等参数，然后单击“确定”按钮，可以看到画面中呈现出彩色的半调效果，如图7-112所示。

图 7-110

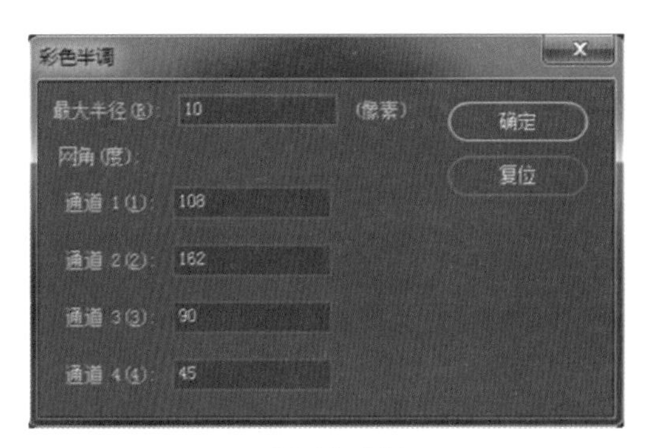

图 7-111

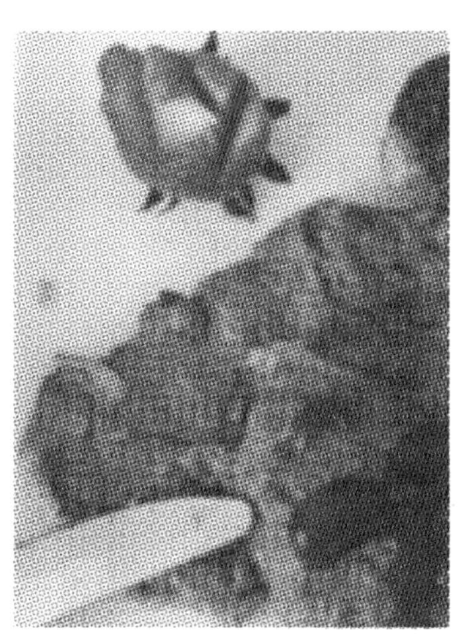

图 7-112

7.6.3 点状化

运用“点状化”滤镜可以提取图像中的颜色，并分解成随机分布的网点呈现在画面中。打开一张图片，如图7-113所示。执行“滤镜→像素化滤镜→点状化”命令，弹出“点状化”对话框，如图7-114所示。设置“单元格大小”为20，单击“确定”按钮，效果如图7-115所示。

图 7-113

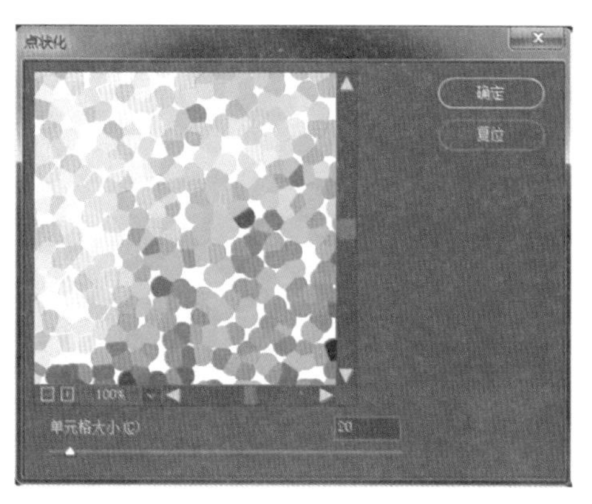

图 7-114

图 7-115

单元格大小：设置每个色块的大小。数值越大，色块越大，分布越稀疏；数值越小，色块越小，分布越密集。

7.6.4 晶格化

运用“晶格化”滤镜可以使图像中相近的颜色像素结块形成多边形纯色，可以用来模拟彩块玻璃的效果。打开一张图片，如图7-116所示。执行“滤镜→像素化滤镜→晶格化”命令，弹出“晶格化”对话框，如图7-117所示。设置“单元格大小”为80，从预览窗口可以看到图像呈现出彩块的玻璃状效果。

图 7-116

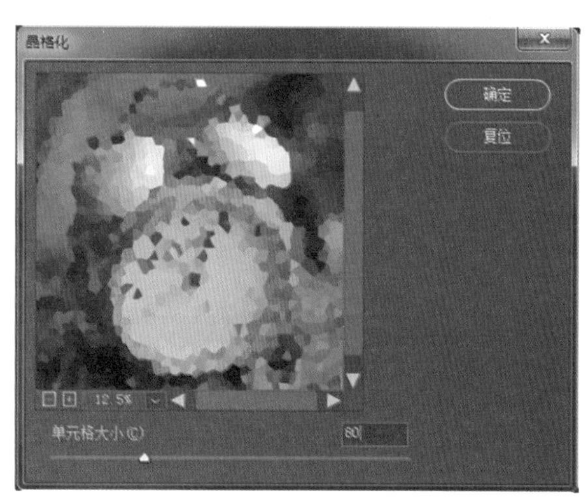

图 7-117

7.6.5 马赛克

运用“马赛克”滤镜可以使像素结块形成方形的色块，每一个单元的所有像素颜色统一，从而隐藏图像信息。打开一张图片，如图7-118所示。执行“滤镜→像素化滤镜→马赛克”命令，弹出“马赛克”对话框，如图7-119所示。设置“单元格大小”为80，单击“确定”按钮，效果如图7-120所示。

图 7-118

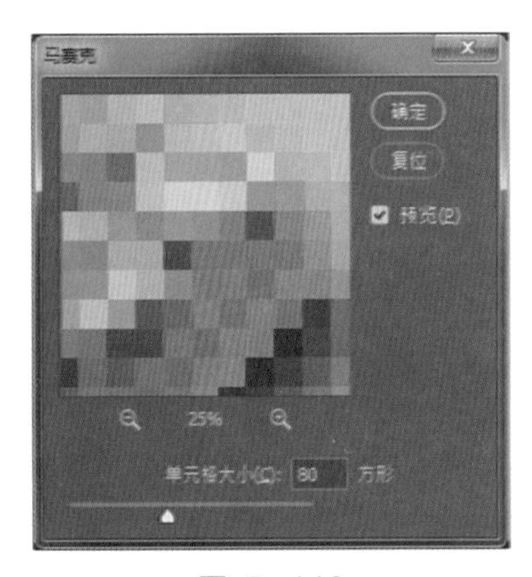

图 7-119

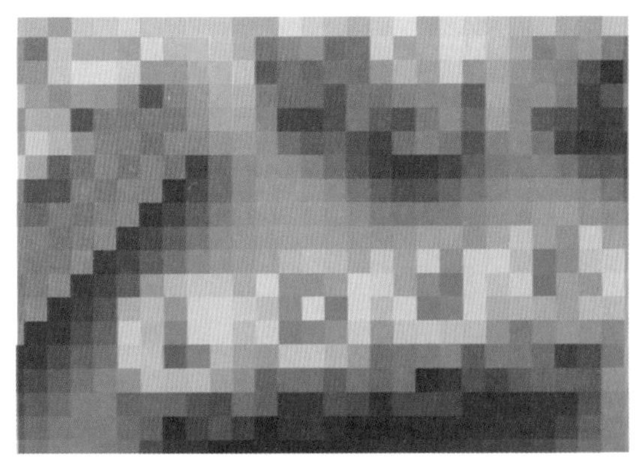

图 7-120

7.6.6 碎片

运用“碎片”滤镜可以使图像中的像素复制四次，然后将复制的像素平均分布并

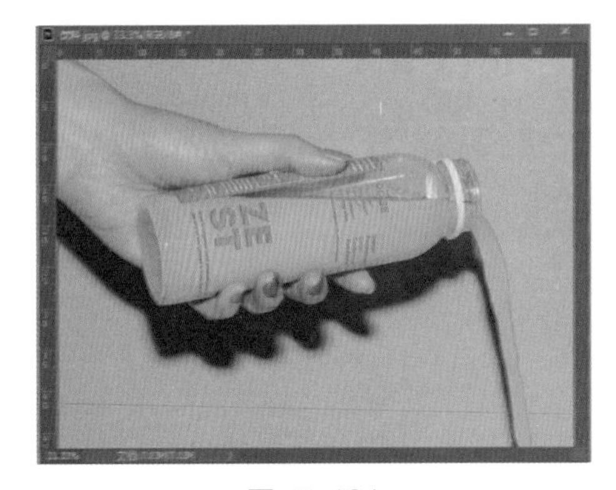

图 7-121

图 7-122

相互偏移而产生碎片化效果。打开一张图片，如图7-121所示。执行“滤镜→像素化滤镜→碎片”命令，无须设置参数，效果如图7-122所示。

7.6.7 铜板雕刻

运用“铜板雕刻”滤镜可以将图像转化为黑白区域的随机图案或彩色图像中的完全饱和颜色的随机图案。打开一张图片，如图7-123所示。执行“滤镜→像素化滤镜→铜板雕刻”命令，弹出“铜板雕刻”对话框，如图7-124所示，选择想要的“类型”效果，单击“确定”按钮，效果如图7-125所示。

图 7-123

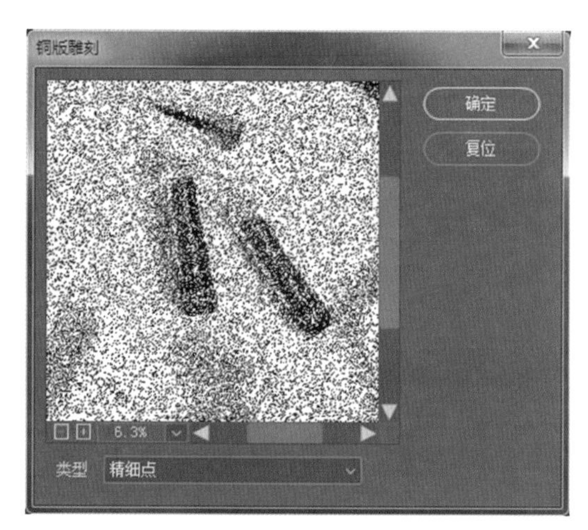

图 7-124

图 7-125

7.7 渲染滤镜

渲染滤镜主要用于创建云彩图案、3D形状、折射图案和模拟的光反射，包括火焰、图片框、树、分层云彩、光照效果、镜头光晕、纤维七个不同效果的滤镜。

7.7.1 火焰

“火焰”滤镜可以绘制沿路径排列的火焰效果。按“Ctrl+N”创建一个图层，背景填充为黑色。单击“文字工具”，输入“火焰”二字，用“魔棒工具”选中文字。再单击“路径”面板，点击“从选区生成工作路径”按钮，将选区变为路径，如图7-126所示。

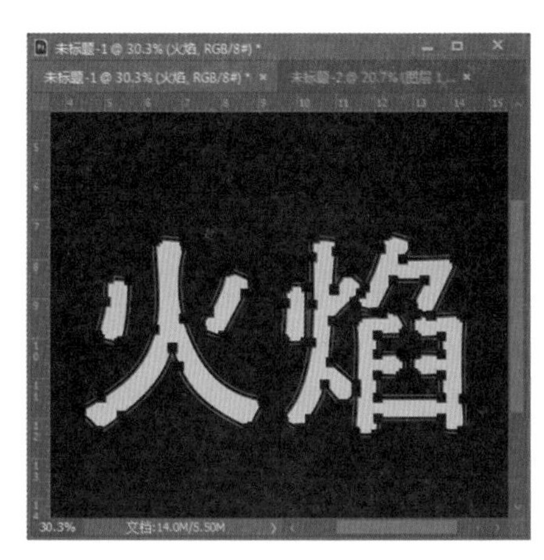

图 7-126

回到图层面板，将文字图层栅格化，执行“滤镜→渲染滤镜→火焰”命令，弹出“火焰”对话框，如图7-127所示。设置相关参数，单击“确定”按钮，效果如图7-128所示。

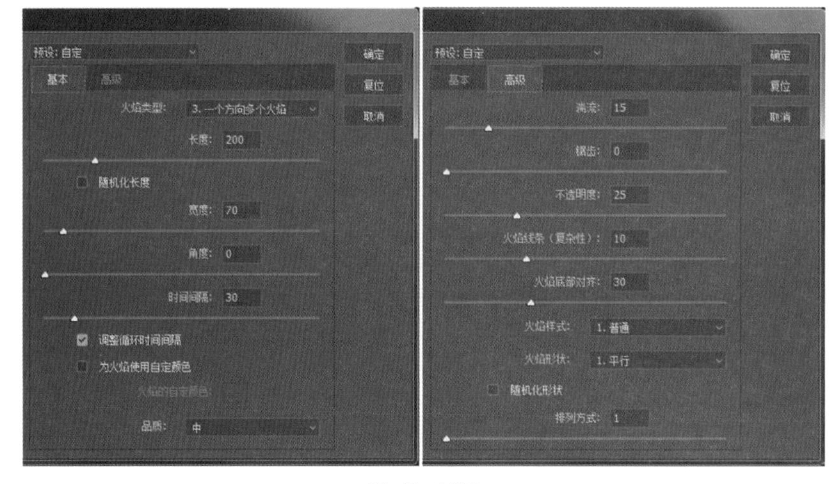

图 7-127

火焰类型：选择火焰的形状，有六个选项可以选择。

长度：设置火焰的长度。数值越大，火焰越高。

宽度：设置火焰的宽度。数值越大，火焰越宽。

角度：控制火焰的角度，输入不同的数值可获得不同角度的火焰效果。

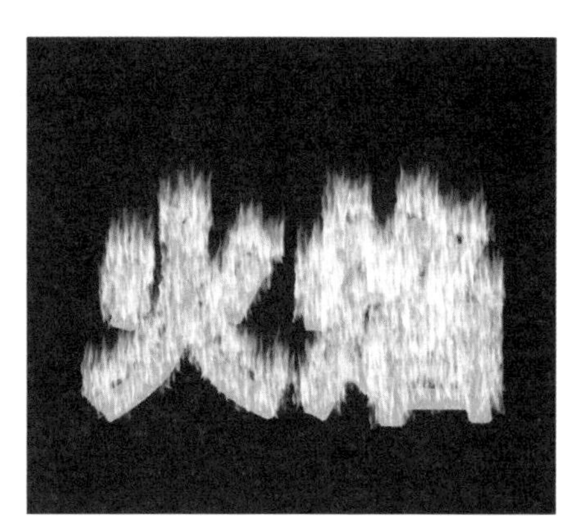

图 7-128

时间间隔：控制火焰的间隔，数值越大，间隔越大，火焰数量越稀疏。

为火焰使用自定义颜色：单击色块，可以自定义火焰的颜色。

湍流：设置火焰左右摇摆的动态效果。

锯齿：设置火焰边缘的锯齿大小。

不透明度：设置火焰的透明度。

火焰线条（复杂性）：设置构成火焰的火苗的复杂程度。数值越大，火苗越多，效果越复杂。

火焰底部对齐：设置构成火焰的每一簇火苗底部是否对齐。

火焰样式/火焰形状：设置火焰的呈现样式和形状。

7.7.2 图片框

运用“图片框”滤镜可以为图片添加各种相框，制作方法非常简单。打开一张图片，如图7-129所示。执行“滤镜→渲染滤镜→图片框”命令，弹出“图片框”对话框，如图7--130所示。设置图案的颜色、大小等相关参数，单击“确定”按钮，效果如图7-131所示。点击“高级”，还可以对行数、粗细、角度、渐隐参数进行设置，如图7-132所示。

图 7-129

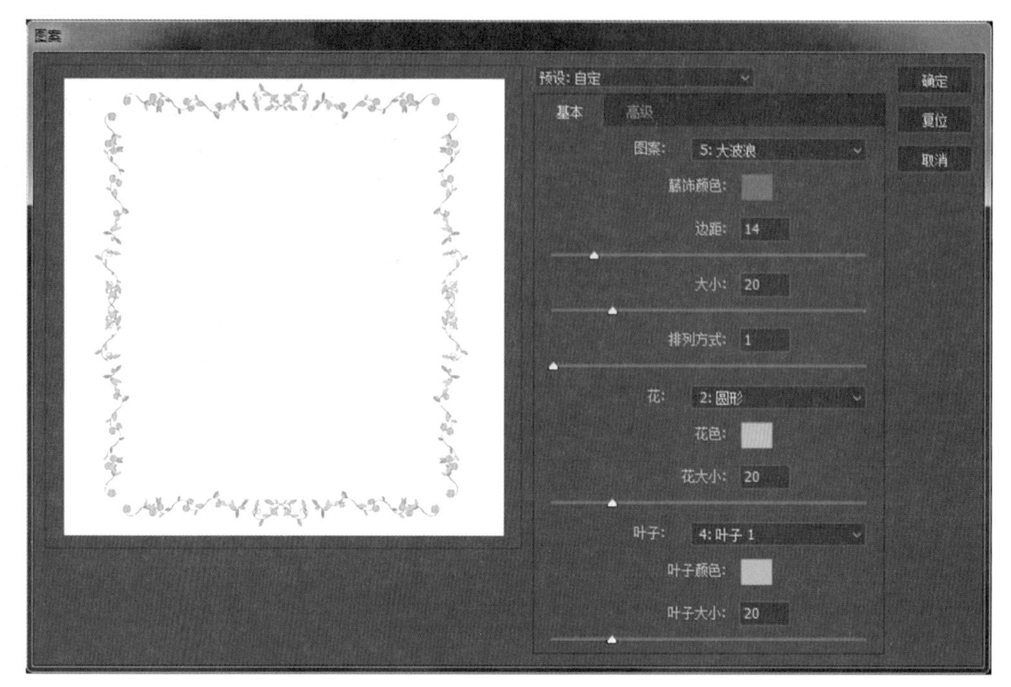

图 7-130

图 7-131

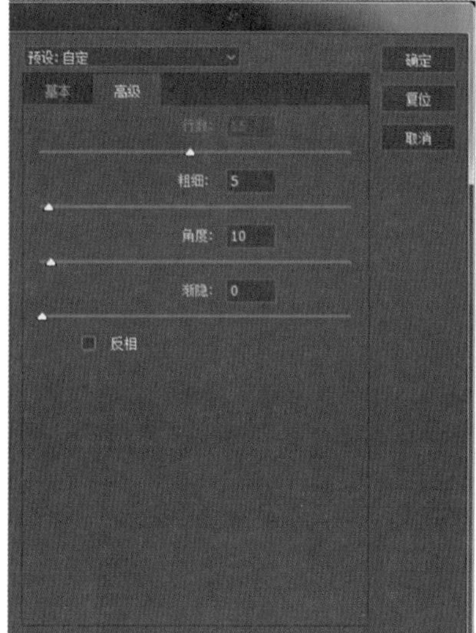

图 7-132

7.7.3 树

“树”滤镜中提供了各种各样的“树”图案，可以轻松地在图像上添加各种“树”元素。打开一张图片，按“Ctrl+N”新建一个图层，然后选择“直线工具”，在图像上绘制一条路径，如图7-133所示。执行“滤镜→渲染滤镜→树”命令，弹出“树”对话框，如图7-134所示。设置树的类型、叶子数量等相关参数，单击“确定”按钮，效果如图7-135所示。点击“高级”，还可以自定义树枝、叶子的颜色，以及增加阴影、对比度等设置。

图 7-133

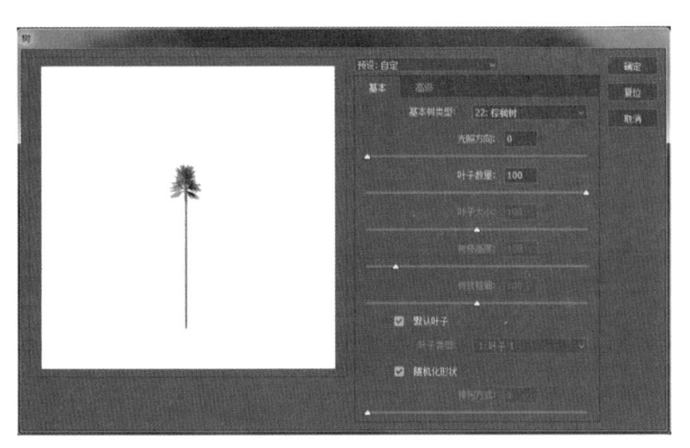

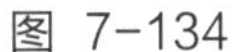

图 7-134

图 7-135

7.7.4 分层云彩

“分层云彩”滤镜是用前景色与背景色之间的值，将云彩数据与图像进行混合，生成类似云彩的效果。可以用来制作闪电、奇幻星空等特效。打开一张图片，如图7-136所示，把前景色设置为黄色，把背景色设置为白色。执行“滤镜→渲染滤镜→分

图 7-136

层云彩”命令，无须进行参数设置，效果如图7-137所示，天空呈现出类似晚霞的艺术效果。

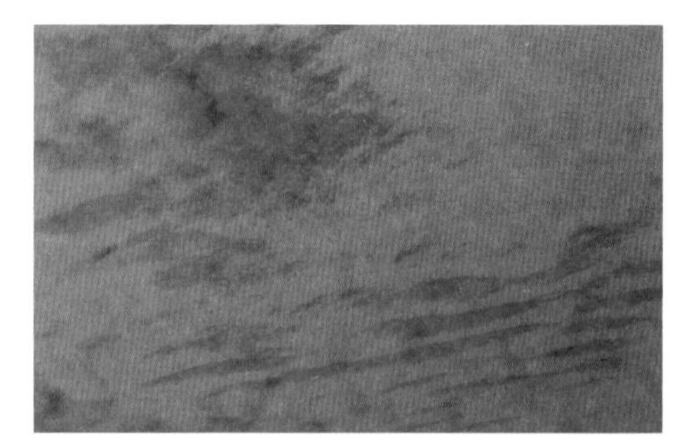

图 7-137

7.7.5 光照效果

“光照效果”滤镜，通过改变图像中光的方向、强度等使图像获得更好的视觉冲击，创造出许多奇妙的灯光纹理效果。打开一张图片，如图7-138所示。执行“滤镜→渲染滤镜→光照效果”命令，打开“光照效果”对话框，如图7-139所示。在右边属性面板中调节光的类型、强度、方向等参数，单击选项栏中的“确定”按钮，效果如图7-140所示。

图 7-138

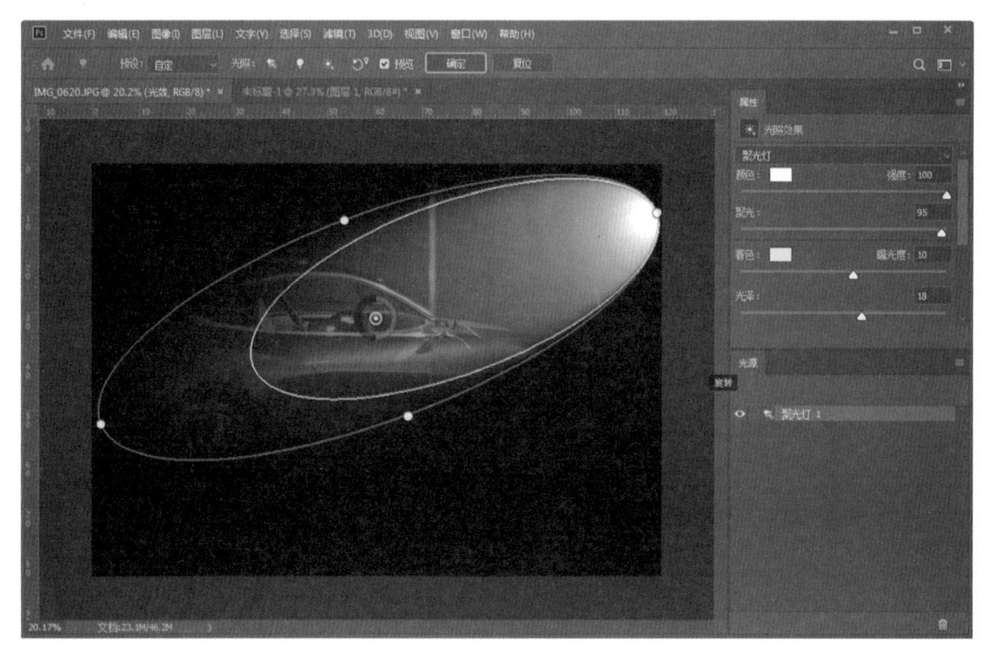

图 7-139

光照效果：设置光照的模式，包括点光、聚光灯、无线光三种。

颜色：设置灯光的颜色。

强度：控制光照的强度。数值越大，强度越大。

聚光：控制光照的范围。

着色：单击色块，弹出“拾色器”对话框，可以设置整体光照的环境色。

曝光度：控制曝光量，负值减少曝光量，正值增加曝光量。

光泽：设置灯光的反射强度。

金属质感：设置反射光线为光源色彩或图像本身的色彩。

环境：漫射光，使光照与室内其他光线相结合。图7-141是“环境”数值为30的效果，可以看到整个图像亮了起来。

纹理：为光线添加纹理效果。移动“高度”指针，可设置纹理的凸起高度。

图 7-140

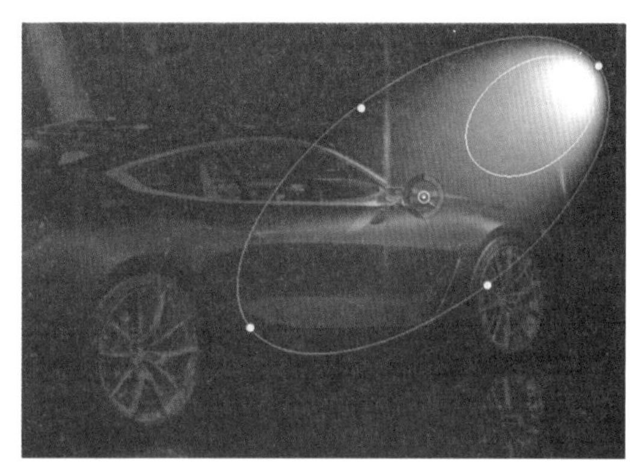

图 7-141

提示 如果想要实现更多的“光照效果”，可以单击选项栏中的“预设”按钮，在下拉菜单中选择或载入即可。还可以单击按钮，在画面中添加多个“光照效果”。

7.7.6 镜头光晕

“镜头光晕”滤镜可以制作出类似于镜头产生的眩光效果，使画面更有意境。打开一张图片，如图7-142所示，执行“滤镜→渲染滤镜→镜头光晕”命令，打开“镜头光晕”对话框，如图7-143所示。设置亮度为80%，选择“镜头类型”，单击“确

图 7-142

定”按钮，效果如图7-144所示。

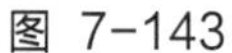

图 7-143

图 7-144

7.7.7 纤维

“纤维”滤镜，可以通过使用前景色和背景色制作出类似编织的纤维效果。打开Photoshop CC，按“Ctrl+N”新建一个空白图层，设置一个前景色和背景色，如图7-145所示。执行“滤镜→渲染滤镜→纤维”命令，打开“纤维”对话框，如图7-146所示。设置差异为15，强度为5，单击“确定”按钮，效果如图7-147所示。

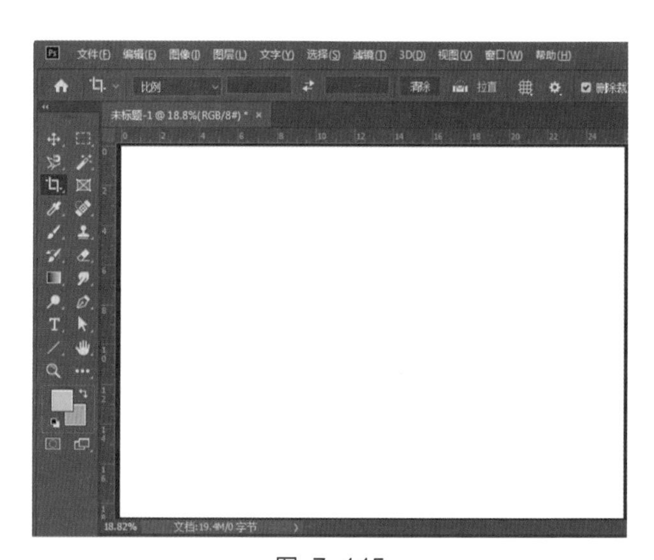

图 7-145

差异：设置颜色变化的方式。数值越大，生成的纤维越短且颜色变化越大；数值越小，生成的颜色条纹越长。

强度：设置纤维外观的明显程度。

随机化：可随机生成新的纤维。

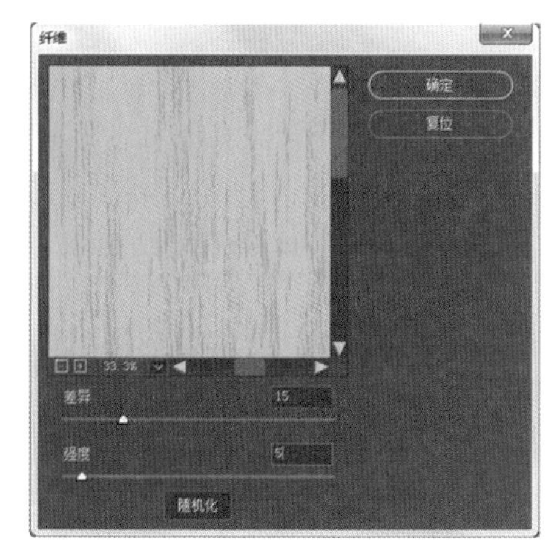

图 7-146

图 7-147

7.8 杂色滤镜

杂色滤镜可以增加或去除图像中的杂点，对于拍摄时出现噪点的图片，或是想制作复古的照片时，杂色滤镜都非常好用。它主要包括减少杂色、蒙尘与划痕、去斑、添加杂色、中间值五种不同风格的滤镜。

7.8.1 减少杂色

运用“减少杂色”滤镜可以有效地去除照片的噪点，或是进行人像磨皮。它可以对整个图像进行操作，也可以对单个通道进行操作。打开一张图片，如图7-148所示。执行“滤镜→杂色滤镜→减少杂色”命令，打开“减少杂色”对话框，如图7-149所示，可以看到放大的图片呈现出不少的噪点，设置强度、保留细节、减少杂色、锐化细节等参数，单击“确定”按钮，效果如图7-150所示。

图 7-148

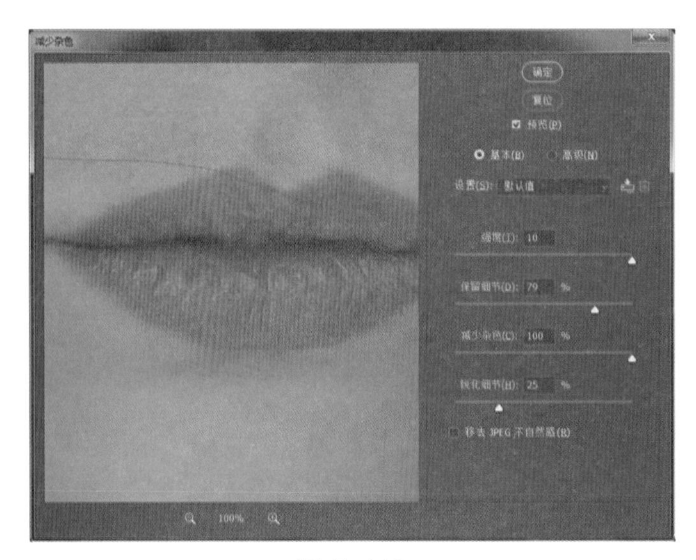

图 7-149

图 7-150

强度：设置应用图像所有通道的明亮度杂色的减少量。

保留细节：控制保留图像边缘和细节的程度。数值越大，越能保留细节。

减少杂色：移去图像的杂色像素。数值越大，去除的杂色越多。

锐化细节：设置移去图像杂色时锐化图像的程度。

移去JPEG不自然感：钩选后，可以移去“减少杂色”时因压缩而产生的不自然块。

提示　在“杂色滤镜”中钩选“高级”选项，可以对单独的通道进行杂色去除操作，通常用来进行磨皮。

7.8.2 蒙尘与划痕

“蒙尘与划痕”滤镜，也常用来降噪或磨皮，它的原理是把图像的像素颜色摊开，即把颜色涂抹开，使颜色层次处理得更真实。打开一张图片，如图7-151所示。先选择“图章工具”将人物脸上的细微瑕疵擦除，然后执行“滤镜→杂色滤镜→划痕与蒙尘”命令，打开“蒙尘与划痕”对话框，如图7-152所示，设置半径为4像素，阈值为2色阶，单击“确定”按钮。

图 7-151

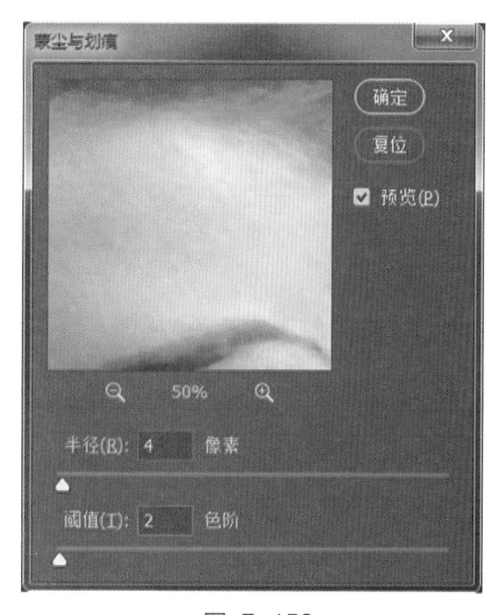

图 7-152

回到图层面板，按住Alt键，同时单击蒙版按钮添加黑色蒙版，将前景色设置为白色，用画笔工具涂抹人物脸部需要磨皮的区域，如图7-153所示。此外，可以用套索工具选取牙齿，再用“色相/饱和度”“曲线”命令美白牙齿，最终效果如图7-154所示。

图 7-153

图 7-154

半径：设置柔化图像边缘的范围。数值越大，图像模糊程度越大。

阈值：用于确定像素的差异达到多少时才会被消除。

提示 “半径”决定图像的磨皮程度，“阈值”用来给图像添加杂色，“阈值”越大，越会减轻磨皮的力度。简单来说，想让照片出现光滑效果就必须调小“阈值”的数值。

7.8.3 去斑

“去斑”滤镜可以检测图像的边缘，并模糊边缘外的区域。打开一张图片，如图7-155所示，执行“滤镜→杂色滤镜→去斑”命令，无须进行相关参数设置，效果如图7-156所示，可以发现，图像变模糊了。

图 7-155

图 7-156

7.8.4 添加杂色

运用“添加杂色”滤镜可以为图像随机添加单色或彩色的像素点，使经过较大修饰的区域看起来真实，也可以制作复古或胶片感的相片。打开一张图片，如图7-157所示。执行“滤镜→杂色滤镜→添加杂色”命令，弹出“添加杂色”对话框，如图7-158所示。设置数量为10%，单击“确定”按钮，效果如图7-159所示。

图 7-157

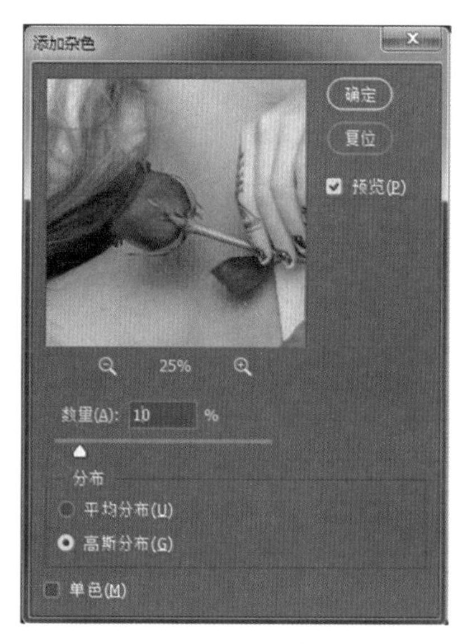

图 7-158

图 7-159

数量：设置杂色的数量。数值越大，杂色越多。

分布：设置杂色分布的方式。选择“平均分布”，杂色看起来比较柔和；选择“高斯分布”，杂色看起来更加明显。

单色：钩选该按钮，添加的杂色为黑白像素点。

7.8.5 中间值

运用“中间值”滤镜可以通过混合选区中像素的亮度来减少图像中的杂色，在消除或减少图像中的动感效果时非常有用。打开一张图片，如图7-160所示。执行“滤镜→杂色滤镜→中间值”命令，弹出“中间值”对话框，如图7-161所示。设置半径为10像素，单击“确定”按钮，效果如图7-162所示。

图 7-160

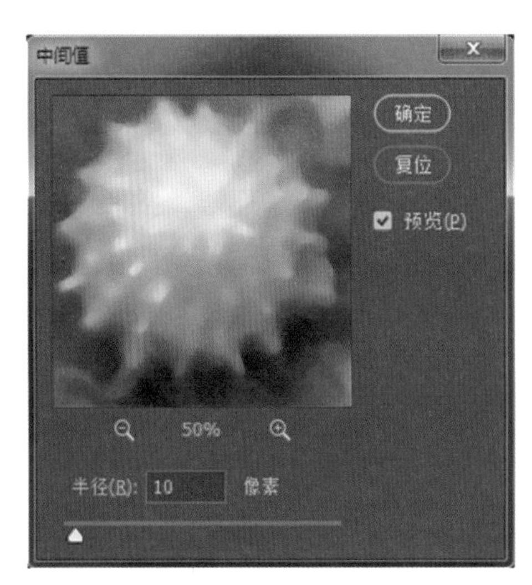

图 7-161

图 7-162

提示 “中间值”滤镜是通过搜索像素选区的半径范围来查找亮度相近的像素，清除与相邻像素差异太大的像素，并用搜索到的像素的中间亮度值替换中心像素实现的。“半径”值越大，图像越模糊。

7.9 其他滤镜效果

在学习了前面各种滤镜效果之后，你一定掌握了许多制作特效的技巧。接下来，我们学习最后一组滤镜，它包括HSB/HSL、高反差保留、位移、自定、最大值、最小值。

7.9.1 HSB/HSL

HSB是指色相、饱和度、明度，HSL是指色相、饱和度、亮度。使用HSB/HSL滤镜可以实现RGB与HSB/HSL的相互转换。打开一张图片，如图7-163所示，执行“滤镜→其他→HSB/HSL”命令，弹出“HSB/HSL参数”对话框，如图7-164所示，设置“输入模式”“行序”参数，即可获得相应的效果，如图7-165所示。

图 7-163

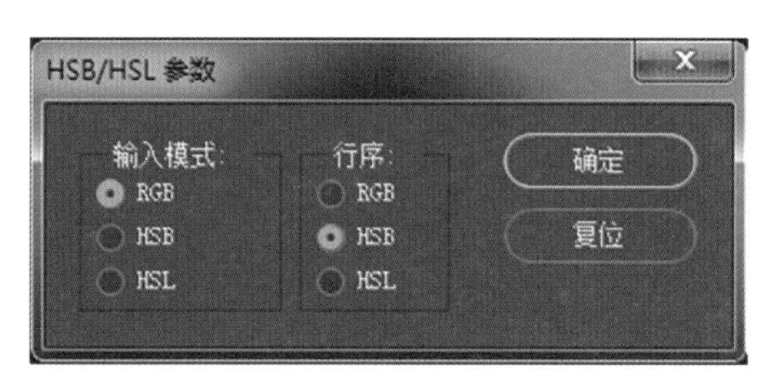

图 7-164

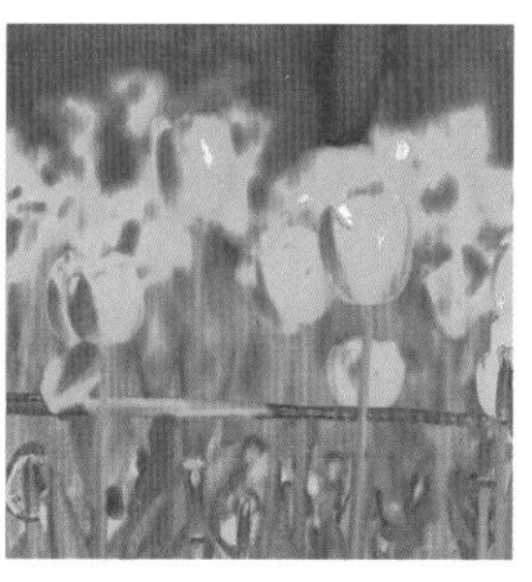

图 7-165

7.9.2 高反差保留

“高反差保留”滤镜，主要是将图像中颜色、明暗反差较大的两部分的边缘细节保留下来。它不仅可以锐化图片，还可以应用到磨皮当中。打开一张图片，如图7-166所示。执行“滤镜→其他→高反差保留”命令，弹出“高反差保留”对话框，如图7-167所示。设置“半径”参数为20像素，单击“确定”按钮，效果如图7-168所示。

半径：设置保留的像素范围。数值越大，保留的原始像素越多；数值越小，保留的原始像素越少。

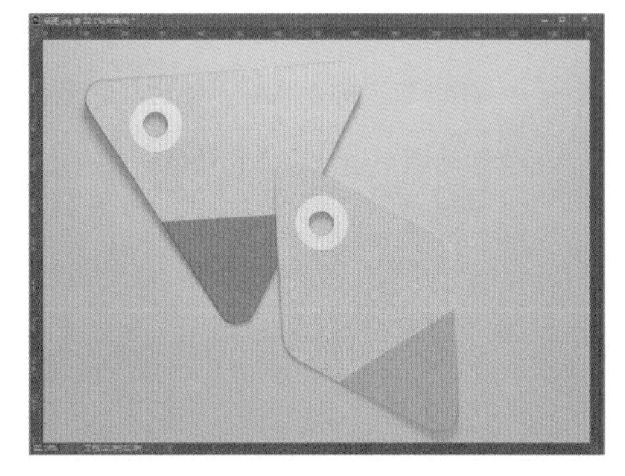

图 7-166

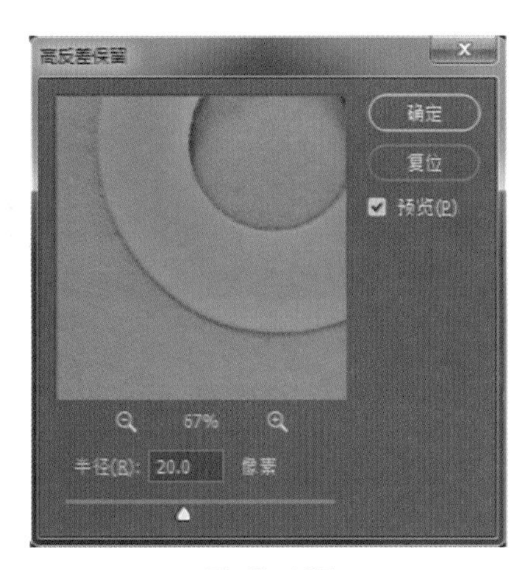

图 7-167

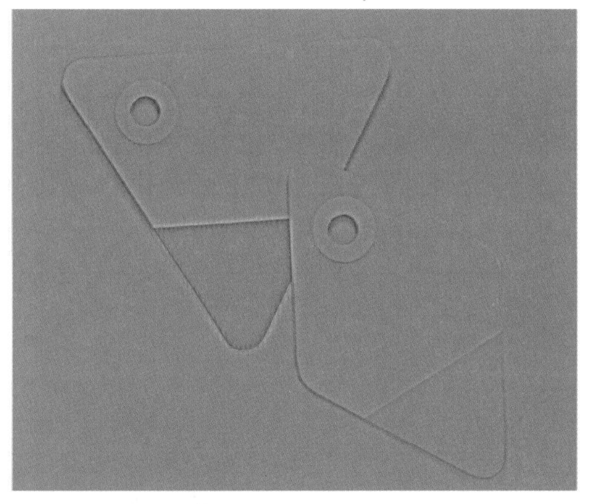

图 7-168

7.9.3 位移

“位移”滤镜主要用来制作无缝拼接的图案，可以使图片在水平或垂直方向移动。按“Ctrl+N”新建一个画布，填充背景色为绿色，选择自定义形状工具，绘制一棵树，如图7-169所示。右键单击形状图层，将图层栅格化，并复制一个图层，按“Ctrl+G”快捷键合并图层组，如图7-170所示。

图 7-169

图 7-170

对上一个图层执行“滤镜→其他→位移”命令，弹出“位移”对话框，如图7-171所示。设置水平、垂直参数为200像素，单击“确定”按钮，如图7-172所示。可见图像向右下角产生了位移，如果多次执行“位移”命令，即可绘制出一片森林。

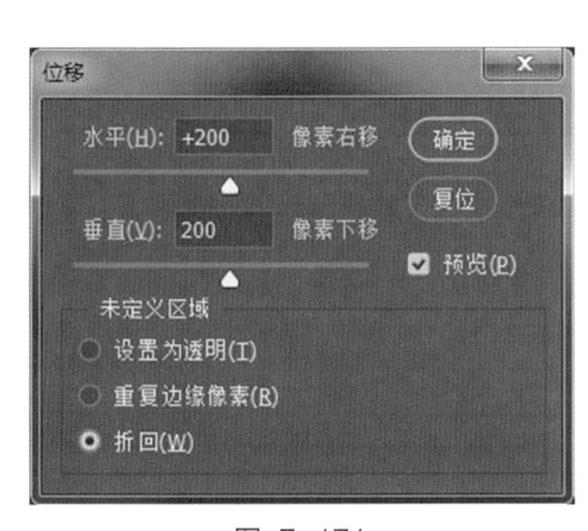

图 7-171

图 7-172

水平：设置图像在水平方向上的位移。数值为负向左移动，数值为正向右移动。

垂直：设置图像在垂直方向上的位移。数值为负向上移动，数值为正向下移动。

未定义区域：选择“设置为透明”，将未定义的区域，在选区原来的位置填充为透明；选择“重复边缘像素”，使用原图边缘的像素填充原来的位置；选择“折回”，使用图像的另一部分填充空白区域。

7.9.4 自定

运用“自定”滤镜可以自定义滤镜效果，它主要通过“卷积”数学运算来更改图像中每个像素的亮度值。执行“滤镜→其他→自定”命令，在弹出的“自定”对话框设置相关参数即可，如图7-173所示。

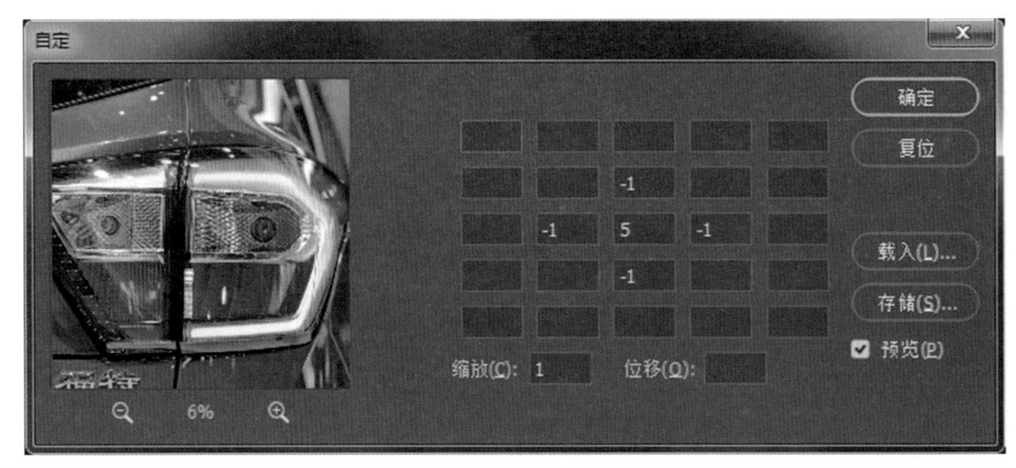

图 7-173

7.9.5 最大值

运用“最大值”滤镜可以在指定的半径范围内，用像素中的最大值替换其他像素，即扩大画面中的亮部，缩小画面中的暗部。打开一张图片，如图7-174所示。执行“滤镜→其他→最大值”命令，弹出“最大值”对话框，如图7-175所示。设置“半径”为180像素，单击“确定”按钮，效果如图7-176所示，可见图像黑色的部分缩小了，白色的部分扩大了。

图 7-174

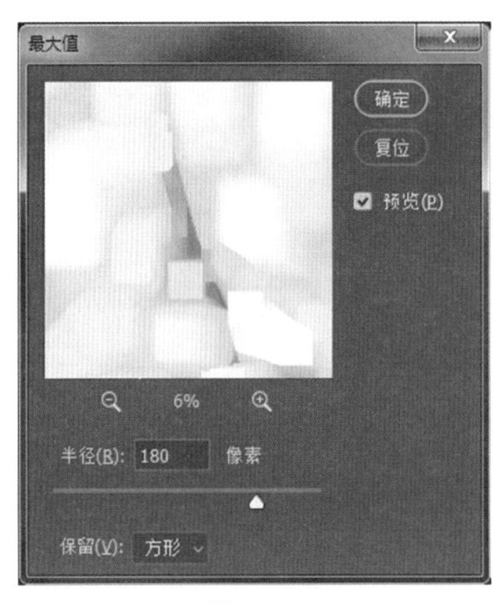

图 7-175

图 7-176

提示　“半径”用于设置用周围像素的最高亮度值替换当前亮度值的范围。“保留”用于设置像素块的形状，选择“方形”，像素块呈方形；选择“圆度”，像素块呈圆形。

7.9.6 最小值

运用“最小值”滤镜可以对图像的像素进行伸展，使白色部分收缩，黑色部分扩展。打开一张图片，如图7-177所示。执行“滤镜→其他→最小值”命令，弹出“最小值”对话框，如图7-178所示。设置“半径”为100像素，单击“确定”按钮，效果如图7-179所示。

图 7-177

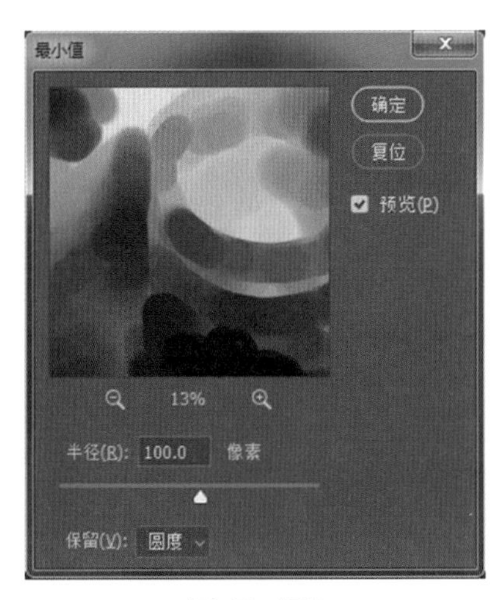

图 7-178

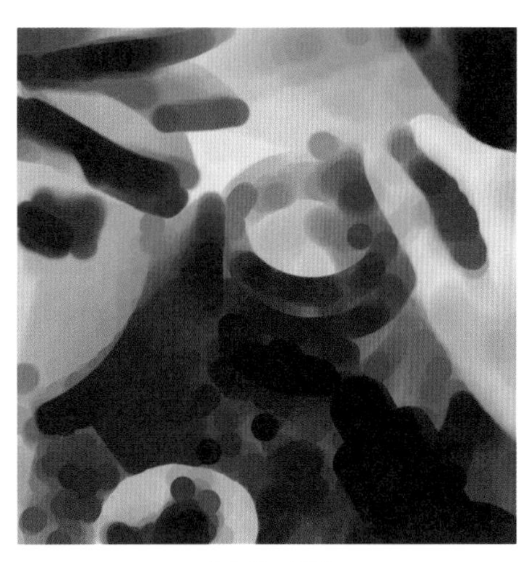

图 7-179

实战练习：使用滤镜库制作插画效果

图 7-180

滤镜库中包含了各种各样的效果，本案例我们使用滤镜库中的“艺术效果”来制作插画效果。

（1）打开一张人像图片，如图7-180所示。

（2）执行“滤镜→滤镜库”命令，打开“艺术效果”滤镜组，选择“海报边缘”，设置“边缘厚度”为0，“边缘强度”为1，“海报化”为0，效果如图7-181所示，单击“确定”按钮即可。

图 7-181

（3）接着执行“文件→置入嵌入对象”命令，置入素材“背景”，如图7-182所示，调整到适当的大小，按Enter键完成置入，并将其栅格化。然后设置“混合模式”为“正片叠底”，最终效果如图7-183所示。

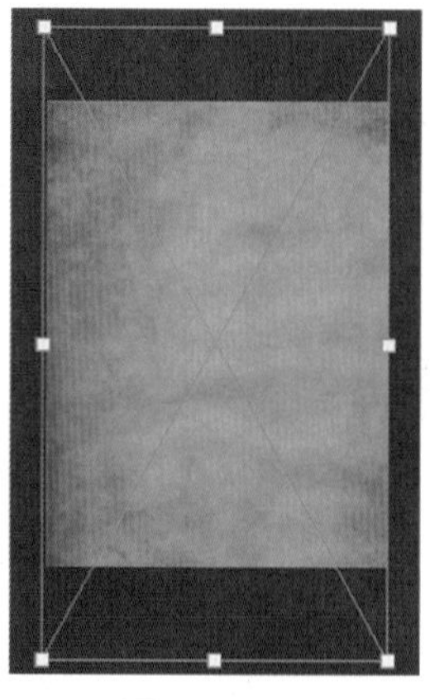

图 7-182

图 7-183

第8章 图层，PS核心功能中的核心

课程介绍

图层是Photoshop CC中的核心功能，它是一切操作的载体。所谓“图层”，就是“图像+分层”，即以分层的形式显示图像。本章将详细介绍图层的基本操作，图层透明度与混合模式，以及如何添加图层样式等内容，让你轻松掌握图层的应用。

学习重点

- 熟练掌握新建、复制、隐藏和删除图层。
- 熟练掌握移动、合并和栅格化图层。
- 学会设置图层透明度和混合模式。
- 学会使用图层样式制作特殊效果。

8.1 图层的基本操作

图层就好比是一张张叠加在一起绘有文字或图形等元素的透明胶片。不仅可以复制、删除、隐藏任何一张，还可以把多张合并、移动位置。接下来，我们将详细讲解图层的这些基本操作。

8.1.1 认识“图层”面板

“图层”面板包含了图层的所有信息，在“图层”面板里，可以进行缩放、更改颜色、设置样式、改变透明度等。一个图层代表一个单独的元素，可任意修改。执行“窗口→图层”命令或按F7键可打开“图层”面板，如图8-1所示。

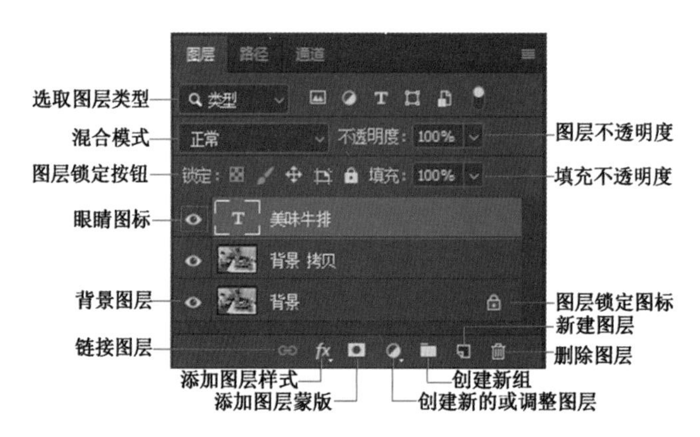

图 8-1

选取图层类型：当一个文件包含大量图层时，可单击倒三角形按钮，在下拉列表中选择一种类型，便于查找该类型的图层。

混合模式：用来设置当前图层的各种混合效果。

图层不透明度：设置当前图层的不透明程度。数值为0%表示完全透明，数值为100%表示不透明。

填充不透明度：设置当前图层的填充不透明度。

图层锁定按钮：用来锁定当前图层的属性，包括透明像素、图像像素、位置、画板和锁定全部属性。

眼睛图标：显示和隐藏图层，单击进行“显示与隐藏”切换。

背景图层：指图层面板最底端的图层，背景图层总是不透明的，可以把它转化为普通图层。

图层锁定图标：用于锁定图层，双击可解锁图层。

链接图层：用于链接选中的多个图层，链接的图层可同时进行编辑。

添加图层样式：单击该按钮，可在弹出的列表中选择不同的效果。

添加图层蒙版：单击该按钮，可以为当前图层添加图层蒙版效果。

创建新的或调整图层：单击该按钮，在下拉列表中可以选择创建新的填充图层或调整图层。

创建新组：单击该按钮，可新建一个图层组。图层组可包含多个图层，折叠后相当于一个图层位置，非常便于管理。

新建图层：单击该按钮，可新建一个空白图层。

删除图层：选中一个图层，单击该按钮，可删除选中的图层；用鼠标左键按住图层，拖曳到该按钮处亦可删除。

8.1.2 新建图层

执行“图层→新建→图层”命令，可创建新的图层，如图8-2所示。在弹出的“新建图层”对话框中，可以设置图层的名称、颜色、模式和不透明度，如图8-3所示。

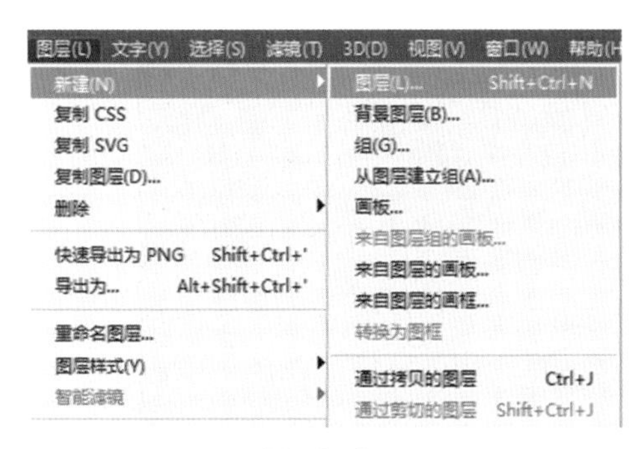

图 8-2

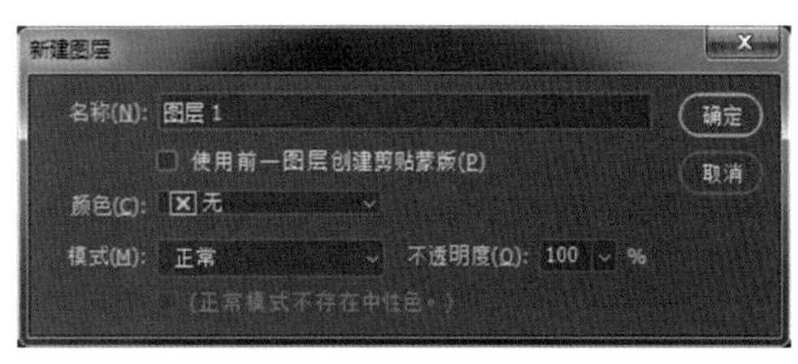

图 8-3

单击图层面板中的■按钮，可在当前图层的上方新建一个图层，并自动成为当前图层，如图8-4所示。按住Ctrl键单击■按钮则在当前图层的下方新建一个图层。按住Alt键，单击■按钮，会弹出“新建图层”对话框，可对图层名称、颜色等进行设置。

图 8-4

提示 选中图层，按“Ctrl+J”快捷键或按住该图层拖拽到■按钮处，可复制该图层；如果在图层中建立了选区，按“Ctrl+J”只复制选区内的元素，按“Shift+Ctrl+J”则将选区内的元素剪切出来。

8.1.3 选择图层

在使用Photoshop CC的过程中，有时候会发现对一个元素进行操作不起任何作用，其实这是因为没有选中该元素所在的图层。因此，在编辑之前，首先要选中图层。

选择图层比较简单，单击图层面板中的图层，底色变为灰色即为选中，如图8-5所示。如果要选择多个图层，可以按住Ctrl键，依次单击即可，如图8-6所示。

图 8-5

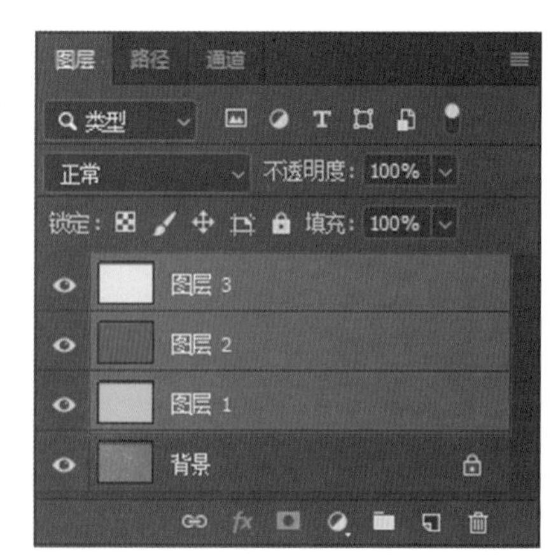

图 8-6

提示　选择“移动工具”，将光标放在画面中某个元素上，单击右键可以选择该元素所在的图层。

8.1.4　调整图层顺序

新建图层是按先后顺序不断堆叠排列的。在实际应用中，很多时候需要调整图层的顺序。一般可以通过两个方式来进行。

一是拖曳，用鼠标左键按住要调整的图层，将其拖曳到新的位置，释放鼠标即可。这是调整图层顺序最便捷、常用的方法。

二是单击选中该图层，执行“图层→排列”命令，如图8-7所示。可将该图层置为顶层底层，或前移、后移一层。熟记这些快捷键，能更快捷地对图层进行顺序调整。

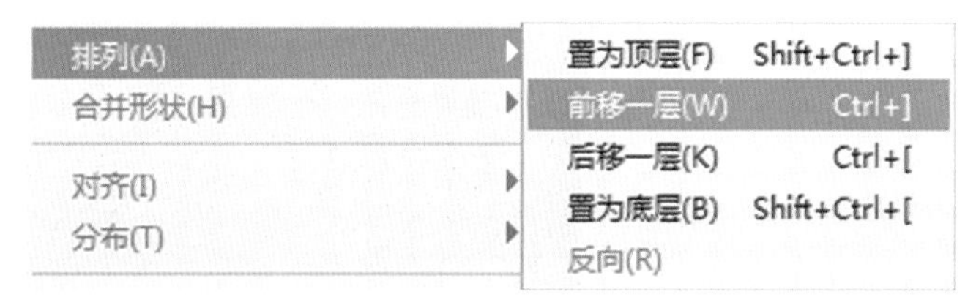

图 8-7

8.1.5　对齐/分布图层

对齐图层，可以使多个图层中的元素以一个图层的像素边缘为基准进行对齐。选择两个或两个以上图层，如图8-8所示。执行“图层→对齐”命令，如图8-9所示。在下拉列表中有六种不同的对齐方式，图8-10为不同对齐方式的效果。

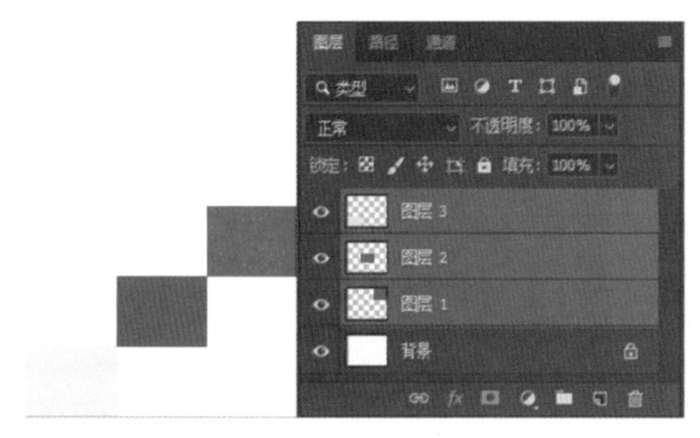

图 8-8

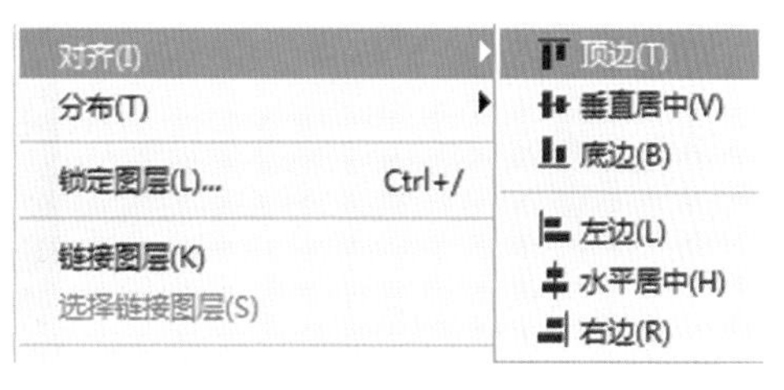

图 8-9

分布图层与对齐图层相比，多了“水平”“垂直”两种方式。其效果并不直观。“顶边”“底边”是从每个图层的顶端或底端像素开始，间隔均匀地分布。“垂直居中”“水平居中”则是从每个图层的垂直或水平中心像素开始，间隔均匀地分布。

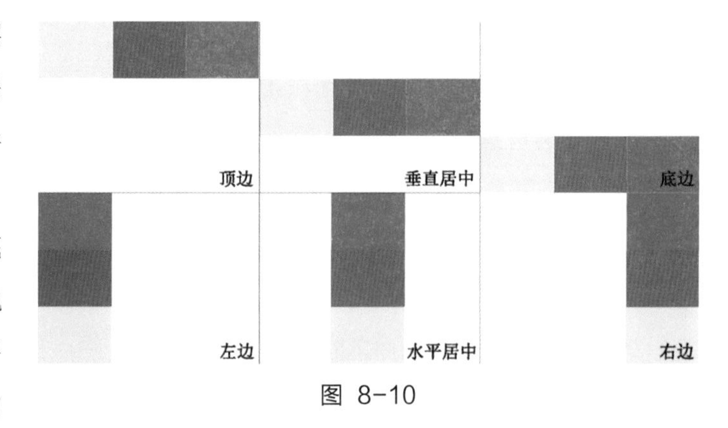

图 8-10

8.1.6 图层编组

在需要建立大量图层的文件时，对相应的图层进行编组，能够使操作更加便捷，管理图层更加有序。进行图层编组前，需要选中多个图层，一般有以下三种方法。

（1）执行“图层→图层编组”命令，如图8-11所示，或按“Ctrl+G”快捷键，即可为所选图层建立图层组。

图 8-11

（2）在图层面板中，选中多个图层，单击右键，在下拉列表中找到“从图层中建立组”选项，如图8-12所示。单击后弹出“从图层新建组”对话框，如图8-13所示，再单击“确定”按钮，即可新建图层组。

（3）在图层面板中，先选中多个图层，单击■按钮，如图8-12红色方框所示，即可快速建立图层组。

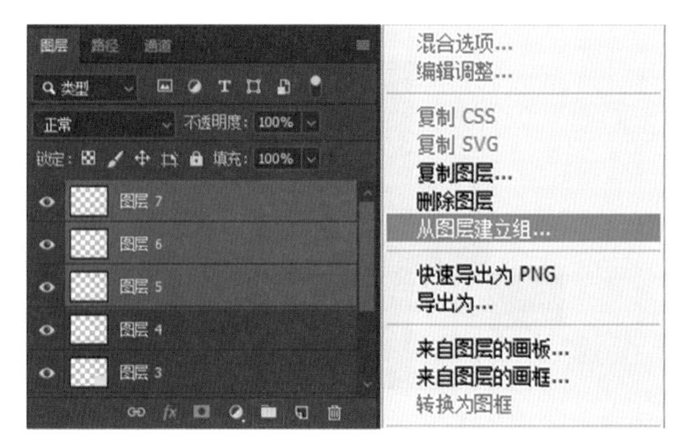

图 8-12

图 8-13

提示　如果想要取消图层组，选中该图层组，按“Shift+Ctrl+G”快捷键，或是单击右键，在列表中选择“取消图层编组”，即可取消。

8.1.7　合并与拼合图层

编辑图层时，为了便于操作，可以将相同属性的图层合并或拼合。

（1）在图层面板中，单击最上面的一个图层，如图8-14所示。执行“图层→向下合并”命令或按“Ctrl+E”快捷键，可由上向下依次合并图层，合并的图层以下面图层的名称显示，如图8-15所示。

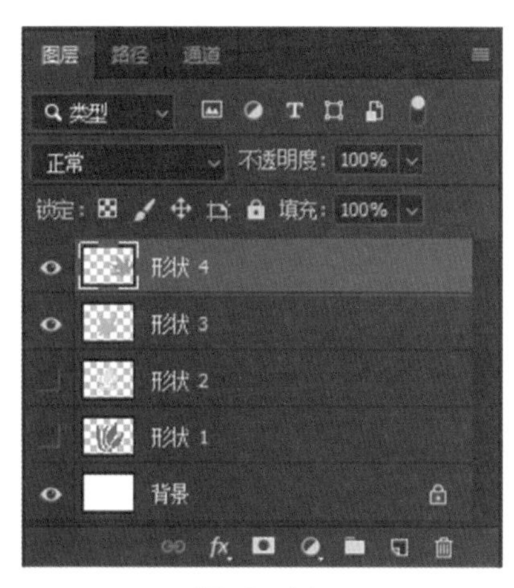

图 8-14

图 8-15

（2）如果想要快速将所有可见图层合并，可执行“图层→合并可见图层”命令或按“Shift+Ctrl+E”快捷键，合并后的图层名称将采用最顶层的图层名称。

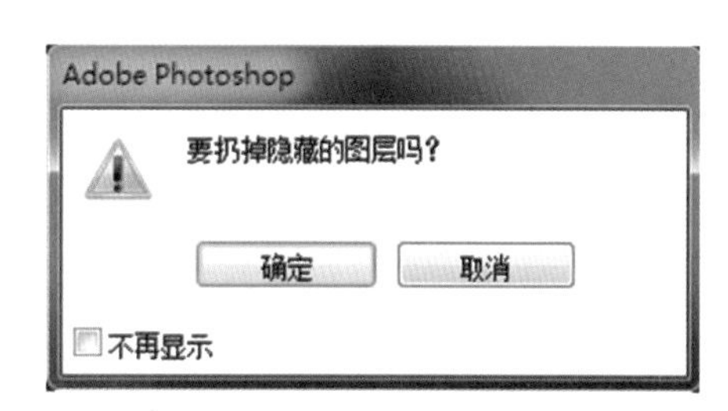

图 8-16

（3）执行“图层→拼合图像”命令，可以

把所有可见图层合并到背景图层中。如果存在隐藏图层，则会弹出“Adobe Photoshop”对话框，可选择是否扔掉隐藏图层，如图8-16所示。

提示 选中一个图层，按“Ctrl+Alt+E”快捷键，可以将该图层的元素盖印到下一个图层中，其他图层保持不变。选中所有可见图层，按“Shift+Ctrl+Alt+E”组合键，可将所有图层盖印到一个新图层中。

8.1.8 栅格化图层

在Photoshop CC中，有些图层是不能直接进行编辑的，比如文字图层、形状图层等。这就需要先将这些图层栅格化。选择要栅格化的图层，执行“图层→栅格化”命令，或是单击鼠标右键，在下拉列表中选择“栅格化图层”命令，如图8-17所示，即可将其栅格化为普通图层。

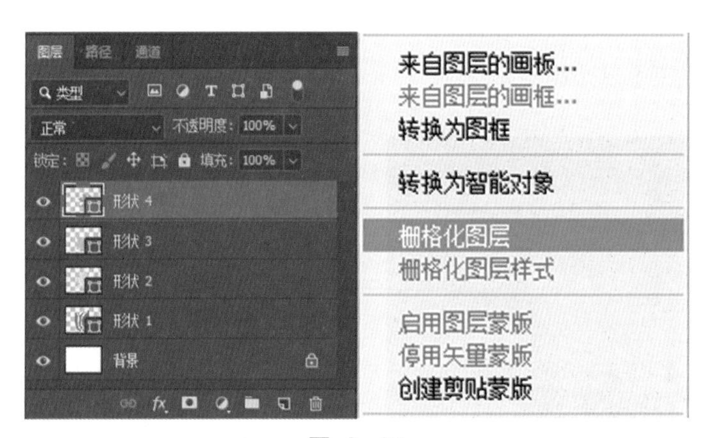

图 8-17

8.2 图层不透明度与混合模式

通过调整图层不透明度、混合模式可以为图层添加特殊效果。不透明度作用于图层的透明属性，混合模式是指一个图层与其下一个图层的色彩叠加方式，共分为六个模式组。这两者都是数字化图像处理中比较常用的功能。

8.2.1 调整“不透明度”和“填充”

“不透明度”可以调整整个图层，包括形状、像素以及图层样式的不透明度。打开一张带有图层效果的图片，如图8-18所示。在图层面板中，单击“不透明度”右边的倒三角形按钮，拖动指针调整数值，如图8-19所示。如果想要准确的数值，也可以直接输入数字。图8-20是不透明度为30%的效果。

图 8-18

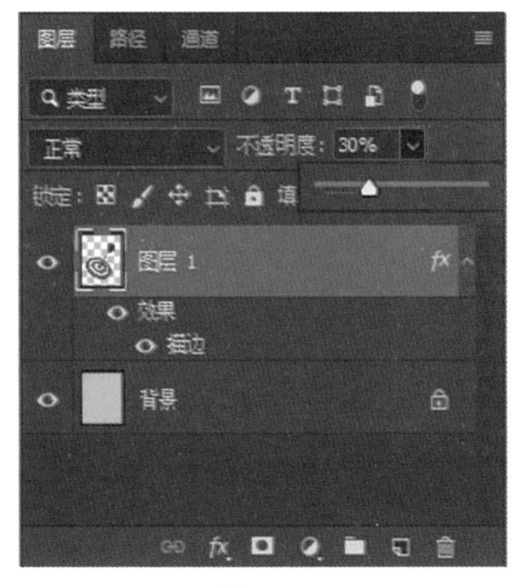

图 8-19

图 8-20

“填充”只影响图层本身的元素，如像素、形状，对图层样式等则没有影响。其数值调整与“不透明度”调整一样，如图8-21所示。图8-22是“填充”5%的效果，可见除了外发光效果不受影响外，其他元素都变得透明了。

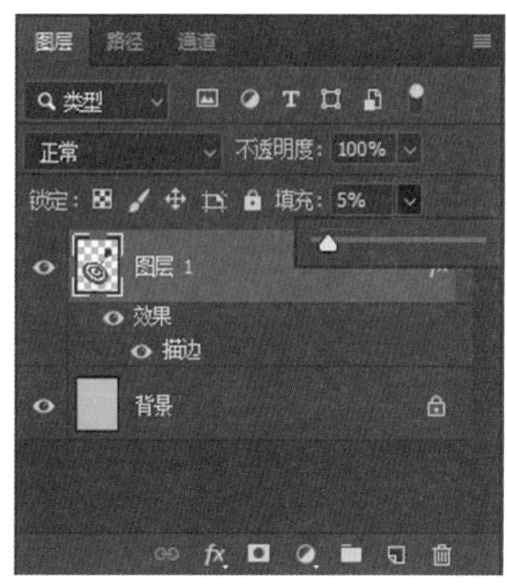

图 8-21

图 8-22

8.2.2 组合模式组

组合模式组包括“正常”“溶解”两种效果。“正常”是Photoshop CC默认的模式，如图8-23所示。当不透明度为100%时，当前图层将完全遮住其下方的图层，如图8-24所示。调整“不透明度”或“填充”，则可以将下面的图层显现出来。图8-25是“不透明度”为40%的效果。

图 8-23

图 8-24

图 8-25

“溶解”模式能够使透明度像素的区域产生离散的效果。前提是必须降低“不透明度”或“填充”的数值才会起作用。图8-26是“不透明度”降为50%的“溶解”效果。

图 8-26

8.2.3 加深模式组

加深模式组可以使图像变暗，即当前图层的白色像素被下一图层较暗的像素代替。其中包括“变暗”“正片叠底”“颜色加深”“线性加深”“深色”五种效果。在一个文档内打开两张图片，如图8-27所示，然后分别设置成这五种效果。

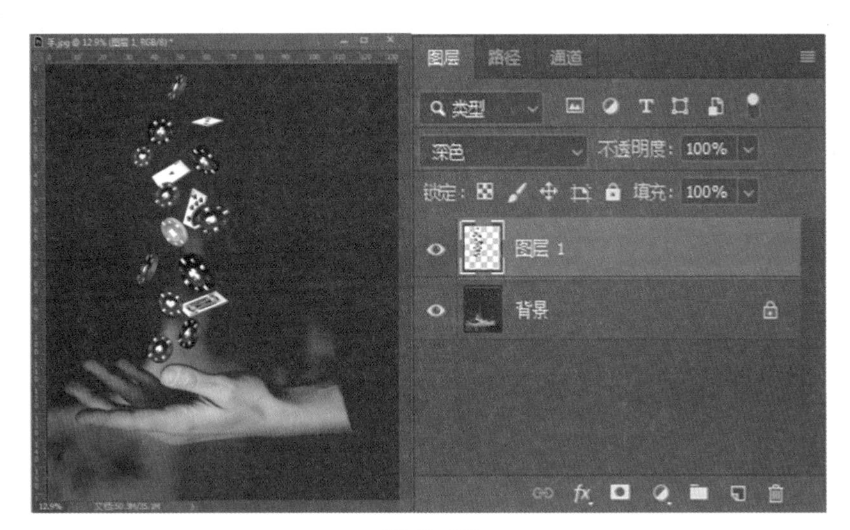

图 8-27

变暗：对每个通道的颜色信息进行比较，选择基色或混合色中较暗的颜色作为结果色，使两个图层中较暗的像素混合后保留并保持不变，更亮的像素则被替换，效果如图8-28所示。

图 8-28

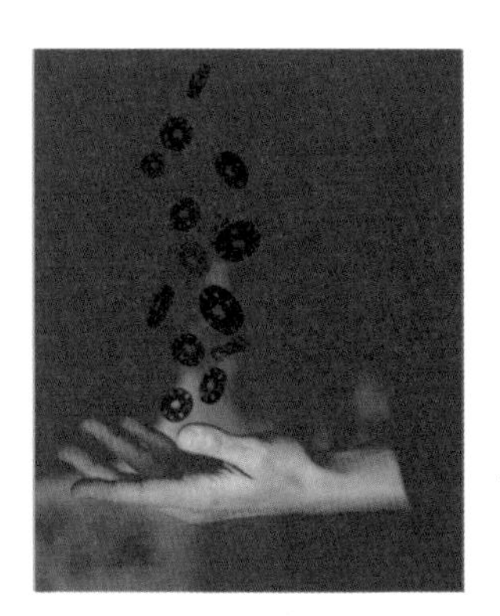

图 8-29

正片叠底：指当前图层叠在其下面的图层上，白色区域叠加后没有显示，直接显示下面图层的颜色，即任何颜色与白色混合保持不变；如果是其他颜色，叠加后的颜色变得更深，即任何颜色与黑色混合产生黑色，效果如图8-29所示。

颜色加深：通过增加上下层图像的对比度使像素变暗，与白色混合不发生变化，效果如图8-30所示。

线性加深：减少亮度使像素变暗，与白色混合不发生变化，效果如图8-31所示。

深色：比较两个图层所有通道的总和，最终显示数值较小的颜色，效果如图8-32所示。

图 8-30

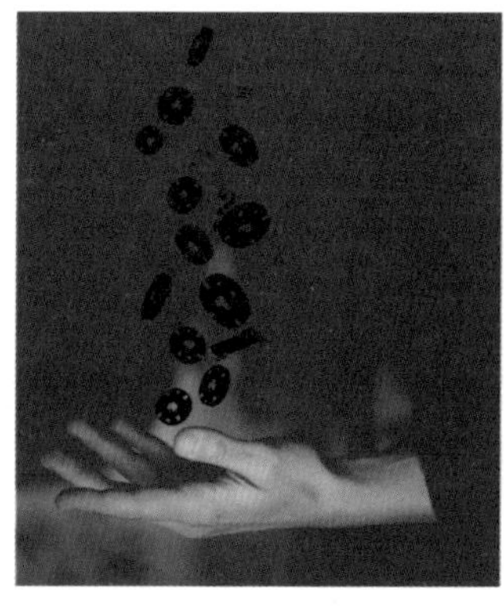

图 8-31

图 8-32

8.2.4 减淡模式组

减淡模式组与加深模式组的效果正好相反，它可以使混合的图像变亮，即图像中黑色的像素被较亮的像素替换，而任何比黑色亮的像素都会提升下面图层的亮度。在一个文档中打开两张图片，如图8-33所示。

图 8-33

变亮：对每个通道的颜色信息进行比较，选择基色或混合色中较亮的颜色作为结果色，使两个图层中较亮的像素混合后保留并保持不变，更暗的像素则被替换，效果如图8-34所示。

滤色：与黑色混合时颜色保持不变，与白色混合时变成白色，效果如图8-35所示。

图 8-34

图 8-35

颜色减淡：通过减小上下层图层之间的对比度，来提亮底层的图像像素，效果如图8-36所示。

线性减淡：增加亮度使颜色减淡，使用该模式时一般会有大量色阶溢出，效果如图8-37所示。

浅色：比较两个图层所有通道的总和，最终显示数值较大的颜色，效果如图8-38所示。

图 8-36

图 8-37

图 8-38

8.2.5 对比模式组

对比模式组可以加强图像的差异，在混合过程中，50%的灰色会完全消失，任何亮度高于灰色50%的像素都可能提亮下面图层的图像，亮度低于50%的灰色像素则会使下面图层的图像变暗。在一个文档中打开两张图片，如图8-39所示。

图 8-39

叠加：对颜色进行过滤并提升上层的亮度，强度取决于底层颜色，同时保持底层图像的明暗对比，效果如图8-40所示。

柔光：颜色变暗或变亮。上层图像比50%灰色亮，则图像变亮；上层图像比50%灰色暗，则图像变暗。效果如图8-41所示。

图 8-40

图 8-41

强光：与柔光效果类似，同样是图像变得浓重或浅淡，效果如图8-42所示。

亮光：通过加深或减小下层图像的对比度，来加深或减淡混合后图像的颜色。如果上层图像比50%灰色亮，则图像变亮；如果上层图像比50%灰色暗，则图像变暗。效果如图8-43所示。

线性光：通过减少或增加亮度来加深或减淡图像的颜色，主要取决于当前图层颜色，如果当前图层颜色比50%灰色亮，图像变亮；如果比50%灰色暗，则图像变暗。如图8-44所示。

图 8-42

图 8-43

图 8-44

点光：根据当前图层图像的亮度来替换颜色。如果当前图层颜色比50%灰色亮，替换比较暗的像素；如果当前图层颜色比50%灰色暗，则替换比较亮的像素。效果如图8-45所示。

实色混合：将当前图层的RGB通道值添加到下一层图像的RGB通道值中，效果如图8-46所示。

图 8-45

图 8-46

8.2.6 比较模式组

比较模式可以对当前图层和下层图层图像的颜色进行比较，相同颜色的区域显示为黑色，不同颜色的区域则显示为灰色或彩色。如果当前图层包含白色，那么其区域下面的图层部分将反相，而黑色部分则不会使下面的图层发生变化。在一个文档中，打开两张图片，如图8-47所示。

图 8-47

差值：当前图层与白色混合将反转下一层图像的颜色，与黑色混合则不产生变化，效果如图8-48所示。

排除：与“差值”模式类似，可以获得一种图像反相的效果，如图8-49所示。

图 8-48

图 8-49

减去：在目标通道中相应的像素上减去源通道中的像素值，效果如图8-50所示。

划分：对每个通道中的信息进行比较，然后从下一层图像中划分上层图像，效果如图8-51所示。

图 8-50

图 8-51

8.2.7 色彩模式组

色彩混合模式能够自动识别图像的颜色属性，然后将其中的一两种应用到混合的图像中，主要包括四种混合模式。在一个文档中，打开两张图片，如图8-52所示。

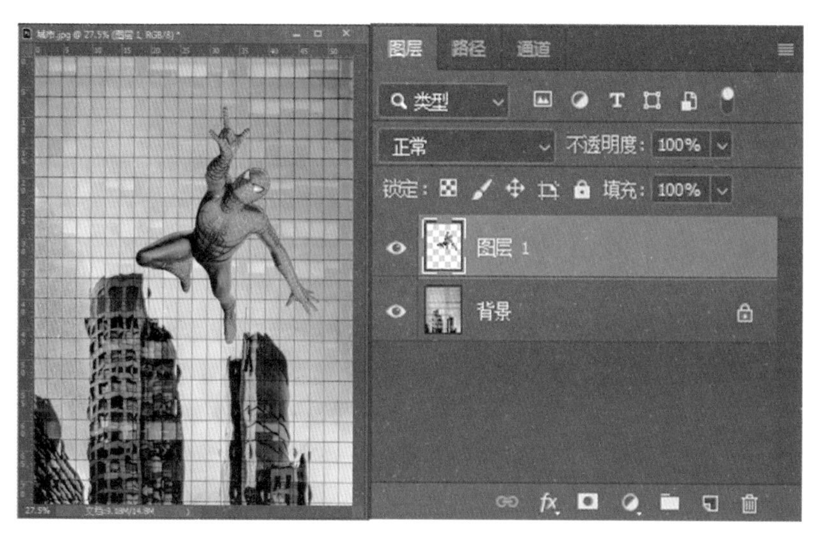

图 8-52

色相：以下层图像的亮度、饱和度以及上层图像的色相来创建结果色，效果如图8-53所示。

饱和度：以下层图像的亮度、色相以及上层图像的饱和度来创建结果色。该模式在饱和度为0的灰色区域无效。效果如图8-54所示。

图 8-53

图 8-54

颜色：以下层图像的亮度以及上层图像的色相、饱和度来创建结果色。该模式可以保留图像中的灰阶，适合用来给单色图像上色和给彩色图像着色。效果如图8-55

所示。

明度：以下层图像的色相、饱和度以及上层图像的亮度来创建结果色。效果与“颜色”模式相反，如图8-56所示。

图 8-55

图 8-56

8.3　添加图层样式

添加图层样式，能够简单快捷地制作出各种立体投影、质感以及光景效果的图像特效。Photoshop CC提供了多种图层样式，如斜面、浮雕、阴影、发光等。每种样式都可单独使用，也可多种样式共同使用。

8.3.1　图层样式的使用

图层样式是应用于图层或图层组的一种或多种效果。包括普通图层、文本图层和形状图层在内的任何种类的图层都可以应用图层样式。

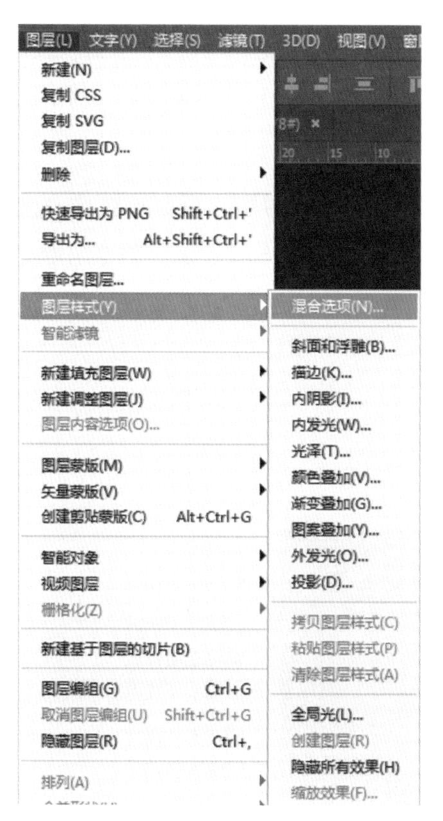

图 8-57

1. 添加图层样式

执行“图层→图层样式”命令，在下拉列表中可以选择各种图层样式，如图8-57所示。单击图层面板下方的fx按钮，也可在弹出的列表中选择各种图层样式，如图8-58所示。

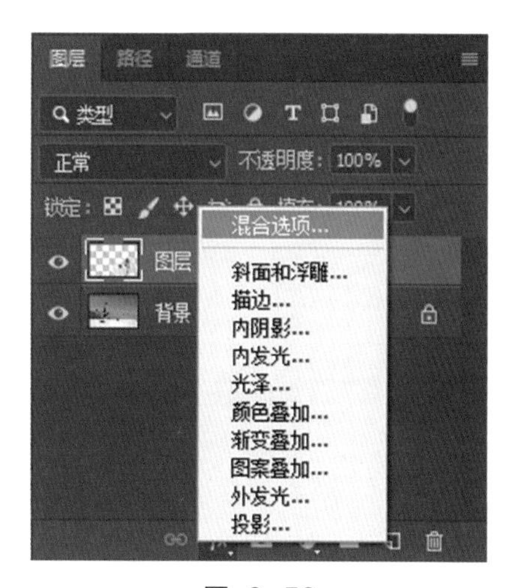

图 8-58

单击“混合选项”即可弹出“图层样式”对话框，如图8-59所示。左边区域为图层样式列表，右边区域为每个样式的参数设置。

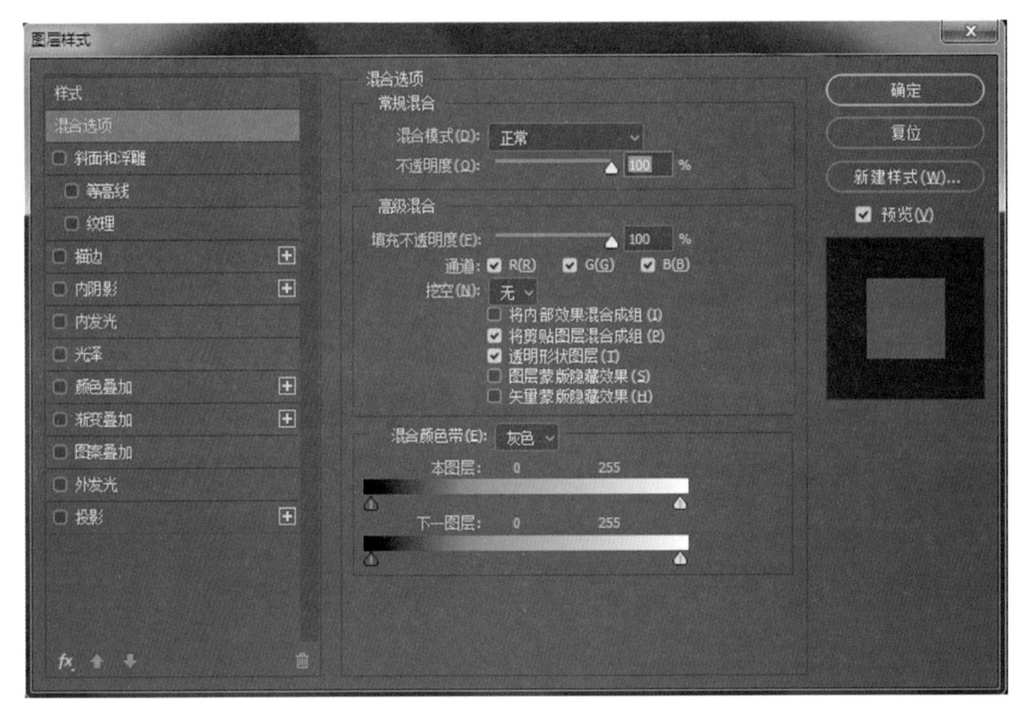

图 8-59

2. 拷贝、粘贴图层样式

如果要将一个图层样式应用到其他图层中，可以选中该图层，执行“图层→图层样式→拷贝图层样式”命令，或是单击鼠标右键，在下拉列表中选择“拷贝图层样式”，如图8-60所示，然后选择目标图层，单击右键鼠标，执行“粘贴图层样式”即可，如图8-61所示。

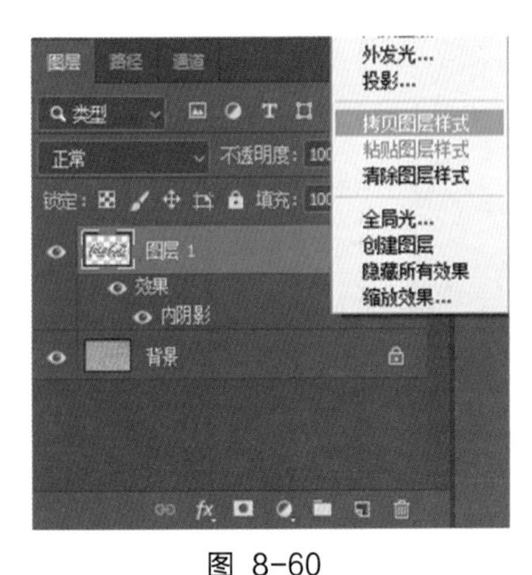

图 8-60

图 8-61

3. 删除/栅格化图层样式

如果想要删除某个图层的样式，可以单击鼠标右键，在弹出的列表中选择“清除图层样式”命令，或按住鼠标左键，将需要删除的图层样式拖曳到按钮，即可删除。

如果要将图层样式栅格化，可选择该图层，单击鼠标右键，在弹出的列表中选择“栅格化图层样式”命令即可。栅格化后的图层不能再进行图层样式的参数设置。

8.3.2 斜面与浮雕

“斜面与浮雕”样式可以制作出凸起的立体感效果，常用来制作立体感强的文字或带有厚度感的对象。选中文字图层，如图8-62所示。执行“图层→图层样式→斜面与浮雕”命令，打开“图层样式”对话框，如图8-63所示。钩选“斜面与浮雕”选项，并设置相关参数，效果如图8-64所示。

图 8-62

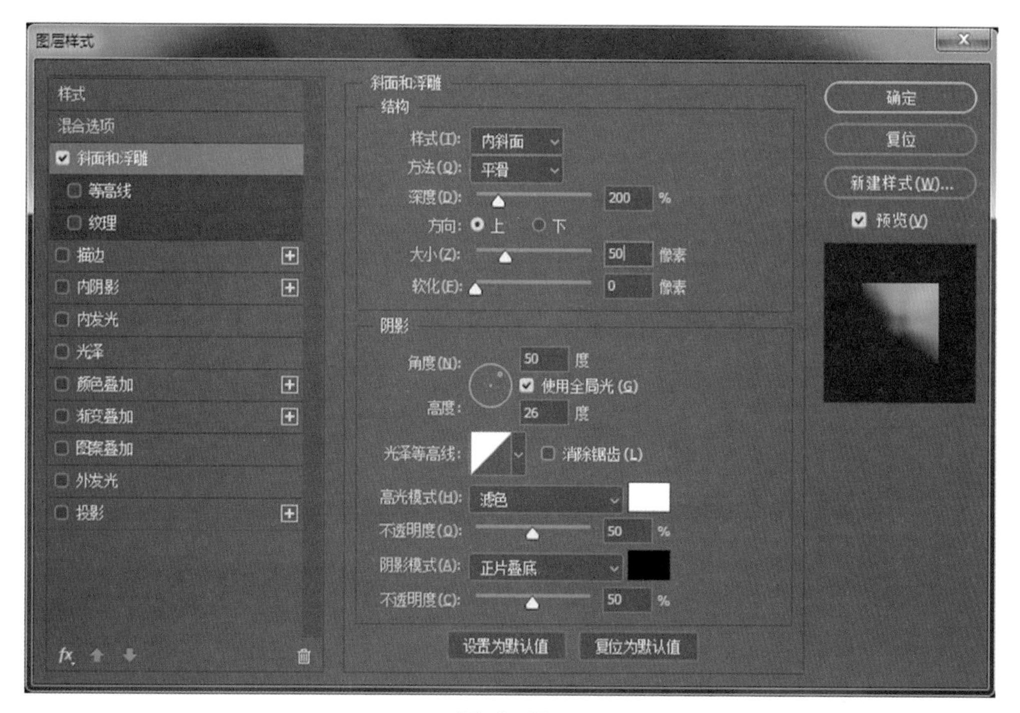

图 8-63

样式：选择“内斜面”，在图层元素的内侧边缘创建斜面；选择“外斜面”，在图层外侧边缘创建斜面；选择“浮雕效果”，当前图层元素相对于下层图层产生浮雕状效果；选择“枕形浮雕”，当前图层的元素嵌入到下层图层中产生效果；选择“描边浮雕”，将浮雕应用于具有“描边”样式的图层边界。

图 8-64

方法：设置创建浮雕的方法，包括平滑、雕刻清晰、雕刻柔和三个选项。

深度：设置浮雕斜面的深度，数值越大，立体感越强。

方向：设置高光和阴影的位置，其与光源的角度有关。

大小：设置斜面和浮雕阴影面积的大小。

软化：设置斜面和浮雕的平滑程度。

角度/高度：设置光源的角度和高度。

使用全局光：钩选该选项，所有浮雕样式的光照角度都保持一个方向。

光泽等高线：选择不同的等高线样式，可以获得不同的浮雕光泽质感。可以自定义等高线。

消除锯齿：钩选该选项，可以消除斜面边缘的锯齿。

高光模式/不透明度：设置高光的模式和不透明度。点击右边的色块可选择任意高光的颜色。

阴影模式/不透明度：设置阴影的模式和不透明度。点击右边的色块可选择任意阴影的颜色。

1. 等高线

在斜面和浮雕样式中，还有“等高线”和“纹理”两个选项。单击“等高线”可切换到“等高线”参数对话框，如图8-65所示，设置“范围”为0%，效果如图8-66所示，此时文字的凹凸程度改变了，显得更加立体。

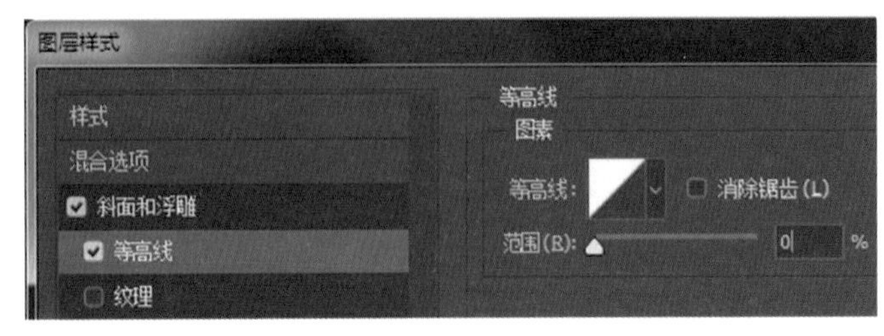

图 8-65

图 8-66

2. 纹理

单击“纹理”可切换到“纹理”参数对话框，如图8-67所示。纹理样式可以为模拟的凹凸效果增加纹理，设置图案、缩放、深度等参数，效果如图8-68所示。

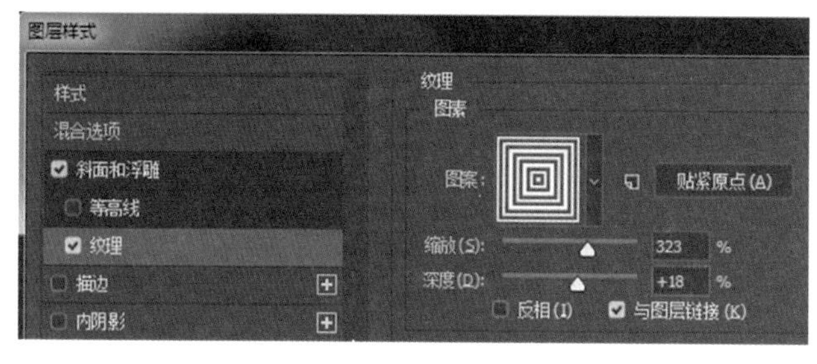

图 8-67

图 8-68

图案：单击右边的倒三角形按钮，可以在下拉列表中选择各种图案作为纹理效果，也可以自定义图案。

缩放：设置图案显示的大小。

深度：设置图案纹理的深度。

反相：钩选后，可以反转图案纹理的凹凸效果。

与图层链接：钩选后，可以使图案和图层链接在一起。

8.3.3 描边

“描边”样式可以在图像的边缘描绘颜色、渐变色或是图案，且既可在内边缘描边，也可在外边缘描边。选中文字图层，如图8-69所示，执行“图层→图层样式→描边”命令，弹出“图层样式”对话框，如图8-70所示。钩选“描边”样式，在右边设置大小、颜色等相关参数，效果如图8-71所示。

图 8-69

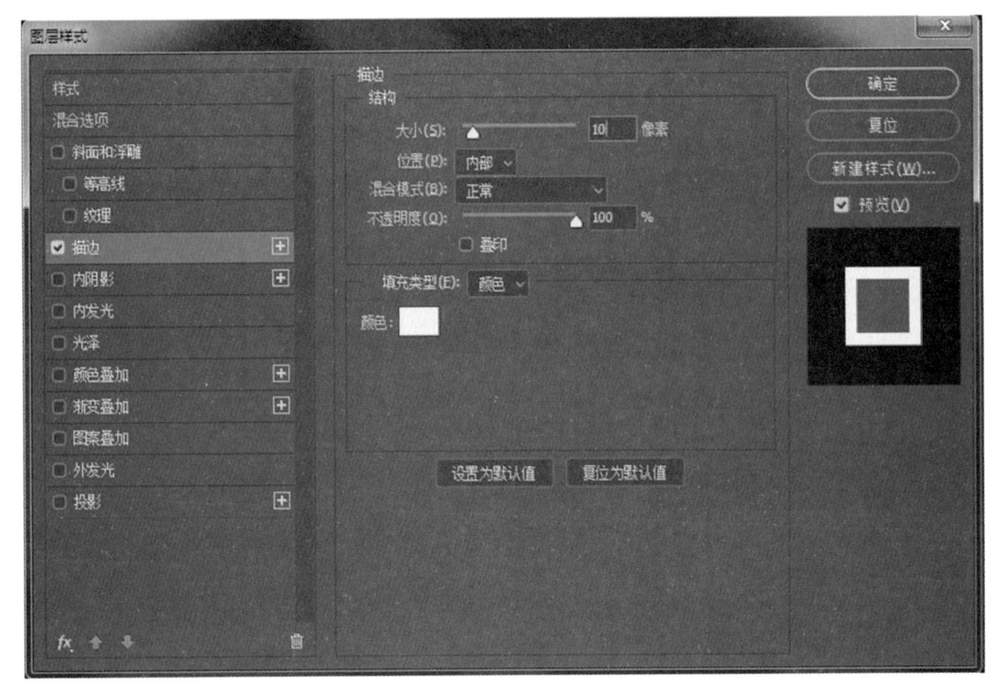

图 8-70

大小：设置描边的粗细。

位置：设置描边在图像边缘的位置，有外部、内部、居中三种。

混合模式：设置描边与下一图层的混合方式。

不透明度：设置描边的不透明度。

叠印：钩选该选项，描边的混合模式和不透明度应用于原图层元素的表面。

图 8-71

填充类型：选择填充描边的类型，有颜色、渐变和图案三种。

8.3.4 内阴影

“内阴影”样式可以添加从边缘向内产生的阴影效果，被应用的图像会产生凹陷的效果。选中图层，如图8-72所示。执行“图层→图层样式→内阴影”命令，弹出“图层样式”对话框，如图8-73所示。进行角度、大小等参数设置，可以使图像边缘产生向内的阴影，呈现立体的效果，如图8-74所示。

图 8-72

图层样式

样式
混合选项
斜面和浮雕
等高线
纹理
描边
内阴影
内发光
光泽
颜色叠加
渐变叠加
图案叠加
外发光
投影

内阴影
结构
混合模式(B): 正片叠底
不透明度(O): 100 %
角度(A): 90 度 使用全局光(G)
距离(D): 0 像素
阻塞(C): 0 %
大小(S): 80 像素
品质
等高线: 消除锯齿(L)
杂色(N): 0 %
设置为默认值 复位为默认值

确定
复位
新建样式(W)...
预览(V)

图 8-73

混合模式：设置阴影与图像的混合模式。单击右边的色块，可选择阴影效果的颜色。

不透明度：设置阴影效果的不透明度。

角度：设置阴影应用于图层时的光照角度，拖曳指针或输入数值，可调节光源的照射角度。

距离：设置内阴影偏移图层内容的角度。

阻塞：用于收缩内阴影的边界，“大小”值的范围决定“阻塞”的收缩范围。

大小：设置内阴影的范围。数值越大，范围越大。

等高线：选择不同的等高线来控制内阴影的形状。

杂色：为阴影效果添加杂色以获得颗粒感。

图 8-74

8.3.5 内发光/外发光

“内发光”样式，可以使图层元素的边缘产生向内发光的效果。其属性对话框大多数参数与“内阴影”相同，如图8-75所示。图8-76是原图与内发光效果的对比。

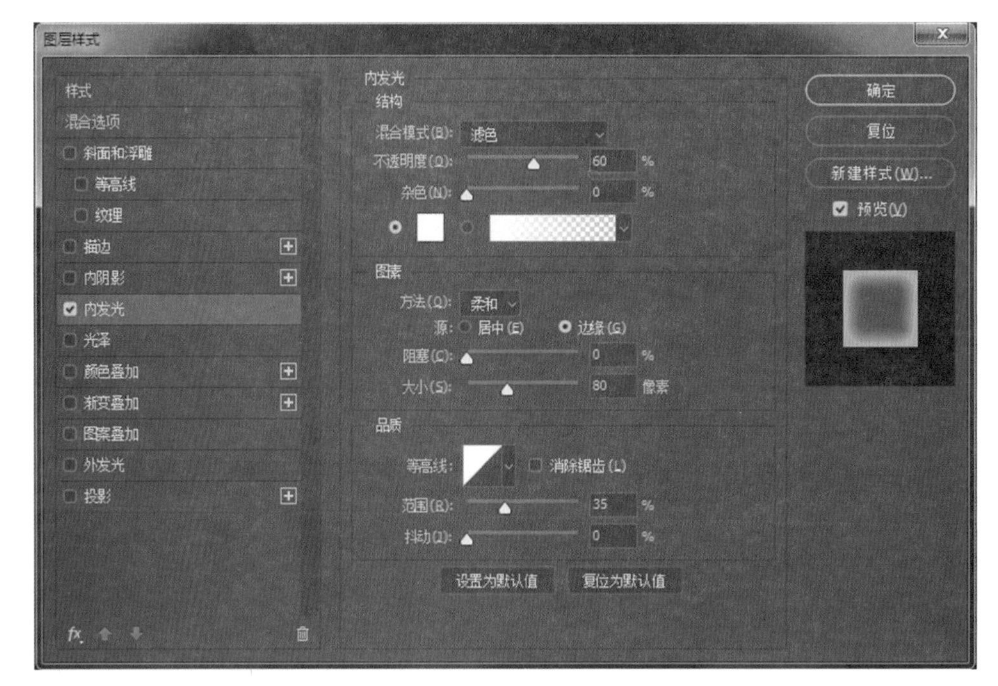

图 8-75

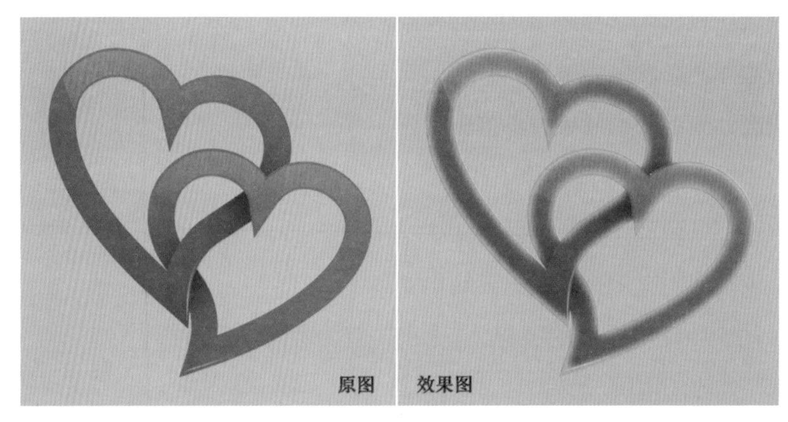

图 8-76

方法：设置发光的方式，有柔和、精确两个选项。

源：设置光源的位置，有居中、边缘两个选项。类似内阴影的“角度”参数。

范围：设置发光的范围。

抖动：改变渐变颜色和不透明度的应用。

“外发光”样式与“内发光”样式非常相似，是沿图层元素的边缘产生向外的发光效果，其属性对话框如图8-77所示，“外发光”样式没有“源”“阻塞”选项。其他选项与“内发光”相同，这里不再赘述，图8-78是原图与外发光效果的对比。

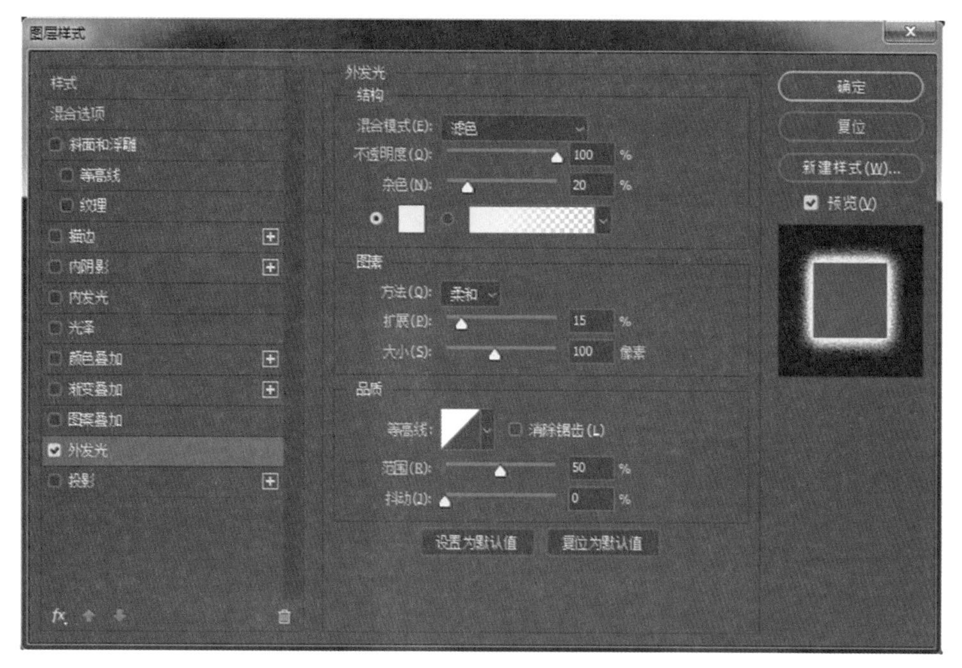

图 8-77

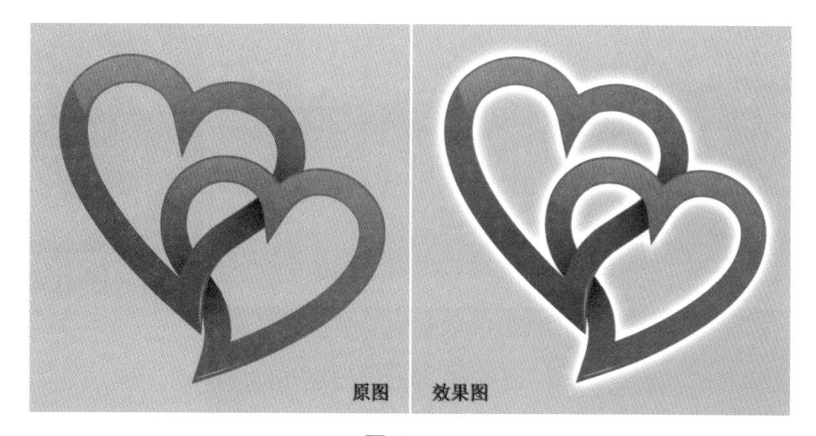

图 8-78

8.3.6 光泽

运用“光泽”样式可以模拟光线在形体表面产生的映射效果，使图像表面产生像丝绸或金属一样的光滑质感。选中图层，如图8-79所示。执行“图层→图层样式→光泽”命令，弹出“图层样式”对话框，如图8-80所示。设置相关参数，效果如图8-81所示。

图 8-79

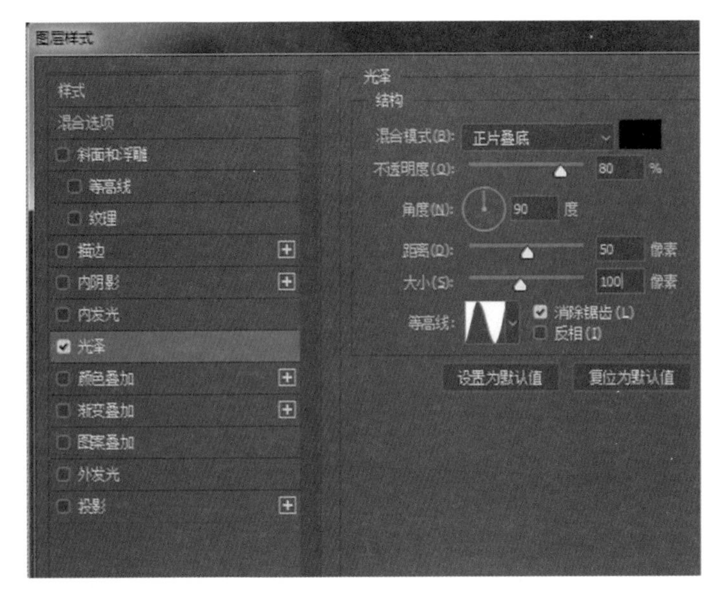

图 8-80

图 8-81

8.3.7 颜色/渐变/图案叠加

图 8-82

颜色叠加样式可以为图像叠加颜色。选中图层，如图8-82所示。执行“图层→图层样式→颜色叠加”命令，弹出“图层样式”对话框，如图8-83所示。设置颜色、不透明度等参数，效果如图8-84所示。

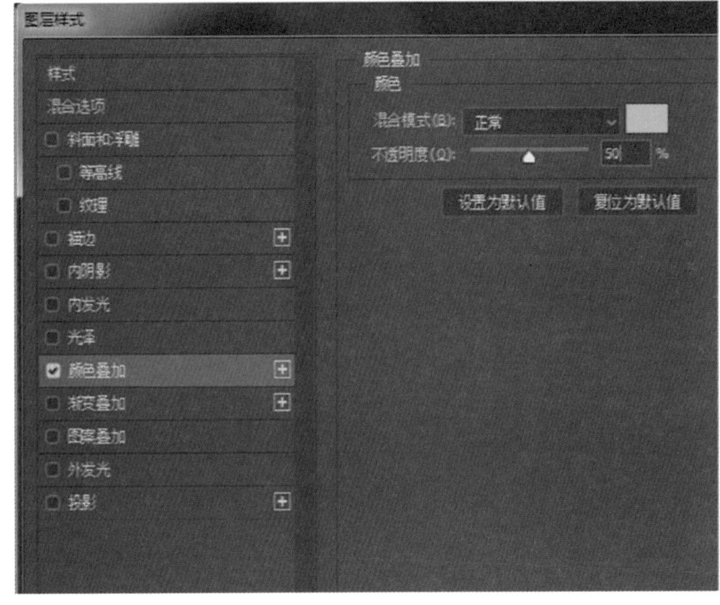

图 8-83

图 8-84

渐变叠加样式则可以为图像添加渐变颜色，通过巧妙地使用渐变色还可以制作出凸起、凹陷等三维效果。其属性对话框如图8-85所示，调整不透明度、样式、角度等参数，效果如图8-86所示。

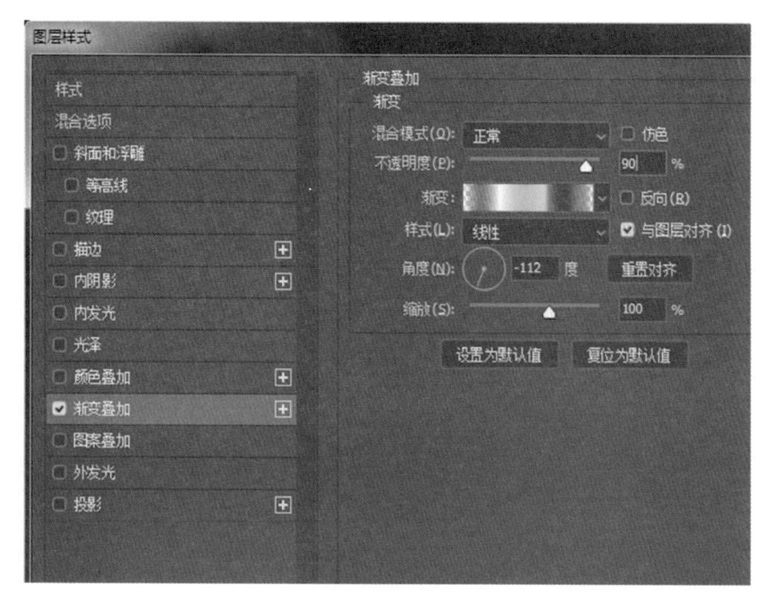

图 8-85

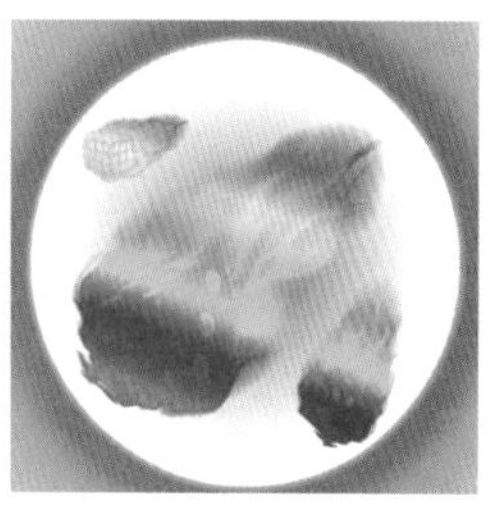

图 8-86

图案叠加样式可以为图像添加图案，使图案覆盖在图像上。其属性对话框如图8-87所示。设置不透明度、图案等参数，效果如图8-88所示。

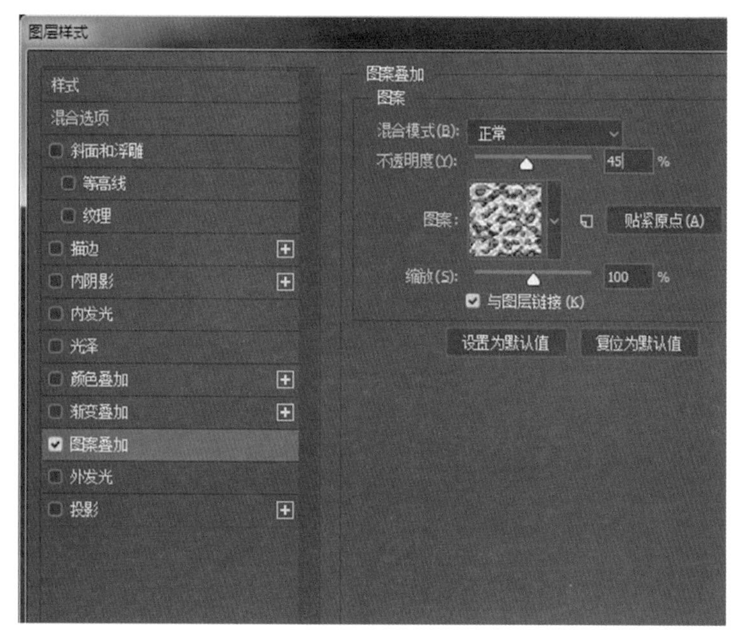

图 8-87

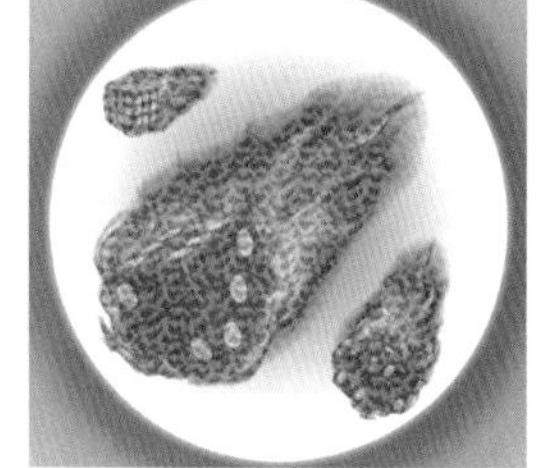

图 8-88

8.3.8 投影

图 8-89

“投影”样式可以为图像元素制作向后的阴影效果，以增加立体感和层次感。选中图层，如图8-89所示。执行“图层→图层样式→投影”命令，弹出“图层样式”对话框，如图8-90所示。设置角度、距离、大小等参数，效果如图8-91所示。

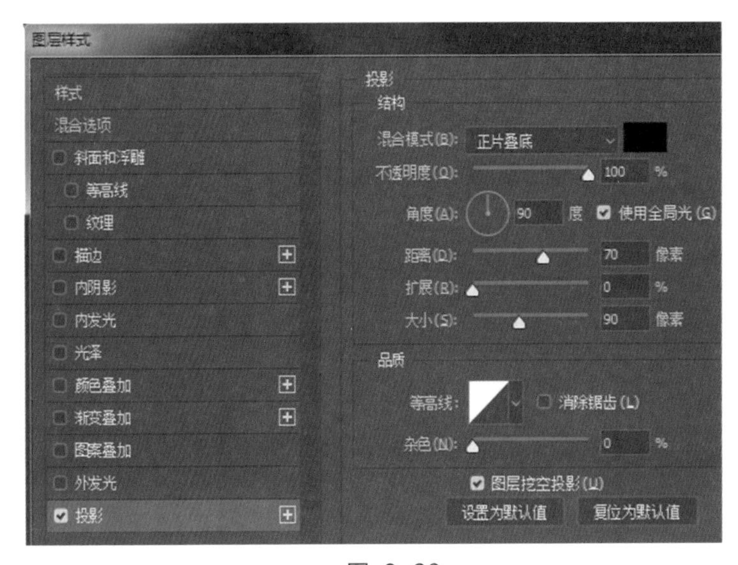

图 8-90

图 8-91

提示 “扩展”用以设置投影的扩展范围。“图层挖空投影”用以控制半透明图层中投影的可见性。其他各个选项与其他样式的相同选项意思是相通的，这里不再赘述。

实战练习：利用图层样式制作卡通字

图层样式可以为文字添加各种艺术效果，本案例我们来讲解如何通过图层样式制作一幅卡通字。

（1）按快捷键“Ctrl+N”新建一个图层，并将背景填充为黑色，如图8-92所示。

（2）单击工具箱中的“横排文字工具”，设置好字体、字号，输入字母“M”，文字颜色设为橙色，如图8-93所示。

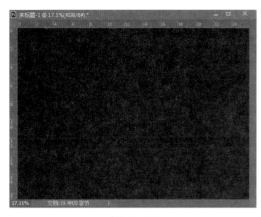

图 8-92

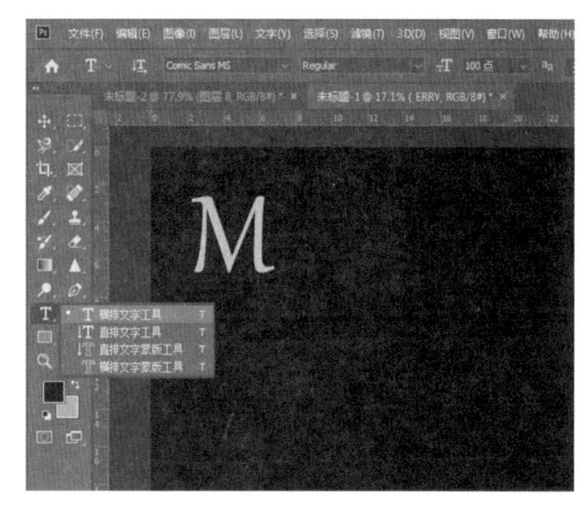

图 8-93

（3）选中文字图层，执行“图层→图层样式→斜面和浮雕”命令，在弹出的对话框中设置“样式”“方法”“深度”“方向”“角度”“高度”等参数，如图8-94所示。

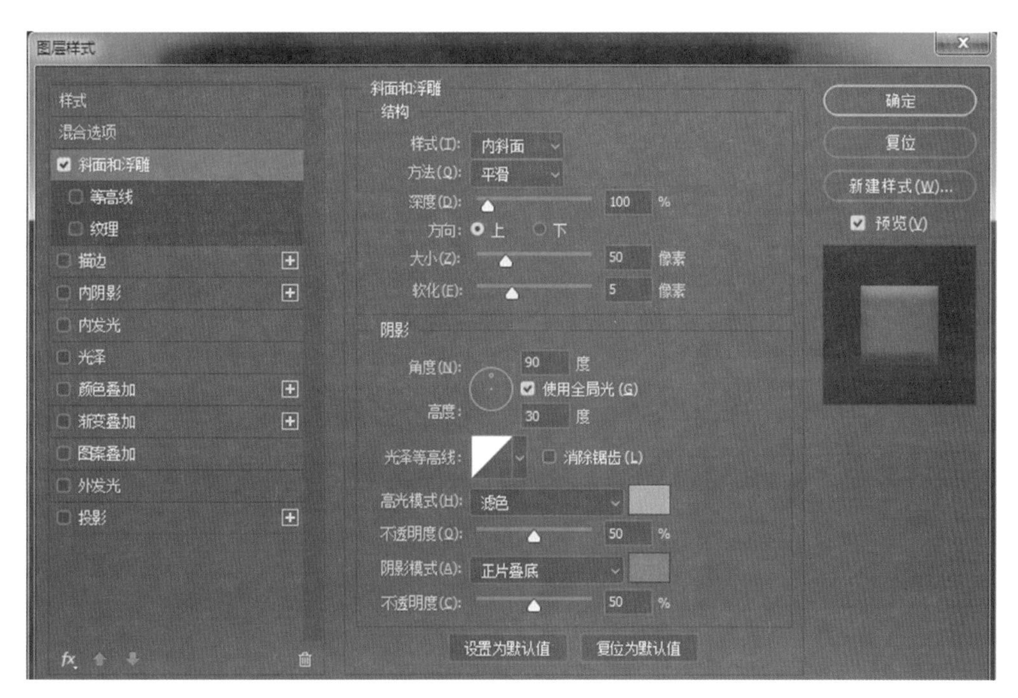

图 8-94

（4）在样式列表下，钩选“描边”，设置“大小”“位置”“不透明度”等参数，如图8-95所示，单击“确定”按钮即可。

（5）选中M图层，按快捷键“Ctrl+T”调出变换定界框，旋转字母“M”，如图8-96所示，按Enter键完成变换。

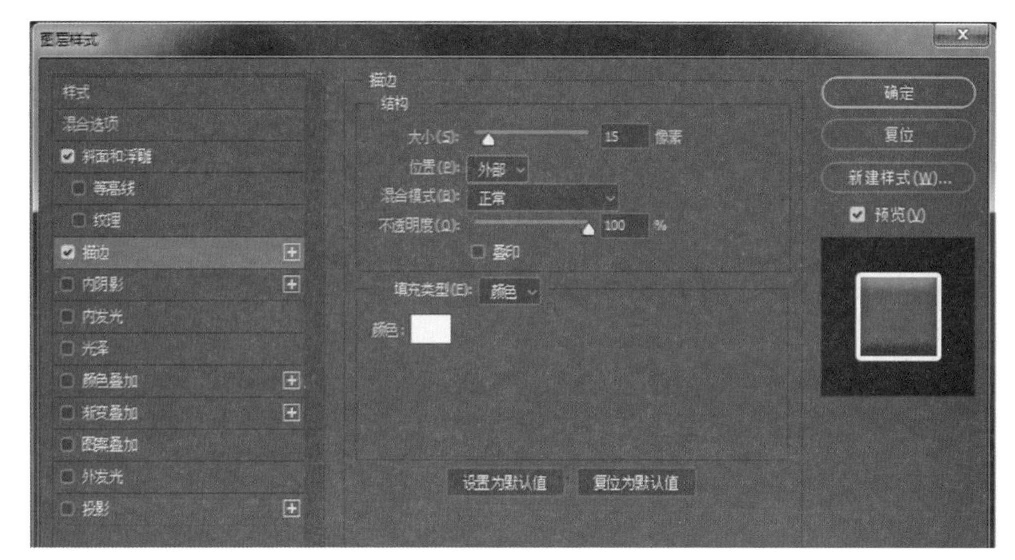

图 8-95

（6）用同样的方法输入其他字。先选中M图层，单击右键执行“拷贝图层样式”命令，如图8-97所示，再选中其他文字图层，单击右键执行“粘贴图层样式”命令，如图8-98所示。

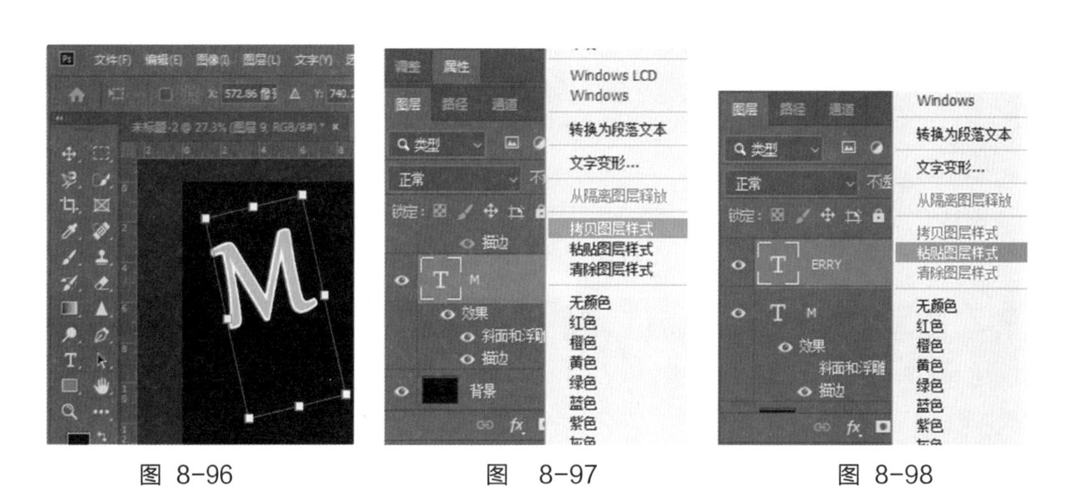

图 8-96　　图 8-97　　图 8-98

（7）用同样的方式制作下一行文字。执行“文件→置入”命令，置入素材“圣诞老人”，按快捷键“Ctrl+T”调出变换定界框，调整合适的大小、位置，按Enter键即可，最终效果如图8-99所示。

图 8-99

第9章 通道与蒙版，人人都必须突破的难点

课程介绍

通道是Photoshop CC的核心功能之一，是掌握高级技巧的必学内容。它主要有三个用途：保存选区、色彩信息和图像信息。即在选区应用方面，通道可用于抠图；在色彩应用方面，通道可用于调色；在图像处理方面，通道可用于制作特效。蒙版则是图像合成的利器，它可以使部分图像被遮盖而不被破坏。本章内容将详细讲解通道和蒙版的应用。

学习重点

- 认识通道的类型。
- 掌握通道的编辑与计算。
- 掌握剪贴蒙版的操作方法。
- 掌握图层蒙版的操作方法。
- 掌握矢量蒙版的操作方法。

9.1 通道的类型

在Photoshop CC中，包含三种类型的通道，即颜色通道、Alpha通道、专色通道。而且不同的图像模式，通道也不一样。本节将带你认识通道的各个类型。

9.1.1 颜色通道

颜色通道是对图像颜色信息的记录，这些通道把图像颜色分解成一个或多个色彩成分。通常一张图像打开后，Photoshop CC会自动创建颜色通道，也就是说编辑图像实际上就是在编辑颜色通道。

不同的图像模式，决定了颜色通道的数量。比如，RGB模式的图像有R、G、B三个颜色通道，如图9-1所示；CMYK模式的图像有C、M、Y、K四个颜色通道，如图9-2所示；灰度模式的图像只有一个颜色通道，如图9-3所示。

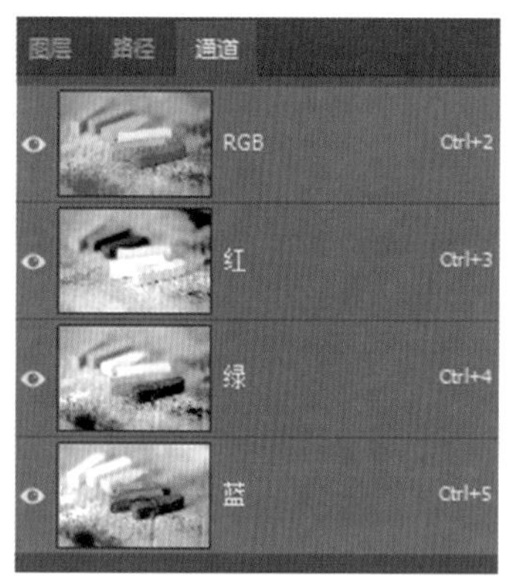

图 9-1

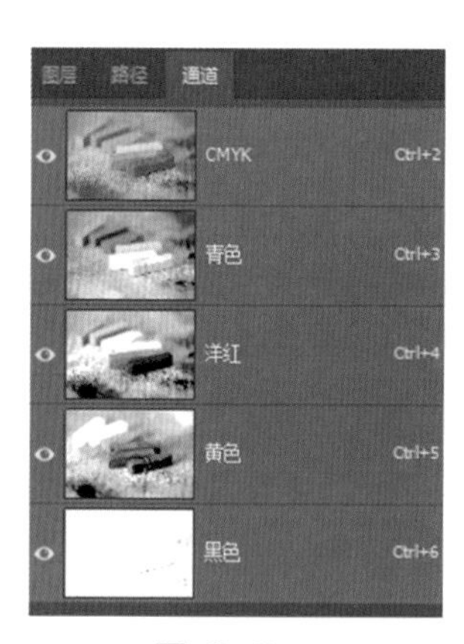

图 9-2

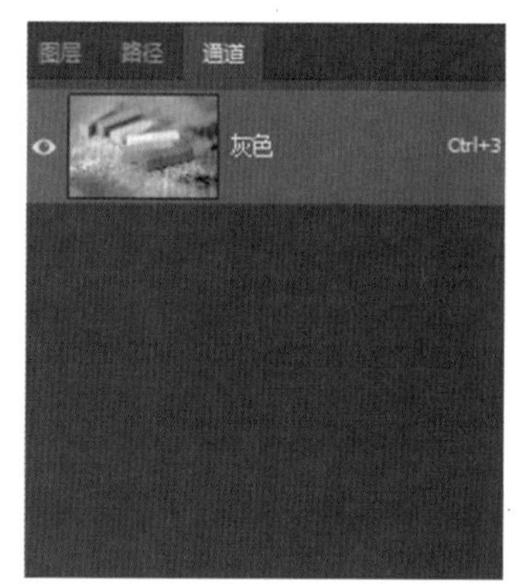

图 9-3

9.1.2 Alpha通道

Alpha通道通常为灰色通道，用256级灰度来记录图像的透明度信息。主要用于保存选区，将选区存储为灰度图像以及从Alpha通道中载入选区。由于Alpha通道是为保存选择区域而专门设计的通道，它是在图像处理过程中人为生成的，因此，在输出制版时，Alpha通道通常会因与图像无关而被删除。

在Alpha通道中，白色代表可以被选择的区域，黑色代表不可以被选择的区域，灰色代表可以部分被选择的区域（羽化选区）。创建Alpha通道的方法很简单，一是在图像中创建选区，然后单击按钮，即可生成该选区的Alpha通道，如图9-4所示；二是单击通道面板中的按钮，也可新建Alpha通道，如图9-5所示。

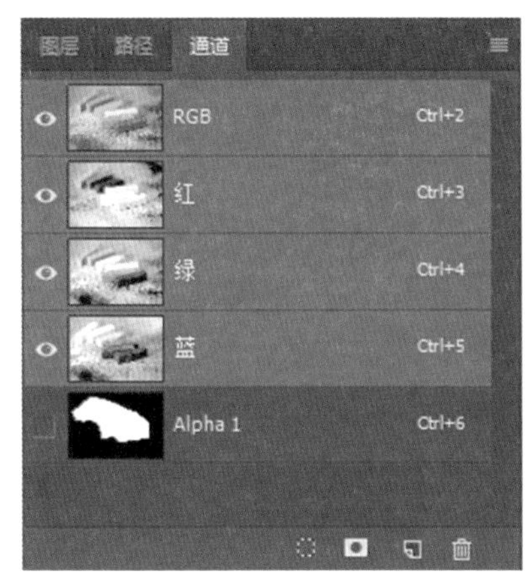

图 9-4

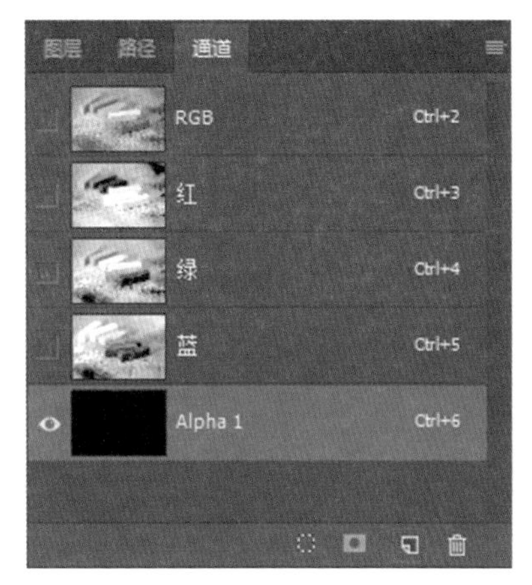

图 9-5

提示 PSD、GIF、TIFF格式的文件都可以保存为Alpha通道，且GIF文件还可以用Alpha通道对图像进行去背景处理。

9.1.3 专色通道

在印刷中，有时会做一些特殊工艺，比如，增加荧光油墨或夜光油墨等。这些特殊颜色的油墨无法用三原色油墨混合而成，此时就要用到专色通道与专色印刷。

专色通道可以保存专色信息，能够很好地存储带有专色的印刷图像。专色通道用黑色代表选取（喷绘油墨），用白色代表不选取（不喷绘油墨）。大多数专色无法在显示器上呈现效果，因此使用时需要一定的经验。

9.2 通道的编辑

在通道面板中，我们可以对通道进行分离、合并、计算等相关编辑。本小节将详细讲解这些操作。

9.2.1 认识“通道”面板

通道面板主要用来创建、存储、编辑通道。打开一张RGB图像，执行“窗口→通道”命令，即可打开“通道”面板。Photoshop CC会自动为图像生成颜色信息通道，如图9-6所示。

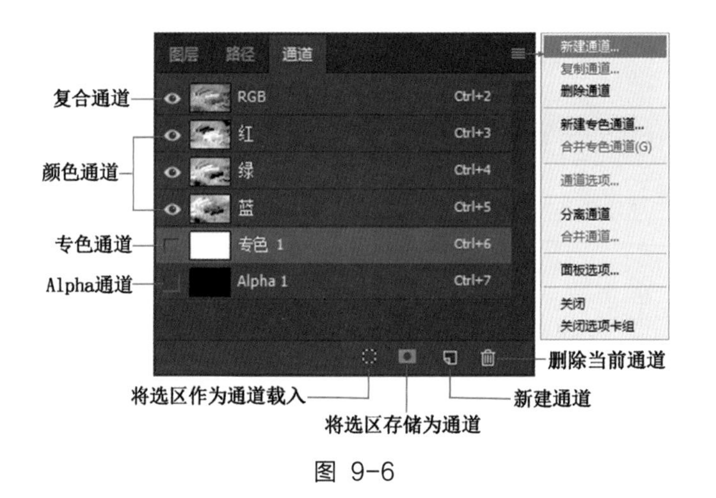

图 9-6

复合通道：记录图像的所有颜色信息。

颜色通道：分别记录图像的单个颜色信息，比如RGB图像的红、绿、蓝颜色通道。

专色通道：保存图像的专色信息，以灰度形式存储。

Alpha通道：保存选区和灰度图像的通道。

面板菜单：单击该按钮，在弹出的对话框中，可进行通道的相关编辑。比如执行“面板选项”命令，可以调整通道缩览图的大小，如图9-7所示。

将选区作为通道载入：单击该按钮，可载入所选通道图像的选区。

将选区存储为通道：单击该按钮，可将图像中选区的部分存储为通道。

新建通道：单击该按钮，可以新建Alpha通道；将某个通道拖曳到按钮处，可拷贝该通道。

删除当前通道：选中通道，单击该按钮可删除选中的通道；将通道拖曳到按钮处，释放鼠标亦可删除。

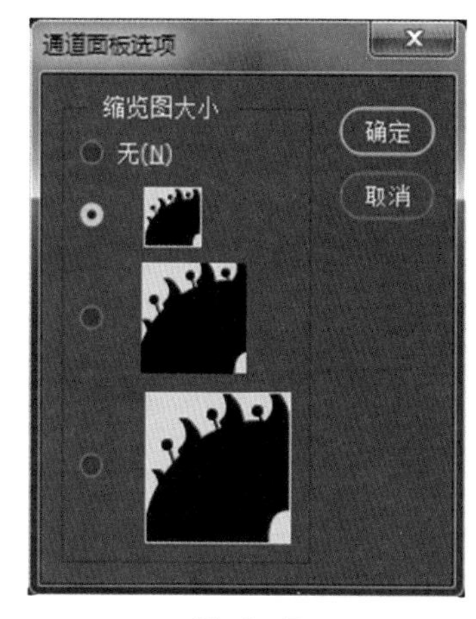

图 9-7

9.2.2 分离通道

分离通道可以将彩色图像进行拆分，分离成单个的灰度图像。被分离的图像以原文件名加该通道的缩写命名，原文件则自动关闭。

打开一张RGB图像，如图9-8所示。在“通道”面板中单击按钮，在下拉列表中执行“分离通道”命令，即可将图像拆分为红、绿、蓝通道的灰度图像，效果如图9-9、图9-10、图9-11所示。

图 9-8

图 9-9

图 9-10

图 9-11

9.2.3 合并通道

分离通道后，可以通过“合并通道”命令将分离的通道合并在一起。通道虽然被分离成单个的文档，但在通道面板中，只显示一个灰色通道，如图9-12所示。单击≡按钮，选择“合并通道”命令，弹出“合并通道”对话框，如图9-13所示。设置模式为RGB颜色，单击“确定”按钮，再次弹出“合并RGB通道”对话框，如图9-14所示。选择需要合并的通道，单击“确定”按钮，即可将分离的通道合并在一起。

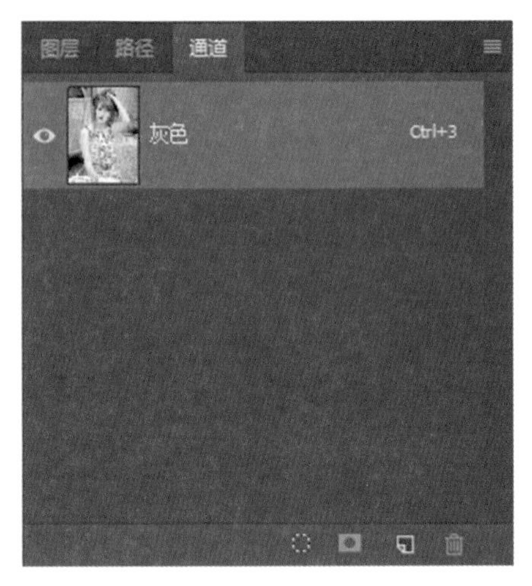

图 9-12

图 9-13

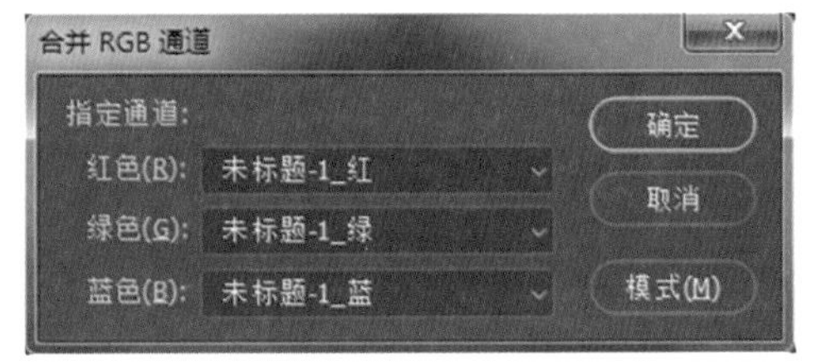

图 9-14

实战练习：利用通道打造复古照片

在人像摄影中，调色有千万种方法，每种色调获得的视觉效果也是不一样的，复古是比较常见的一种调色效果。下面，我们讲解如何通过“通道”来打造复古照片。

（1）打开一张人像图片，如图9-15所示。

图 9-15

（2）按快捷键“Ctrl+M”调出曲线命令，在属性面板中设置“通道”为“蓝”，单击曲线高光部分，按住向下拖曳到合适的位置，再次单击曲线阴影部分并向上拖曳，如图9-16所示，图像效果如图9-17所示。

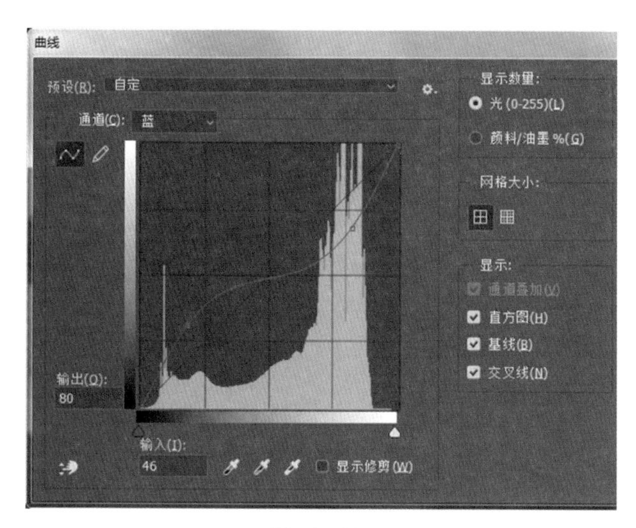

图 9-16

图 9-17

（3）设置通道为RGB，在高光部分单击并向上稍微拖动，同样在阴影部分单击并向下稍微拖动，如图9-18所示，最终效果如图9-19所示。

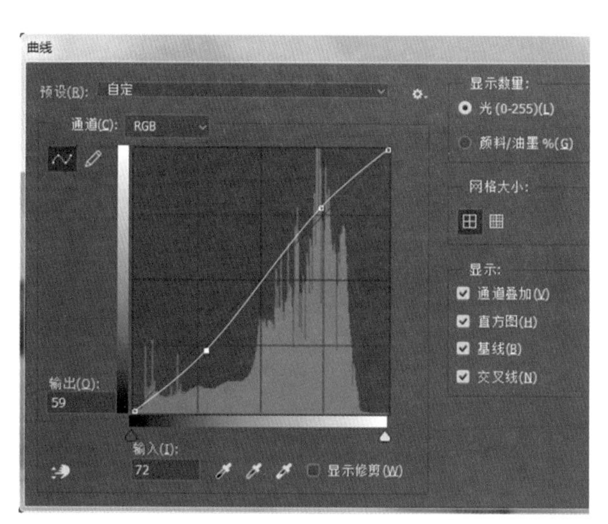

图 9-18

图 9-19

9.3 剪贴蒙版

剪贴蒙版基于两个及以上的图层才能应用，其原理是通过使用处于下方图层的形状来限制上方图层的显示状态，以达到一种剪贴画的效果。

9.3.1 认识剪贴蒙版

剪贴蒙板，在以前的Photoshop版本中叫剪贴图层，到了Photoshop 7.0以后，才称为剪贴蒙板。其由多个图层组成，最下面的图层叫作基底图层，只能有一个；位于其上的图层叫作内容图层，可以有若干个，如图9-20所示。

在剪贴蒙板中，基底图层是唯一的影响源，它的任何属性都可能影响内容图层。内容图层只受基底图层的影响，不具有影响其他图层的能力。也就是说，基底图层决定了形状，而内容图层控制显示的图案。效果如图9-21所示。

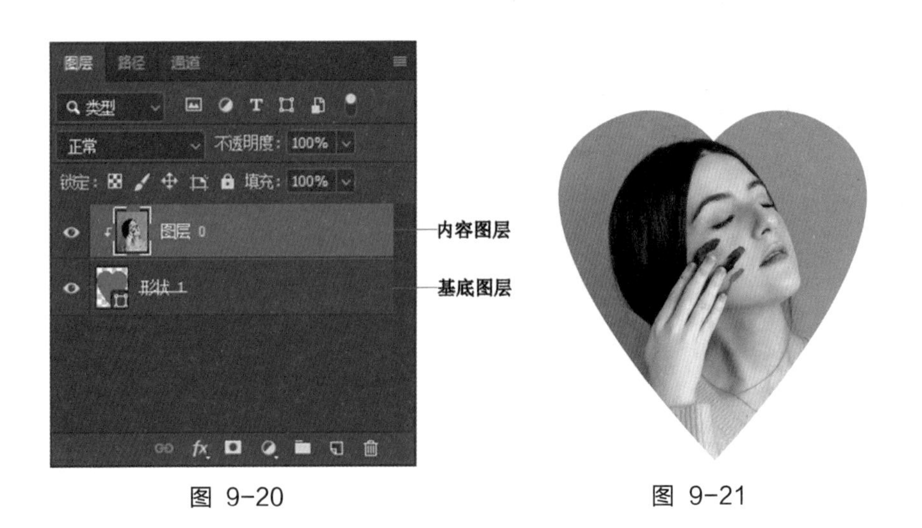

图 9-20　　图 9-21

提示 对内容图层进行编辑，会影响显示的内容。如果内容图层小于基底图层，不交叠的部分则显示为基底图层。

9.3.2 创建/释放剪贴蒙版

剪贴蒙版的创建与释放操作比较简单。先打开一张背景图片，然后新建一个图层，选择文字工具，输入“Desert poplar”文字，再打开一张火焰图片，如图9-22所示。在图层面板中选中“图层1”，单击鼠标右键，在弹出的列表中执行“创建剪贴蒙版”命令，如图9-23所示，效果如图9-24所示。

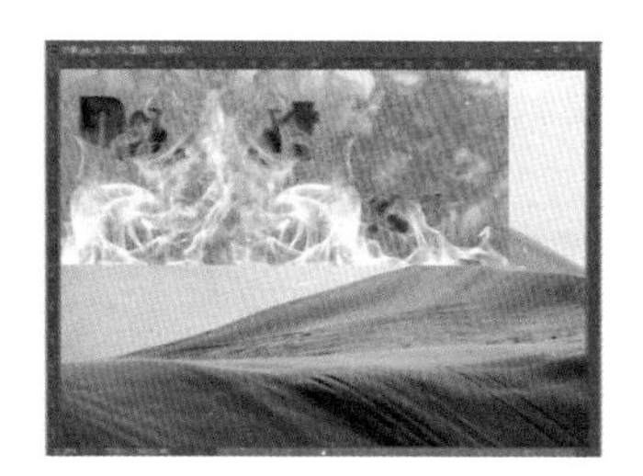

图 9-22

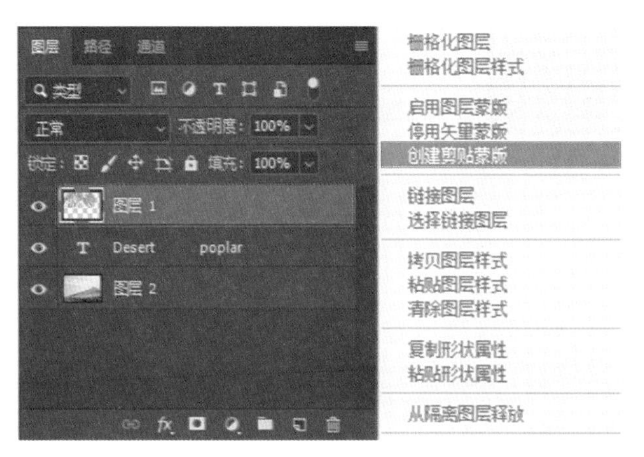

图 9-23

图 9-24

此外，还可以为剪贴蒙版添加图层样式。选中文字图层，单击fx按钮，即可为创建剪贴蒙版的文字添加各种样式，如图9-25所示。图9-26是添加“斜面和浮雕”“描边”的效果。

图 9-25

图 9-26

如果想要去除剪贴蒙版效果，可以选中内容图层，单击鼠标右键，在弹出的下拉列表中选择“释放剪贴蒙版”即可，如图9-27所示。

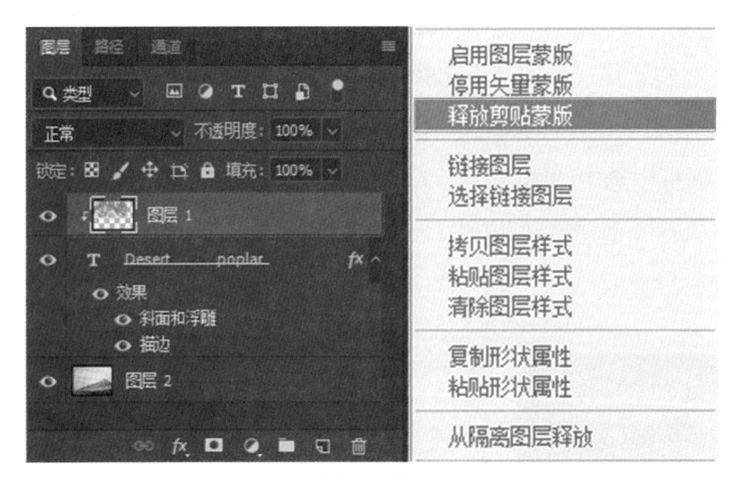

图 9-27

9.4 图层蒙版

图层蒙版是进行图像合成的常用工具，可以隐藏、显示图像的部分或全部区域，从而更好地修饰图像。图层蒙版一般填充为黑色或白色，黑色区域表示图像被隐藏，白色区域表示图像被显示。

9.4.1 创建图层蒙版

图层蒙版的创建有两种方式，一是直接添加图像蒙版，二是添加选区蒙版。

（1）打开一张图片，在图层面板中单击按钮，可见图层右边出现了一个白色方框，即为添加的蒙版，如图9-28所示。

（2）如果图像中存在选区，单击图层面板下方的按钮，则可以基于当前选区添加图层蒙版，如图9-29所示。白色部分（选区）表示被显示，黑色部分则表示被隐藏。

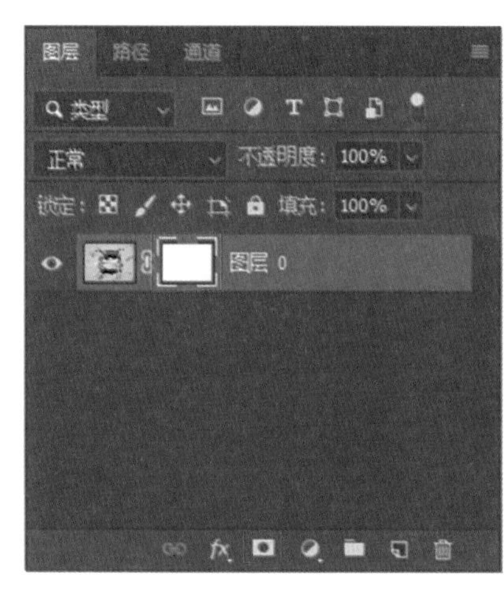

图 9-28

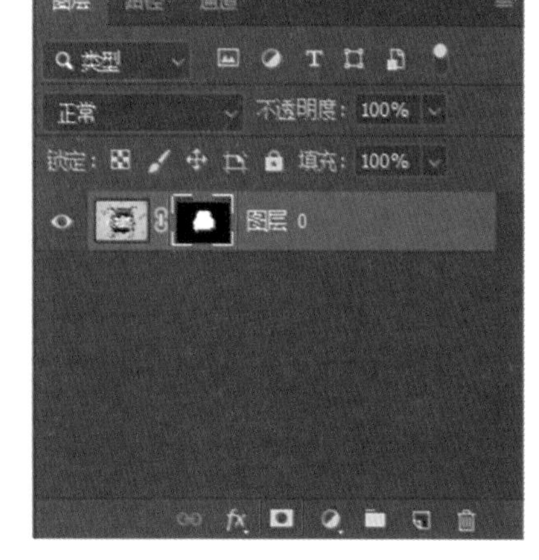

图 9-29

提示 点击图层与蒙版中间的按钮，可以链接图层与蒙版，再次单击可取消链接。

9.4.2　转移/复制蒙版

图层蒙版可以转移或复制到其他图层中，以获得同样的蒙版效果。选中要移动的蒙版，按住鼠标左键将其拖到另一个图层中，释放鼠标即可完成转移，如图9-30所示。如果按住Alt键拖动，则将复制并转移蒙版，原图层同样保留蒙版效果，如图9-31所示。

图 9-30

图 9-31

9.4.3　应用/删除蒙版

应用图层蒙版可以将蒙版效果应用到原图像中，并删除图层蒙版，即黑色区域删除，白色区域保留。选中蒙版，单击鼠标右键，在弹出的列表中选择“应用图层蒙版”即可，如图9-32所示，效果如图9-33所示。要删除图层蒙版，选中蒙版，单击鼠标右键在弹出的列表中选择“删除图层蒙版”即可，如图9-34所示。

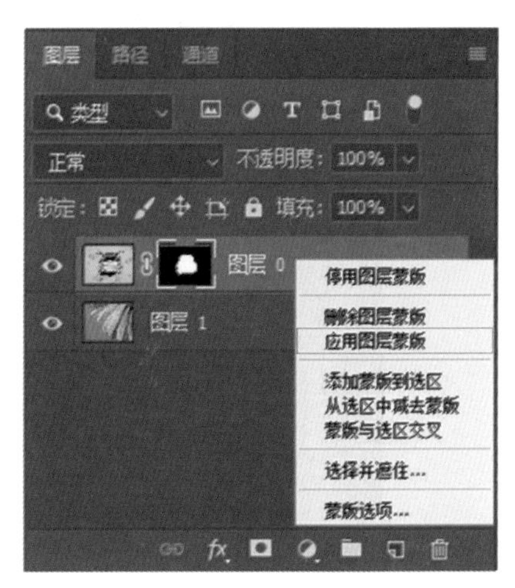

图 9-32

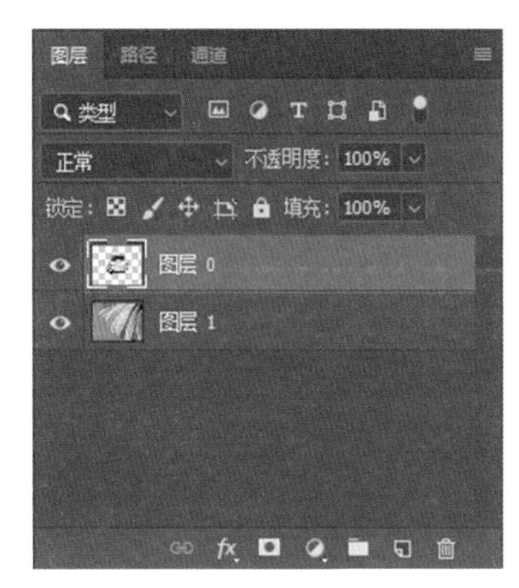

图 9-33

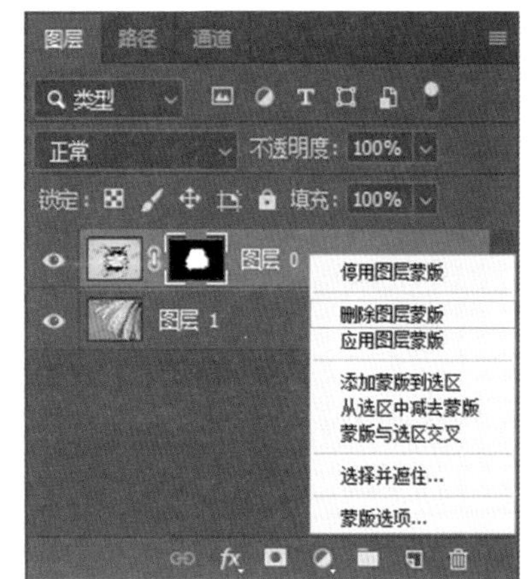

图 9-34

提示 如果想要停用图层蒙版，可鼠标右键单击，在弹出的列表中选择“停用图层蒙版”，蒙版缩略图会出现一个红色的交叉线，即表示停用。想要启用，再次右键单击，在弹出的列表中选择“启用图层蒙版”即可。

9.5 矢量蒙版

矢量蒙版通过使用矢量工具绘制路径来控制图层的显示区域。路径内的区域被显示，路径外的区域被隐藏。

9.5.1 创建矢量蒙版

矢量蒙版的创建有两种途径，一种是执行“图层→矢量蒙版”命令，另一种是双击图层面板中的按钮。打开一个文档，选中“图层1”，选择自定义形状工具，绘制一个路径，如图9-35和图9-36所示。

图 9-35

图 9-36

执行“图层→矢量蒙版→当前路径”命令，即可创建矢量蒙版，路径之内的区域被显示，路径之外的区域被隐藏，如图9-37和图9-38所示。此外，双击按钮，也可以创建矢量蒙版，如图9-39所示。

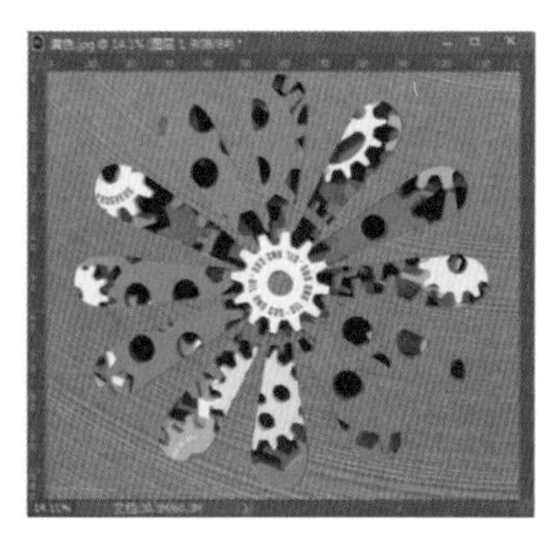

图 9-37

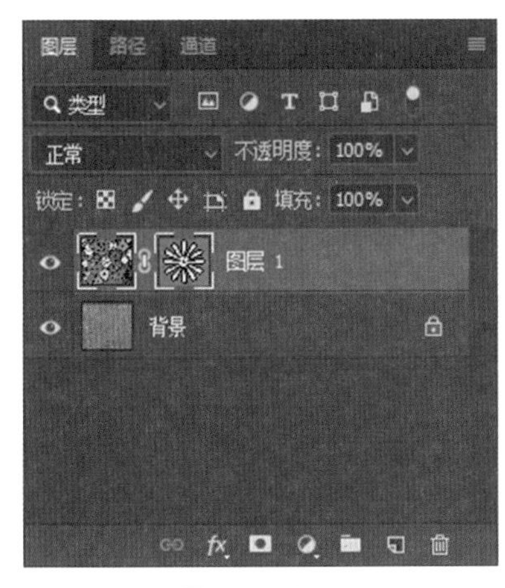

图 9-38

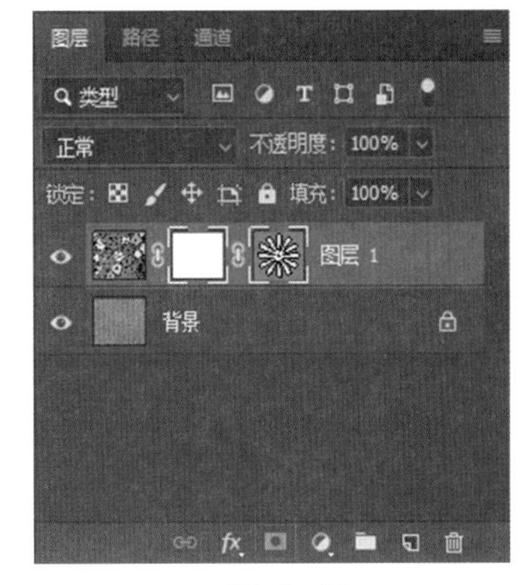

图 9-39

9.5.2 栅格化矢量蒙版

如果想要把矢量蒙版转化为图层蒙版，就需要对矢量蒙版进行栅格化。选中矢量蒙版，单击鼠标右键，在弹出的列表中选择“栅格化矢量蒙版”即可，如图9-40所示。栅格化后的矢量蒙版，缩览图由灰色变为黑色。

提示 如果栅格化前的图层包含图层蒙版和矢量蒙版，在栅格化时，就会从两个蒙版的交集中生成最终的图层蒙版。

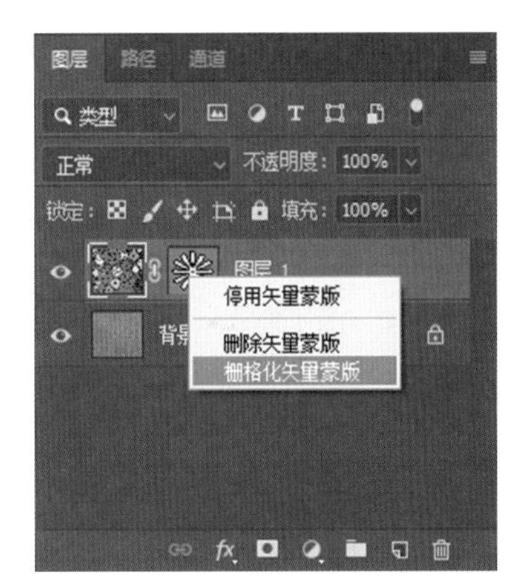

图 9-40

9.5.3 删除矢量蒙版

如果要删除矢量蒙版，可以在蒙版缩略图上单击鼠标右键，在弹出的列表中选择“删除矢量蒙版”即可；或者直接将矢量蒙版拖曳到🗑按钮处，释放鼠标即可删除矢量蒙版。

综合练习：打造瓶中小世界

蒙版是合成图像常用的工具，它可以使多张图片完美地融合在一起。本案例我们应用蒙版工具来制作瓶中小世界。

（1）打开素材文件“瓶子”，如图9-41所示。

（2）接着执行“文件→置入嵌入对象”命令，置入素材“植物”，拖曳调整合适的大小、位置，按Enter键完成置入，并将其栅格化，如图9-42所示。

图 9-41

图 9-42

（3）单击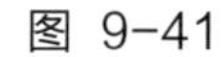按钮添加图层蒙版，如图9-43所示。选择黑色柔角画笔在多余的部分进行涂抹，如图9-44所示。

（4）将“模式”改为“正片叠底”，将“不透明度”设置为90%，最终效果如图9-45所示。

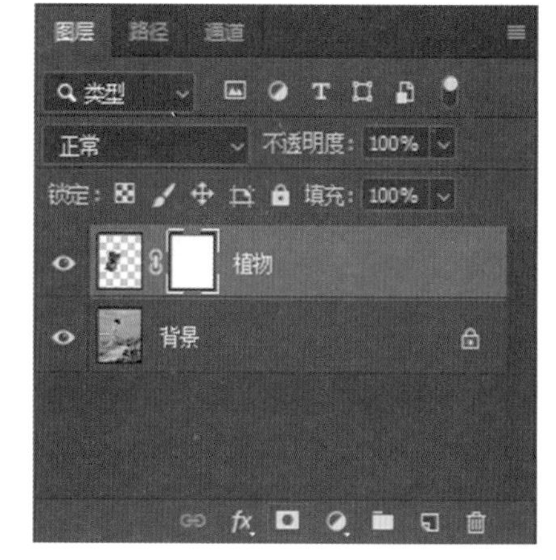

图 9-43

图 9-44

图 9-45

第10章 调色技法，进阶高手的必备技能

课程介绍

在Photoshop CC的应用中，图像处理可谓占了半壁江山。许多人学习它的目的就是为了处理图片，比如进行调色、图像合成等操作。本章主要讲解调色的基础知识，以及比较常用的调色命令，这些都是进阶高级调色的基本技能，必须熟练掌握。

学习重点

- 了解调色的基础知识。
- 能够准确分析图像色彩存在的问题并进行调整。
- 熟练应用常用的调色命令。

10.1 调色的基础知识

调色是摄影爱好者必备的技能，一张图片的色彩直接影响其带给人们的视觉冲击力。恰到好处的调色，可以让图片更具吸引力。要想学好调色技能，首先要了解调色的基础知识。

10.1.1 色彩组成的三要素

在调色之前，需要对色彩有一个最基本的了解，这样才能明白颜色的变化。一般来说，色彩可用色相、饱和度和明度来描述，即色彩的三要素。我们看到的任何一种色彩都是这三个特性的综合效果。

1. 色相

色相，指色彩的相貌，是一种颜色区别于另一种颜色最显著的特征。通常把红、橙、黄、绿、蓝、紫和处在它们各自之间的红橙、黄橙、黄绿、蓝绿、蓝紫、红紫共计十二种色作为色相环。在色相环上，与环中心对称，并在180度的位置两端的色被称为互补色。

色相在Photoshop CC中可以用来为黑白图像上色，改变原有图像的颜色，或者增减某种颜色。

2. 饱和度

饱和度，也称为纯度，是指色彩的鲜艳程度。纯度越高，色彩表现越鲜明；纯度越低，色彩表现越暗淡。一般来说，纯色都是高度饱和的，如鲜红、鲜绿；而混杂上白色、灰色等颜色，饱和度则低，如绛紫、粉红等；完全不饱和的颜色没有色调，如灰色。

3. 明度

明度是指色彩的明暗程度，是表现色彩层次感的基础。色彩一般分为有彩色和无彩色。在有彩色系中，黄色明度最高，紫色明度最低。同一种色彩，当掺入白色时，明度提高；当掺入黑色时，明度降低。在无彩色系中，白色明度最高，黑色明度最低，黑白之间则为灰色，靠近白色的部分称为明灰色，靠近黑色的部分称为暗灰色。

10.1.2 你必须了解的几个关键词

在调色的过程中，我们经常会听到一些专业术语，比如色温、色调、影调、直方图等。对于刚接触调色的人来说，会一头雾水。下面我们就来一一了解这些关键词的含义。

1. 色温

摄影爱好者对色温应该比较熟悉，在不同的天气或环境下拍摄，色温是不一样的，需要通过设置白平衡来调节相应的色温数值。

其实，所谓的色温，就是指色彩的"温度"，即色彩的冷暖倾向。色彩越偏向于蓝色的越是冷色调，如图10-1所示，色温值越大；越偏向于橘黄色的越是暖色调，如图10-2所示，色温值越小。

图 10-1

图 10-2

2. 色调

色调，是指整个画面的颜色倾向，它通过色彩的"明度""纯度"来综合表现色彩。一般分为"明清色调"，即在纯色中混合"白色"形成的色调；"中间色调"，即在纯色中混合“灰色”形成的色调；“暗清色调”，即在纯色中混合“黑色”形成的色调。

3. 影调

影调，指的是“光影”和“色调”。前者是明暗关系，后者是色彩关系。在摄影作品中，也被称为基调或调子，是指视觉画面上明暗层次关系、虚实对比和色彩的色相纯度等之间的关系问题，并通过这些关系，呈现出光的变化与流动、感受到节奏与韵律构成的视觉美感。

4. 直方图

直方图用图形来表示图像每个亮度级别的像素数量，通过直方图可以很直观地查看一张照片的明暗等信息。在直方图中，横轴代表0~255的亮度数值，左边为暗部区域，中间为中间调区域，右边为高光区域；纵轴代表照片中对应亮度的像素数量。如图10-3所示。

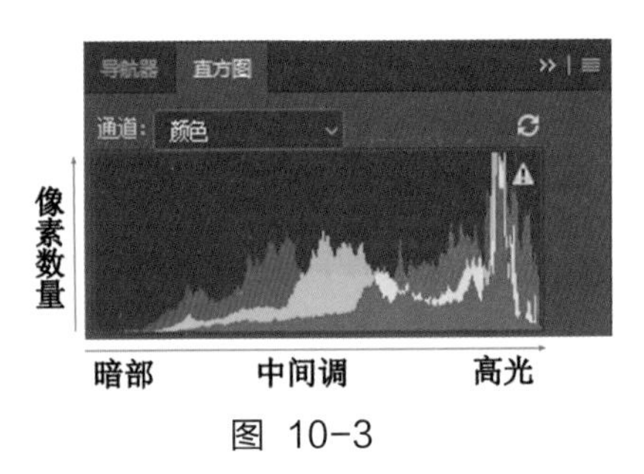

图 10-3

直方图通常用来查看照片的曝光程度，一张正常曝光的照片，直方图应堆积在中间，最左侧和最右侧没有被切断或者溢出。不过，并不是所有的照片都要让直方图堆积在中间，而是要根据照片的主题来决定。

10.1.3 认识调色的信息面板

信息面板可以实时显示画面中任何一处的颜色信息，虽然看起来与调色关系不大，但是通过它可以很好地判断照片是否存在偏色问题。

执行“窗口→信息”命令，即可打开信息面板。选择工具栏中的“吸管工具”，单击图像中人物的脸部，如图10-4所示，信息面板会实时显示该处的颜色信息，如图10-5所示。

图 10-4

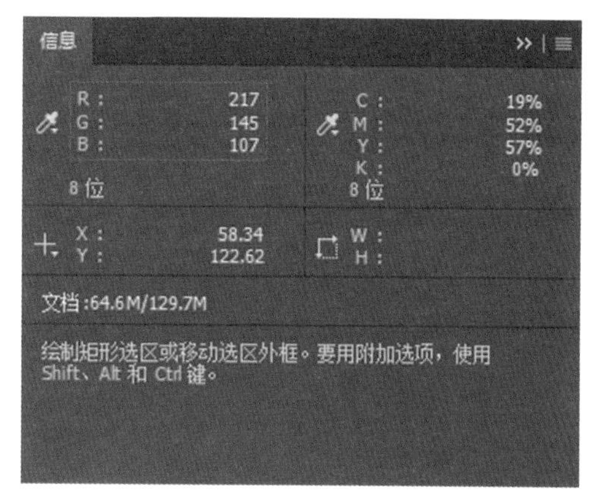

图 10-5

从图10-5中可知，R（红）的数值最大，且与G（绿）、B（蓝）的数值相差较大。由此可以判断出照片有些偏红。

10.2 自动调色命令

在Photoshop CC的“图像”菜单栏中，有三个自动调色命令，分别是自动色调、自动对比度和自动颜色。它们无须设置参数，自动对图像的色调、对比度和颜色进行调整。

10.2.1 自动色调

运用自动色调可以改善偏色图像，找回一些图片的亮部和暗部信息，但不会对中间调做修饰。打开一张图片，如图10-6所示，执行“图像→自动色调”命令，可以看见图片的黄色被去除了一些，效果如图10-7所示。

图 10-6

图 10-7

10.2.2 自动对比度

运用自动对比度可以自动调整图像的对比度，它将图像中最亮和最暗的像素分别转换为白色和黑色，使得高光区显得更亮，阴影区显得更暗。打开一张对比度低的图片，如图10-8所示，执行“图像→自动对比度”命令，可见图片中的“灰”度得到了改善，效果如图10-9所示。

图 10-8

图 10-9

10.2.3 自动颜色

运用自动颜色不仅可以增加颜色对比度，还可以对一部分高光和暗调区域进行亮度合并。打开一张图片，如图10-10所示，执行“图像→自动颜色”命令，效果如图10-11所示。此外，自动颜色会将处在128级亮度的颜色纠正为128级灰色，这使得它既有可能修正偏色，又有可能引起偏色。

图 10-10

图 10-11

10.3 图像的明暗调整

在拍摄照片时，很多时候会受到环境的影响，比如光线过暗或过亮，照片难免会曝光不准。这个时候，我们可以通过Photoshop CC 中的色阶、曲线、曝光度等命令进行调整。

10.3.1 亮度/对比度

运用亮度/对比度可以对图片的亮度和对比度进行调整，使暗的图片变亮，强化对比，突出主体；也可以使亮的图片变暗，弱化对比，取得柔和的效果。

打开一张图片，如图10-12所示，执行“图像→调整→亮度/对比度”命令，打开“亮度/对比度”对话框，如图10-13所示。设置亮度参数为10，对比度参数为20，可见图像显得更加鲜艳，效果如图10-14所示。

图 10-12

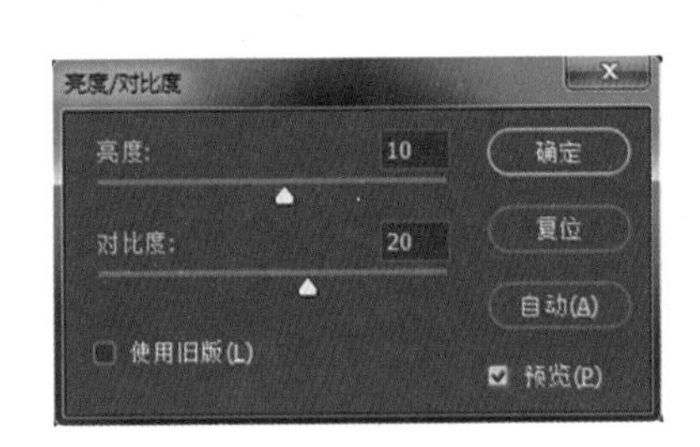

图 10-13

图 10-14

10.3.2 色阶

色阶指的是图像的亮度，与颜色无关。通过调整色阶，可以使图像的明暗程度和对比度发生变化。色阶与“亮度/对比度”不同的是，它可以单独对图像的阴影、中间调、高光区域以及暗部、亮部进行调整，还可以对单个通道进行调整。

打开一张图片，如图10-15所示，执行“图像→调整→色阶”命令，打开“色阶”对话框，如图10-16所示。

图 10-15

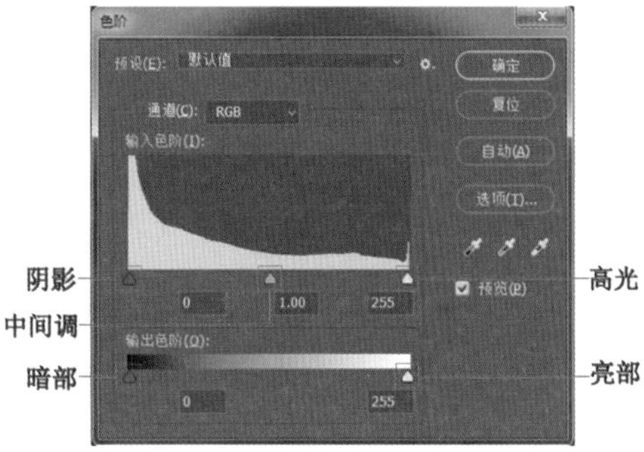

阴影
中间调
暗部
高光
亮部

图 10-16

通过色阶图可以得知，图片明暗对比强烈，阴影部分较多，因此可以适当增加一些中间调降低对比度。可以按住中间调指针向左拖曳，设置数值为1.5，也可以向右拖曳暗部指针，设置数值为5，如图10-17所示，可见图片对比度降低了，效果如图10-18所示。

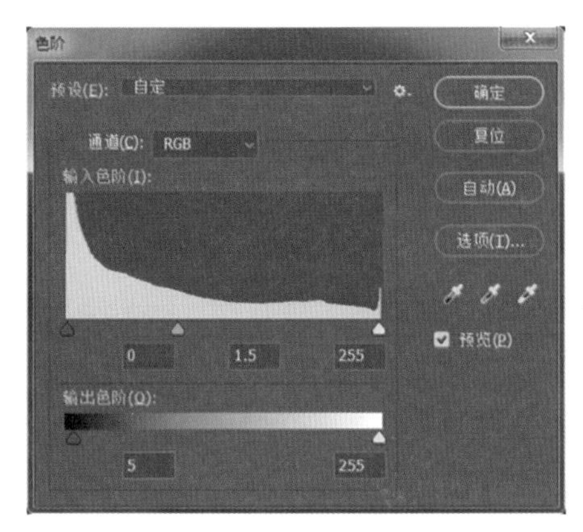

图 10-17

图 10-18

10.3.3 曲线

曲线，被誉为“调色之王”，它不仅限于调整图像的亮度、对比度，还可以对图像的色彩进行调整。打开一张图片，如图10-19所示，执行“图像→调整→曲线”命令或按快捷键“Ctrl+M”，打开“曲线”对话框，如图10-20所示。

图 10-19

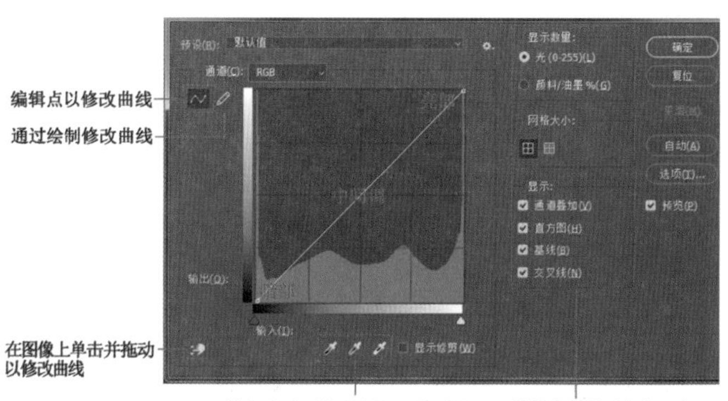

图 10-20

对于较暗的图片，用鼠标按住曲线的中间部分（中间调）往左上拖曳，如图10-21所示，即可调亮整体画面，效果如图10-22所示。

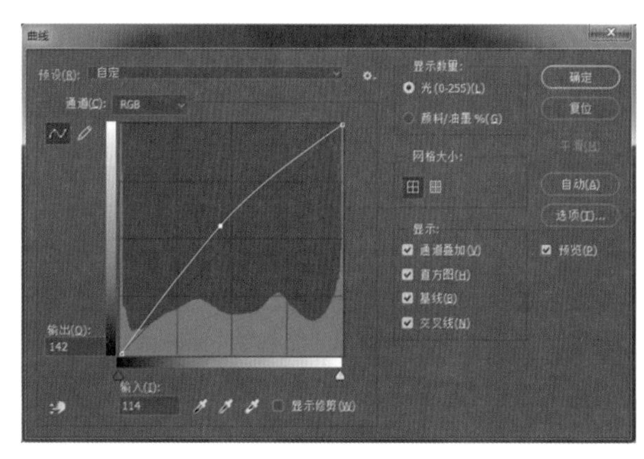

图 10-21

图 10-22

对于过亮的图片，用鼠标按住曲线的中间部分（中间调）往右下拖曳，如图10-23所示，即可将整个画面调暗，效果如图10-24所示。

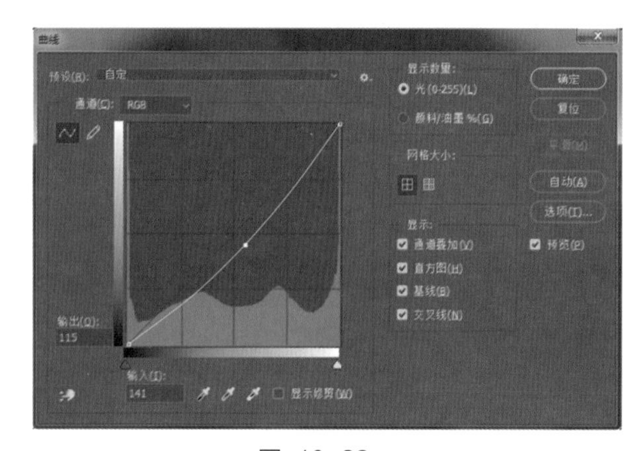

图 10-23

图 10-24

除了明暗之外，通过曲线还可以调整图像的对比度，将暗部适当调亮，即在曲线的下半部分增加点，往左上拖曳；将亮部适当调暗，即在曲线的上半部分增加点，往右下拖曳，如图10-25所示，可以看到图像的对比度降低了，如图10-26所示。反之，则能增强图像的对比度。

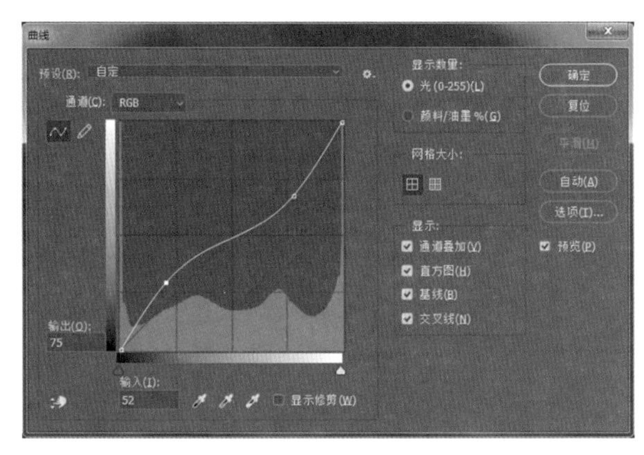

图 10-25

图 10-26

曲线的调色功能同样很强大，它既可以纠正偏色的图像，又可以调出各种各样的颜色。选择“通道”中的单个通道进行调整即可实现。如想要图10-26看起来更加暖一点，可以选择红通道，将曲线往左上拉一点，如图10-27所示。增加一点红色，图片显得更加温暖，效果如图10-28所示。

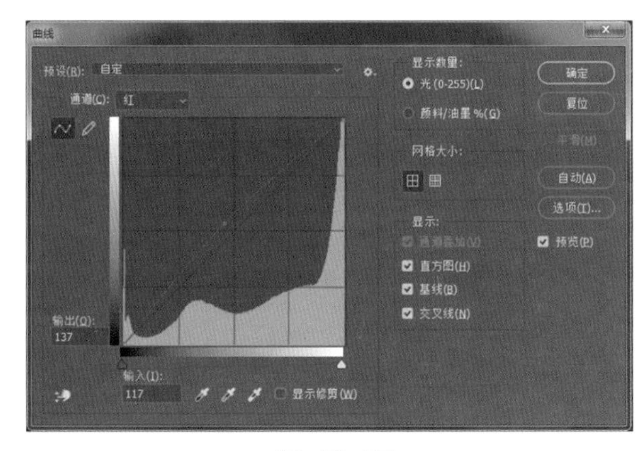

图 10-27

图 10-28

10.3.4 曝光度

曝光度是摄影中非常重要的一个术语，它决定了图像是否曝光正常。而在Photoshop CC中通过“曝光度”命令，可以校正图像曝光不足或过度，以及对比度过低、过高的情况。

打开一张曝光不足的图片，如图10-29所示。执行“图像→调整→曝光度”命令，弹出“曝光度”对话框，如图10-30所示。设置合适的“曝光度”“位移”“灰度系数校正”参数，调整后的效果如图10-31所示。

图 10-29

预设：预设的曝光选项，包括“加1.0”“加2.0”“减1.0”“减2.0”四个选项。

曝光度：设置曝光的强弱。指针向左拖动减少曝光量，向右拖动增加曝光量。

图 10-30

图 10-31

位移：主要调整阴影和中间调。指针向左拖动阴影和中间调区域变暗，向右拖动阴影和中间调区域变亮。

灰度系数校正：以一种乘方函数来调整图像灰度系数。指针向左拖动提亮图像，向右拖动压暗图像。

10.4 调整图像色彩

不同的色彩给人的视觉感受不同，“调色”不仅仅是校正颜色，还可以打造出各具特色的色彩风格。本节主要讲解十几种调色命令的基本操作。

10.4.1 自然饱和度

调整自然饱和度，既可以使图像看起来更鲜艳，吸人眼球，也可以让图片变得暗淡，获得复古的效果。打开一张图片，如图10-32所示。执行“图像→调整→自然饱和度”命令，弹出“自然饱和度”对话框，如图10-33所示。设置“自然饱和度”为30，“饱和度”为15，即可增加图像的饱和度，效果如图10-34所示。

图 10-32

图 10-33

图 10-34

如果把“自然饱和度”“饱和度”的参数设置为负值，如图10-35所示，则可以降低图像的饱和度，效果如图10-36所示。

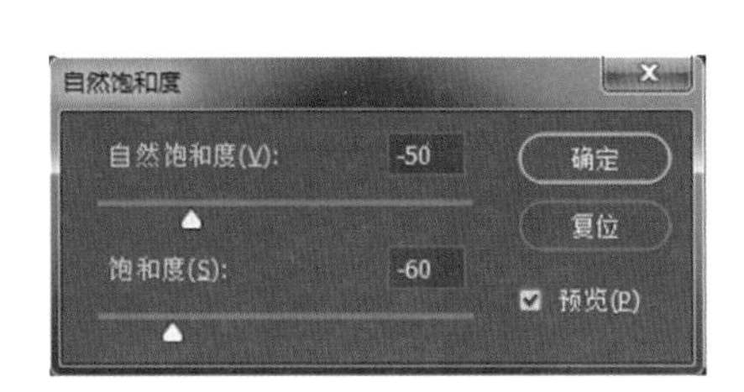

图 10-35

图 10-36

提示 自然饱和度能够保护已经饱和的像素，它不会因为饱和度过高而产生纯色，也不会因为饱和度过低而产生完全灰度的图像。饱和度则无法做到这一点。

10.4.2 色相/饱和度

色相/饱和度是调色命令中非常重要的一项，它可以对整个图像或图像中单个颜色的色相、饱和度、明度进行调整，以更改图像的颜色或增强画面饱和度。

打开一张人像图片，如图10-37所示。执行“图像→调整→色相/饱和度”命令，弹出“色相/饱和度”对话框，如图10-38所示，调整“色相”“饱和度”“明度”三个参数，可以改变图像的色彩，效果如图10-39所示。

预设：点击右边的倒三角形按钮，在下拉菜单中可以选择八种预设的“色相/饱和度”效果。

图 10-37

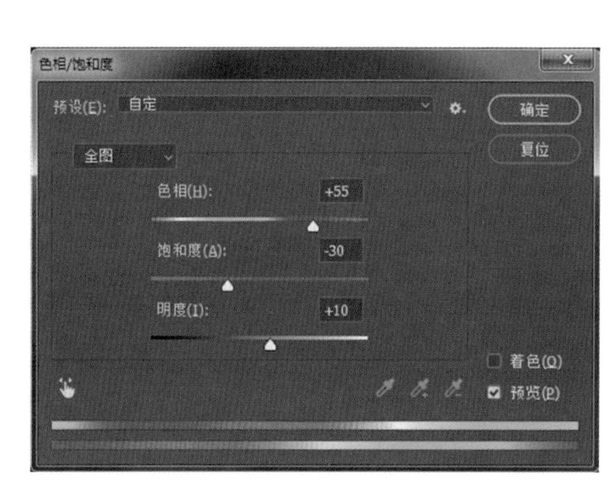

图 10-38

图 10-39

通道下拉列表全图：点击右边的倒三角形按钮，可在下拉列表中选择全图或红、黄、绿、青、蓝、洋红中的任意一种颜色进行调整。

色相：滑动指针可以改变图像的颜色，如将红色改变成黄色。

饱和度：增强或降低画面颜色的鲜艳程度。

明度：改变画面中颜色的明亮程度。往左滑动指针图像变暗，往右滑动指针图像变亮。

着色：钩选后，图像会整体偏向于单一的红色调，可以通过拖动三个指针进行调整。

10.4.3 色彩平衡

色彩平衡命令可以用来控制图像的颜色分布，使图像达到色彩平衡的效果。它的原理是通过颜色的互补来实现平衡，即要减少某种颜色，就增加它的补色。

图 10-40

打开一张图片，如图10-40所示。执行“图像→调整→色彩平衡”命令，弹出“色彩平衡”对话框，如图10-41所示。通过增加红色，可以使画面变得更暖一些，效果如图10-42所示。

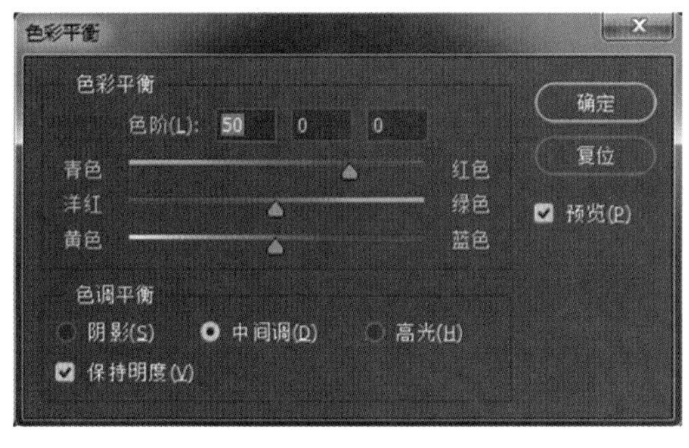

图 10-41

图 10-42

色彩平衡：通过移动指针来增加或减少某种颜色。图10-41指针向红色处移动，代表增加了图像中的红色，减少了青色。

色调平衡：选择调整色彩平衡的区域。选择“阴影”，色彩平衡主要作用于阴影区域；选择“中间调”，色彩平衡主要作用于中间调区域；选择“高光”，色彩平衡主要作用于高光区域。

保持明度：钩选该选项，可以保持图像的明度不变。

10.4.4 黑白

黑白命令可以将彩色图像转变为灰色或黑白效果，并且可以调整转换后图像的明暗度。打开一张彩色图片，如图10-43所示，执行“图像→调整→黑白”命令，弹出“黑白”对话框，如图10-44所示，Photoshop CC会自动设置相关参数，也可以再次对参数进行设置，以获得最佳的效果，如图10-45所示。

图 10-43

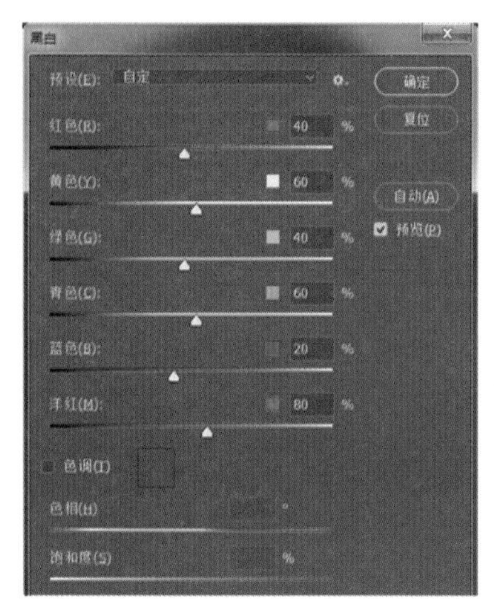

图 10-44

图 10-45

色调：钩选该选项，可以创建单色图像，单击右边色块选择任意一种颜色，如图10-46所示，也可以设置“色相”“饱和度”的数值来调整，如图10-47为淡黄色的复古效果。

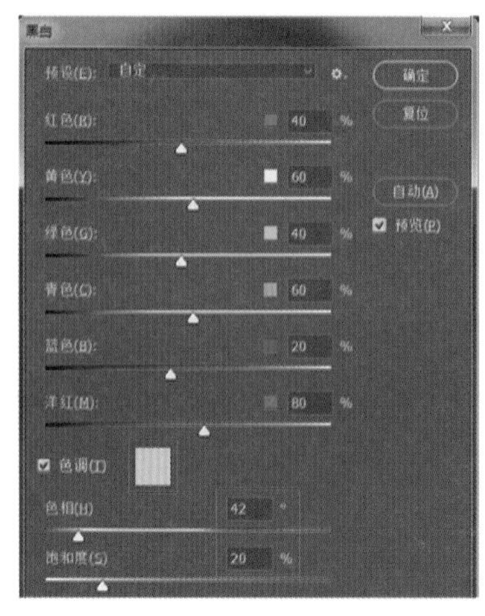

图 10-46

图 10-47

10.4.5 照片滤镜

运用照片滤镜命令可以快速地给照片调色，使图片呈现冷调或暖调效果。打开一张图片，如图10-48所示。执行“图像→调整→照片滤镜”命令，弹出“照片滤镜”对话框，如图10-49所示。点击“滤镜”右边的倒三角形按钮，在下拉列表中选择“蓝”，浓度设置为50%，图片变为了冷色调，效果如图10-50所示。

图 10-48

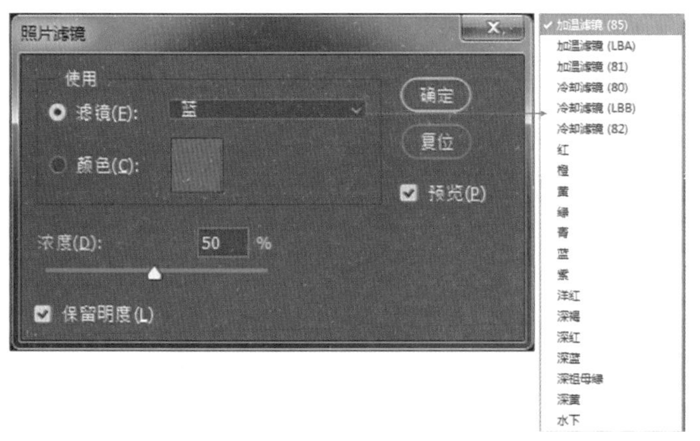

图 10-49

图 10-50

提示 如果预设的选项效果都不理想，可以选择“颜色”，单击右边的色块，弹出“拾色器”对话框，选择想要的颜色即可。

10.4.6 通道混合器

运用通道混合器可以使图像中的颜色通道相互混合，从而调整和修复目标通道的颜色，能够很好地校正偏色的图像。

打开一张图片，如图10-51所示。执行“图像→调整→通道混合器”命令，在弹出的“通道混合器”对话框中，“输出通道”选择为“红”，然后向右滑动指针，使数值为140，如图10-52所

图 10-51

示，可见图像呈现金黄色的效果，如图10-53所示。

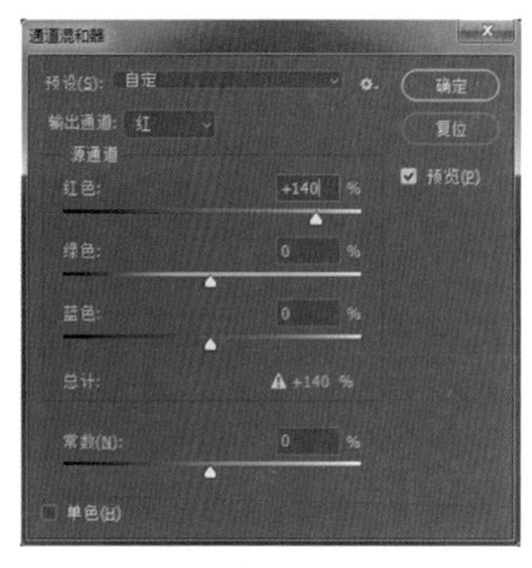

图 10-52

图 10-53

预设：选择预设的黑白效果，包括六个选项。

输出通道：选择进行色调调整的通道，包括“红”“绿”“蓝”三个选项。

源通道：设置源通道在输出通道中占有的比例。图10-52中增加红色的比例，图像中红色成分也相应增加。

常数：设置通道的灰度值。负值时增加黑色，正值时增加白色。

单色：钩选该选项，图像变成黑白效果。

10.4.7 颜色查找

颜色查找是比较少用的命令，它可以快速获得类似于各种滤镜效果。打开一张图片，如图10-54所示。执行“图像→调整→颜色查找”命令，打开“颜色查找”对话框，选择“3DLUT”文件，单击右边的倒三角形按钮，弹出一系列选项，如图10-55所示。你可以选择任意一种喜欢的风格，图10-56是选择“Futuristic Bleak.3DL”的效果。

图 10-54

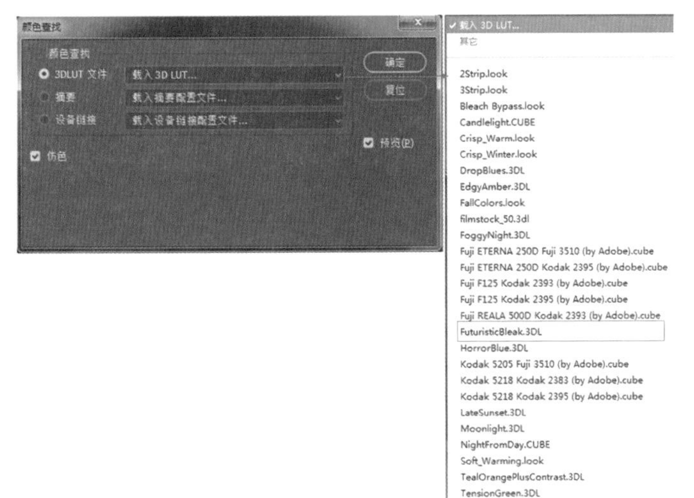

图 10-55

图 10-56

提示 选择“摘要”“设备链接”也能获得各种效果，前提是Photoshop CC载入了相关的配置文件，如果未载入，选择时会弹出“载入”对话框。

10.4.8 反相

运用反相命令可以使图片获得负片的效果，即把图像的颜色转换为它的补色，比如黑变白，蓝变黄、红变绿。打开一张图片，如图10-57所示。执行“图像→调整→反相”命令，无须进行参数设置，即可获得反相效果，如图10-58所示。

图 10-57

图 10-58

10.4.9 色调分离

运用色调分离可以通过设置色阶的数量来减少图像的色彩数量，原图像多余的颜色会映射到最接近的匹配颜色中。色调分离后的图像会降低色彩的丰富程度，使颜色呈块状分布。

图 10-59

打开一张图片，如图10-59所示。执行“图像→调整→色调分离”命令，弹出“色调分离”对话框，设置色阶为4，如图10-60所示。可见图像的颜色丰富度所有下降，如图10-61所示。

图 10-60

图 10-61

提示 “色阶”数值越小，分离的色调越多，色彩的丰富程度越低；“色阶”数值越大，分离的色调越少，色彩越丰富。

10.4.10 阈值

运用阈值可以将灰度或彩色的图像转换为黑白图像。其原理是通过指定一个色阶作为阈值，将所有比阈值亮的像素转换为白色，将所有比阈值暗的像素转换为黑色。

图 10-62

打开一张图片，如图10-62所示，执行“图像→调整→阈值”命令，弹出“阈值”对话框，设置“阈值色阶”为130，如图10-63所示。黑白效果如图10-64所示。

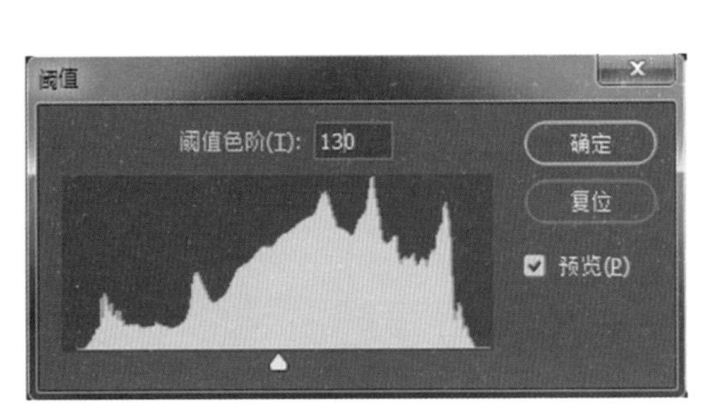

图 10-63

图 10-64

提示 阈值实际是把彩色图像的所有像素的亮度映射到人为划分的0～255这个区间亮度层次的区域中。因此，阈值可以很好地应用于目标和背景边界清晰的图片的抠图。

10.4.11 渐变映射

运用渐变映射会将图像先变成黑白，然后通过设置一个渐变色，将渐变色一一映射到图像上。颜色渐变条从左到右对应的分别是图像的暗部、中间调和高光区域。也就是说，如果渐变条有两种颜色，那么左边的颜色就是图像暗部的颜色，右边的颜色就是图像高光的颜色，而中间过渡区域则是中间调的颜色。

打开一张图片，如图10-65所示。执行“图像→调整→渐变映射”命令，弹出“渐变映射”对话框，如图10-66所示。单击“灰度映射所用的渐变”下方的渐变条，可打开“渐变编辑器”，选择好渐变的类型，单击“确定”按钮即可，效果如图10-67所示。

仿色：钩选该项，会随机添加一些杂色来平滑渐变效果。

图 10-65

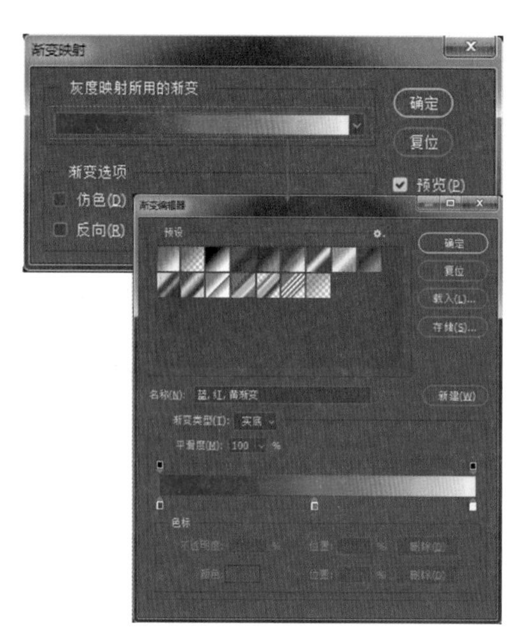

图 10-66

图 10-67

反向：钩选该项，可以使图像获得反向填充渐变色的效果。

提示 单独使用“渐变映射”的效果可能不是很理想，因此可以通过更改“不透明度”，使映射的颜色更加柔和，或是添加混合模式，效果会更加丰富一些。

10.4.12 可选颜色

运用可选颜色可以更改图像中整体或某种印刷色的数量，使得画面中某种颜色的色彩发生变化。打开一张图片，如图10-68所示。执行“图像→调整→可选颜色”命令，弹出“可选颜色”对话框，如图10-69所示。首先在“颜色”选项中选择想要更改的颜色，如“红色”，然后移动下方各个颜色的指针，调整百分比，如增加青色、减少洋红和黄色，图片由暖色调变成了冷色调，效果如图10-70所示。

颜色：用于选择需要修改的颜色选项，并通过拖动下方青色、洋红、黄色、黑色等的百分比数值获得最终效果。

图 10-68

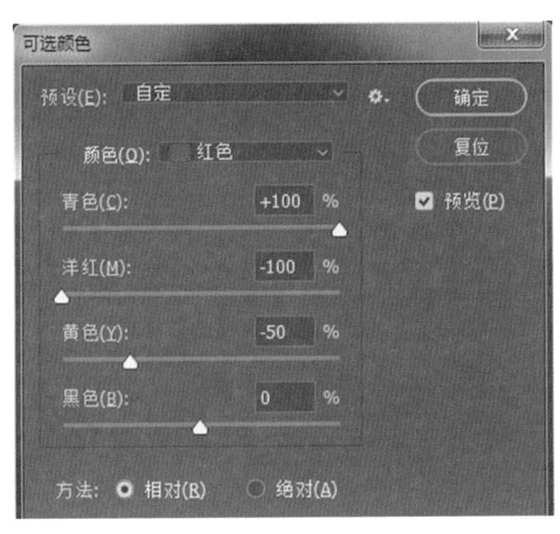

图 10-69

图 10-70

方法：选择“相对”，可以根据颜色总量的百分比来修改青色、洋红、黄色、黑色的数量；选择“绝对”，则采用绝对值来调整颜色。

10.4.13 阴影/高光

阴影和高光可以改善图像中阴影区域过暗和高光区域过亮导致的细节缺失，使图像呈现出更多的细节。打开一张图片，如图10–71所示。执行“图像→调整→阴影/高光”命令，弹出“阴影/高光”对话框，可对阴影和高光的数量进行设置，钩选“显示更多选项”，会显示更多的参数选项，如图10–72所示。设置好数值后单击“确定”按钮即可，效果如图10–73所示。

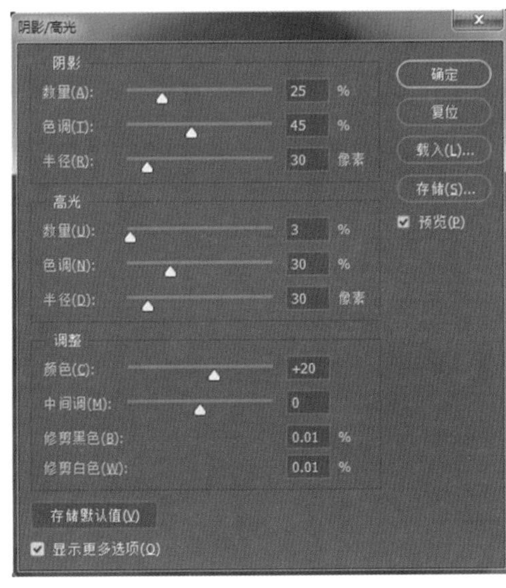

图 10-72

图 10-71

图 10-73

阴影："数量"控制阴影区域的亮度，数值越大，阴影区域越亮；"色调"控制色调的修改范围；"半径"控制像素是在阴影区域还是在高光区域。

高光："数量"控制高光区域的亮度，数值越大，高光区域越暗；"色调""半径"与"阴影"中介绍的含义相同。

调整："颜色"控制画面颜色感的强弱；"中间调"调整中间调的对比度；"修剪黑色/修剪白色"可以将阴影区域变为纯黑色或将高光区域变为纯白色。

存储默认值：单击该按钮，可以将对话框中的参数存储为默认值，再次打开该对话框时，会显示存储的参数。

10.4.14 使用HDR色调

HDR色调，即高动态范围。运用其可以调整图像太暗或太亮区域的细节，以获得更强的视觉冲击，非常适用于处理风光照片。打开一张图片，如图10-74所示。执行"图像→调整→HDR色调"命令，弹出"HDR色调"对话框，如图10-75所示。可以选择预设的选项，如果想要更加丰富的效果，也可以自行设置参数，效果如图10-76所示。

图 10-74

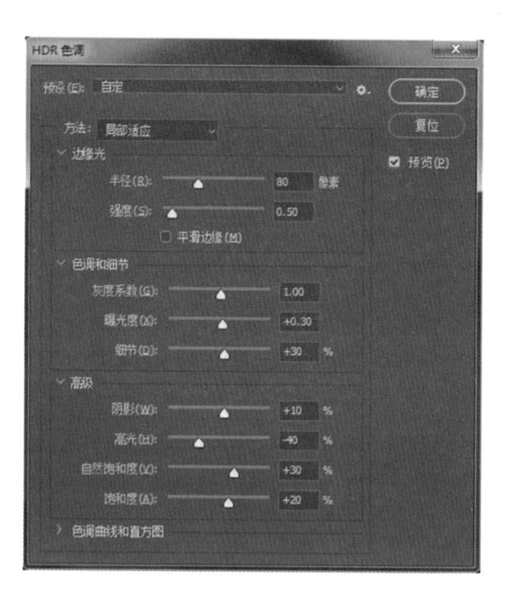

图 10-75

图 10-76

方法：选择调整图像所采用的HDR方法。

边缘光：调整图像边缘光的强度。“半径”控制发光区域的宽度；“强度”控制发光区域的明亮程度。

色调和细节：调整图像的色调和细节，使其更加丰富细腻。“灰度系数”控制图像明暗对比；“曝光度”控制图像的明暗，“细节”增强或减弱对比度使图像柔和或锐化。

高级：控制画面整体的阴影、高光和饱和度。

色调曲线和直方图：该选项与“曲线”命令用法相同。

10.4.15 去色

运用去色可以快速地将彩色图像变为黑白图像，无须进行任何参数设置。打开一张图片，如图10-77所示。执行“图像→调整→去色”命令，即可获得黑白图像，如图10-78所示。

图 10-77

图 10-78

提示 “去色”命令与“黑白”命令都可以获得灰度图片，两者的不同之处在于：“去色”命令只是简单的去除颜色，而“黑白”命令能够进行参数调整，得到的图像层次更加丰富。

10.4.16 匹配颜色

运用匹配颜色可以将一张图像的色彩映射到另一张图像上，即源图像的颜色与目标图像的颜色进行匹配，从而更改图像的颜色。这两个图像既可以是单独的文件，又可以是同一个文件中的不同图层上的图像。

图 10-79

图 10-80

打开一张人像图片，如图10-79所示。然后置入另一张闪电图片，如图10-80所示。选中背景图层，执行“图像→调整→匹配颜色”命令，弹出“匹配颜色”对话框，设置“源”为“跳”，“图层”为“闪电”图层，然后调整“明亮度”“颜色强度”等参数，如图10-81所示。单击“确定”按钮，效果如图10-82所示。

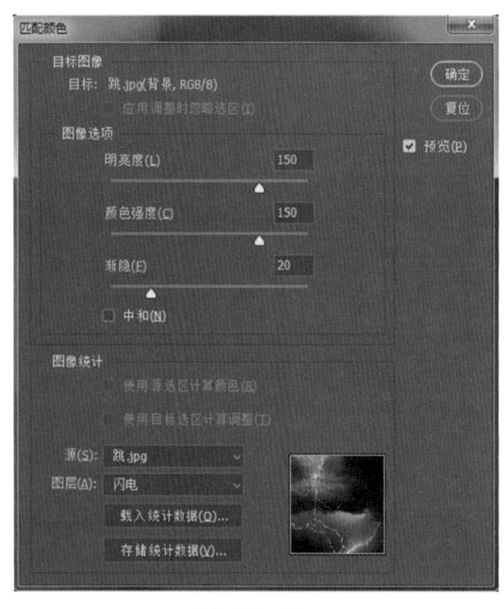

图 10-81

图 10-82

明亮度：调整图像匹配后的明亮程度。

颜色强度：类似于饱和度，调整图像色彩的饱和度。

渐隐：调整源图像有多少颜色匹配到了目标图像的颜色中。数值越大，匹配程度越低。

中和：钩选该选项，可以中和匹配后和匹配前的效果，去除偏色现象。

10.4.17 替换颜色

通常想要替换图像的颜色，都先创建选区，然后填充颜色。而用“替换颜色”命令则要简便得多，它可以通过修改图像中选定颜色的色相、饱和度和明度来替换成其他颜色。

打开一张图片，如图10-83所示。执行“图像→调整→替换颜色”命令，弹出“替换颜色”对话框，将光标移到画面衣服处单击进行取样，即选取要替换颜色的区域。然后在“替换颜色”对话框中设置“色相”的数值，即替换的颜色，如图10-84所示。单击“确定”按钮即可，效果如图10-85所示。

图 10-83

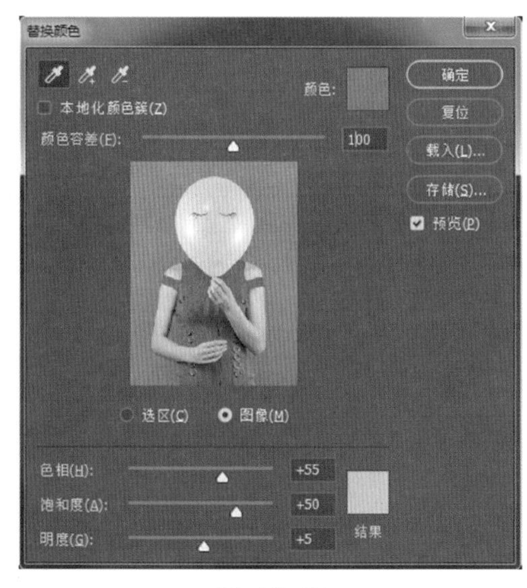

图 10-84

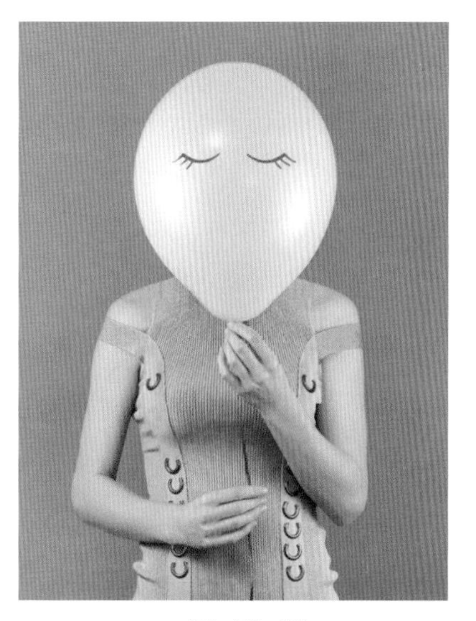

图 10-85

吸管：选中被替换的区域。选择按钮，在画面中单击，缩略图也会显示选中的区域，白色表示选中，黑色表示未选中；选择按钮，可以将单击点的颜色添加到已选定的颜色中；选择按钮，则可以将单击点的颜色从选定的颜色中减去。

颜色容差：控制选中颜色的范围。数值越大，选中的范围越广。

选区/图像：选择“选区”，可以以蒙版的方式进行显示，白色表示选中，黑色表示未选中，灰色表示只选中了部分颜色；选择“图像”，则只显示图像。

色相/饱和度/明度：设置替换的颜色。

10.4.18 色调均化

运用色调均化可以将图像中像素的亮度值重新分布，即图像中最亮的像素变成白色，最暗的像素变为黑色，而中间值像素则分布在整个灰色范围内。通过“色调均化”既可以均化图像整体的色调，又可以均化图像局部的色调。

图 10-86

图 10-87

打开一张图片，如图10-86所示。执行“图像→调整→均化色调”命令，无须进行参数设置，即可均化整个图像的色调，效果如图10-87所示。

如果要使局部图像得到均化，可以选择选取工具，在需要均化的区域创建选区，如图10-88所示。然后执行“图像→调整→均化色调”命令，此时会弹出“色调均化”对话框，如图10-89所示。单击“仅色调均化所选区域”按钮，再单击“确定”即可，效果如图10-90所示。

图 10-88

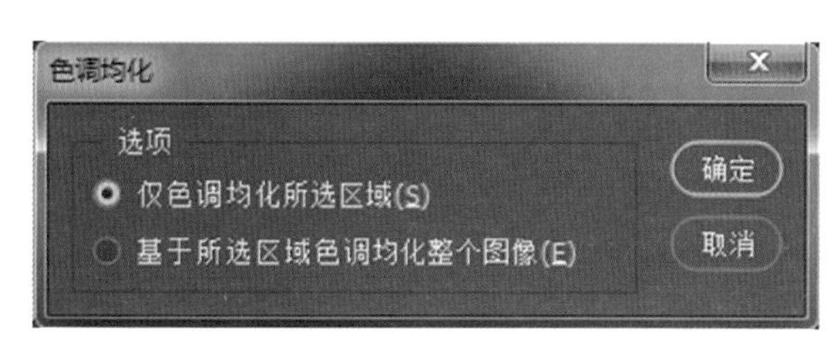

图 10-89

图 10-90

综合练习：制作唯美色调人像照片

在“图像→调整”菜单中，通过调色，可以打造出各种色调，本案例主要使用“曲线”“可选颜色”“亮度/对比度”来制作迷幻的暖色调人像。

（1）打开一张人像图片，按组合键“Ctrl+Shift+Alt+2”载入亮部选区，如图10-91所示。

图 10-91

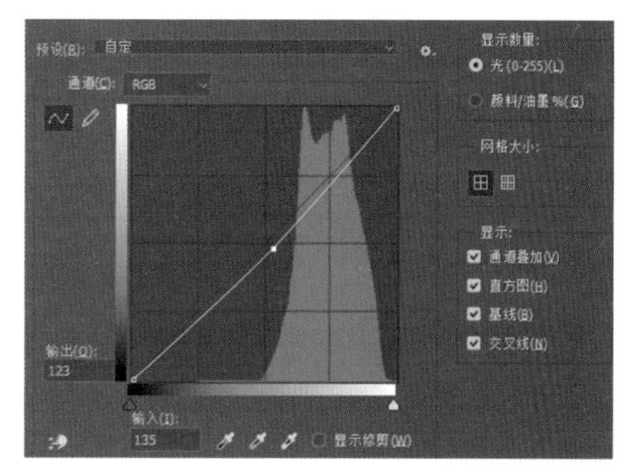

图 10-92

（2）按快捷键“Ctrl+M”调出曲线命令，调整亮部区域，如图10-92所示。

（3）可以看到人物皮肤有些偏黄，执行“图层→新建图层→可选颜色”命令，在面板中设置“颜色”为红色，“洋红”为-9%，“黄色”为-30%，如图10-93所示。

（4）将“颜色”改为黄色，“青色”为-5%，“洋红”为+8%，“黄色”为-40%，“黑色”为-10%，如图10-94所示。

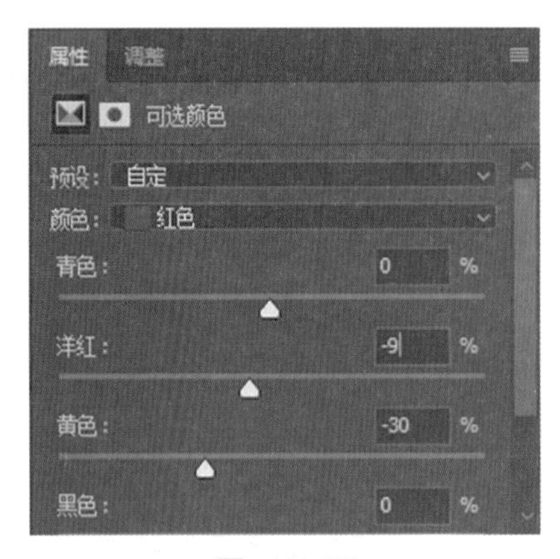

图 10-93

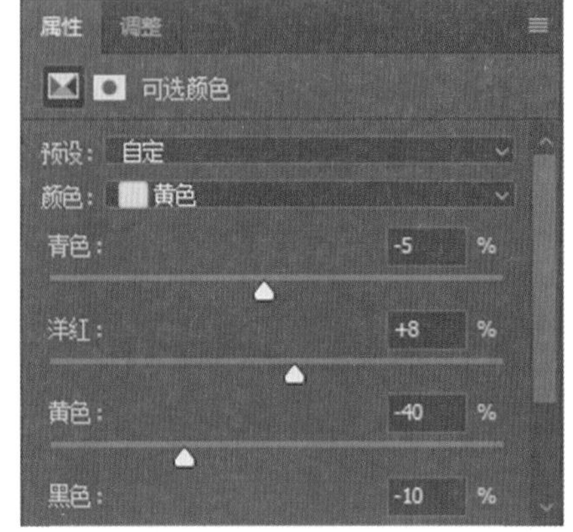

图 10-94

（5）在图层蒙版中填充黑色，使用白色画笔在人物的皮肤部分涂抹，如图10−95所示，效果如图10−96所示。

图 10-95

图 10-96

（6）执行“图层→新建调整图层→亮度/对比度”命令，在“属性”面板中设置“亮度”为−15，“对比度”为20，如图10−97所示，效果如图10−98所示。

图 10-97

图 10-98

（7）新建一个图层，单击“渐变工具”，选择彩色渐变，设置类型为“线性渐变”，在图像中从左下角向右上角拉一条渐变，如图10-99所示。

（8）设置“混合模式”为“柔光”，“不透明度”为40%，效果如图10-100所示。单击按钮添加图层蒙版，使用黑色画笔在人物部分涂抹，最终效果如图10-101所示。

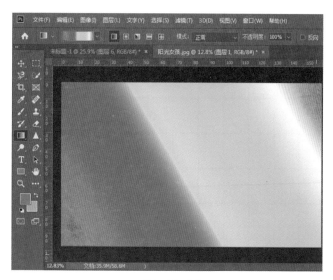

图 10-99

图 10-100

图 10-101